国家电网
STATE GRID

国家电网公司

十八项电网重大反事故措施（修订版）辅导教材

国家电网公司运维检修部　编

U0284490

中国电力出版社
CHINA ELECTRIC POWER PRESS

内 容 提 要

本书为《国家电网公司十八项电网重大反事故措施》（修订版）的辅导教材。

本书主要内容包括前言和条款说明。其中条款说明包括防止人身伤亡事故，防止系统稳定破坏事故，防止机网协调及风电大面积脱网事故，防止电气误操作事故，防止变电站全停及重要客户停电事故，防止输电线路事故，防止输变电设备污闪事故，防止直流换流站设备损坏和单双极强迫停运事故，防止大型变压器损坏事故，防止串联电容器补偿装置和并联电容器装置事故，防止互感器损坏事故，防止 GIS、开关设备事故，防止电力电缆损坏事故，防止接地网和过电压事故，防止继电保护事故，防止电网调度自动化系统、电力通信网及信息系统事故，防止垮坝、水淹厂房事故，防止火灾事故和交通事故。结合近几年生产实际中遇到的问题，对条款进行了详细的阐述和说明，具有非常强的指导性和操作性。

本书适合国家电网公司系统各级管理、技术人员学习参考。

图书在版编目（CIP）数据

国家电网公司十八项电网重大反事故措施（修订版）辅导教材 / 国家电网公司运维检修部编. —北京：中国电力出版社，2012.10

ISBN 978-7-5123-3600-1

Ⅰ. ①国… Ⅱ. ①国… Ⅲ. ①电力工业–工伤事故–事故预防–措施–中国–教材 Ⅳ. ①TM08

中国版本图书馆 CIP 数据核字（2012）第 237570 号

中国电力出版社出版、发行

（北京市东城区北京站西街 19 号 100005 http://www.cepp.sgcc.com.cn）

航远印刷有限公司印刷

各地新华书店经售

2012 年 10 月第一版　　2013 年 5 月北京第五次印刷

787 毫米×1092 毫米　16 开本　16.25 印张　383 千字

印数 28001—38000 册　定价 48.00 元

敬 告 读 者

《国家电网公司十八项电网重大反事故措施（修订版）辅导教材》
编委会名单

主　任	帅军庆				
副主任	张丽英	张启平	邓永辉	滕乐天	葛兆军
编写人员	毛光辉	刘　明	李　龙	周新风	冀肖彤
	吕　军	荆岫岩	焦　飞	宁　昕	林　涛
	孙　杨	牛晓民	王金萍	王　剑	刘连睿
	张章奎	孙集伟	王茂海	赵立新	李和平
	王天君	蔡　巍	马继先	龙凯华	徐党国
	沈丙申	陈　原	马建国	龚政雄	彭　珑
	王　丰	李群炬	吴　涛	杨振勇	沈　宇
	张建军	何长利	李凤祁	黄鹤鸣	王　刚
	舒治淮	伍志荣	黄幼茹	袁大陆	王承玉
	姜益民	赵健康	易　辉	陈家宏	李金忠
	宋　杲	佘振球	闫志宝	赵升月	

《国家电网公司十八项电网重大反事故措施》（简称《十八项反措》）自2005年颁布以来，在治理电网重大安全隐患，防范事故发生，保障电网安全和可靠供电方面发挥了积极作用。"十一五"期间，国家安全生产法规制度不断完善，电网内外部环境发生巨大变化，特高压大电网快速发展，新的形势对公司防范各类灾害和事故，提高电网安全生产工作水平提出更高要求。为适应新的变化，公司对《十八项反措》进行修订，这是应对电网安全生产新风险、新问题的重要举措，也是全面贯彻落实国务院办公厅关于深化"安全生产年"活动的通知要求、落实公司党组关于做好公司电网安全生产工作的具体行动。

修订后的《十八项反措》从落实国务院493号、599号条例，有效应对电网内外部环境变化出发，以突出防范重大及特大电网、设备、人身事故为重点，强化设备全过程管理，总结提炼近年来形成的有效反事故措施和经验，从规划、设计、制造、安装、调试、运行维护、技改大修等各环节提出了具体和明确的要求，涉及电网安全生产的方方面面，具有很强的针对性和可操作性。

本书对《十八项反措》重要条文的提出背景、适用条件、操作方法等做出详细准确的解释，列举了大量针对性案例，全面涵盖交、直流一次设备运维检修，电网调度，安全管理，控制保护，信息安全等诸多专业，是总部各部门、公司系统各单位共同努力的成果，是公司员工集体智慧和长期经验的结晶。本书的出版能够为公司各级管理、技术人员提供学习参考，有利于提高各级人员对反事故措施的理解深度、执行力度。对于全面落实各环节反措要求，提高电网安全运行水平将产生积极和深远的推动作用。

2012 年 9 月

《国家电网公司十八项电网重大反事故措施（试行）》（国家电网生技〔2005〕400号）自2005年6月发布以来，在防范电网重特大安全生产事故，确保电网安全运行和可靠供电方面发挥了重要作用。但随着电网快速发展，新技术、新设备的广泛应用，电网和设备运行出现了一些新情况，暴露出一些新的安全隐患和风险；电网外部环境发生了变化，电网安全生产面临一些新的风险和问题，对公司防范各类灾害和事故的能力提出了迫切要求。为适应电网发展需要，进一步提高电网安全水平，在全面分析公司2005年以来各类事故的基础上，国家电网公司运维检修部组织对原《国家电网公司十八项电网重大反事故措施（试行）》进行了全面修订。

一、制定的背景

（1）国家安全生产法规制度不断完善，对公司安全生产工作提出了新的更高要求。

2006年以来，国务院、国家有关部委出台了一系列安全生产法规制度，对企业安全生产提出了新的要求。2007年，国务院发布《生产安全事故报告和调查处理条例》（中华人民共和国国务院令第493号），对事故等级作出重新划分；2008年，国资委出台《中央企业安全生产监督管理暂行办法》（国务院国有资产监督管理委员会第21号令），对中央企业安全生产工作责任、工作基本要求、工作报告制度、监督管理与奖惩等做出明确规定；2011年9月1日，《电力安全事故应急处置和调查处理条例》（中华人民共和国国务院令第599号）正式施行，对电网企业安全生产提出了更高要求。因此，加强电网、设备运行管理，不断完善防范重特大事故的制度标准，确保各项措施落实到位，是公司落实国家安全生产法规要求的必然举措。

（2）电网外部环境发生了变化，对公司防范各类灾害和事故的能力提出的迫切要求需要在重大反事故措施中落实。

一是自然环境恶化，迫切需要提高电网设备抵御各类灾害的能力。

二是社会各界对电网安全供电的要求日益提高，迫切需要提高电网设备安全运行水平。

（3）特高压电网快速发展和公司建设"世界一流电网、国际一流企业"的战略目标，对公司全面实施反事故措施提出了新的要求。

一是特高压电网快速发展。特高压成网初期结构薄弱，抵御灾害能力不强，设备单一元件故障将导致潮流大范围转移，由此引起电网事故风险较大，设备管理面临严峻挑战。

二是新设备、新技术广泛应用。"十一五"期间电网高速发展，公司电网和设备规模翻了一番，大容量变压器、GIS、SF_6互感器、数字化变电站等新设备、新技术广泛应用，部分厂家产品质量不稳定，新设备故障多发，设备全过程质量管控亟待进一步加强。

三是公司生产方式发生较大变化。公司系统全面推行状态检修，但设备状态监测的手段、方法仍不完善，装备水平和队伍素质都亟待提高；变电站无人值班、集中监控和调控一体化的加快推进，设备运维模式发生巨大变化。

二、制定的指导思想

坚持"安全第一、预防为主、综合治理"方针，贯彻落实国家安全生产有关法规和公司安全生产管理规程规定及相关要求，特别是《电力安全事故应急处置和调查处理条例》（中华人民共和国国务院第 599 号）的要求，以防止发生重大电网事故、重大设备损坏事故和人身伤亡事故为重点，全面总结近五年来电网安全生产工作暴露的安全隐患，针对电网安全生产中的突出问题，及时修订完善反事故措施，有效指导电网规划设计、设备选型、安装调试、设备运维以及技改检修等工作。

三、制定的主要原则

（1）突出以防范重大电网、设备、人身事故为重点。

（2）突出强化设备全过程管理，从规划、设计、制造、安装、调试、运行维护、技改大修等各环节提出反事故措施和要求。

（3）确保反事故措施的针对性、有效性和权威性。

（4）确保反事故措施有可操作性。

四、制定的主要过程

《国家电网公司十八项电网重大反事故措施》（修订版）已于 2012 年 3 月 27 日以国家电网生〔2012〕352 号文下发，为了更好地宣贯、落实修订后的《国家电网公司十八项电网重大反事故措施》，由公司运维检修部、华北分部组织牵头，委托华北电力技术院具体组织进行了反事故措施辅导教材编写工作，华东分部、北京市电力公司、上海市电力公司、湖北省电力公司、湖南省电力公司、江西省电力公司，国网运行分公司和国网新源公司共 9 家单位共同参与该项工作。各编写成员全面收集分析公司系统 2005 年以来的各类事故情况以及公司颁布的电网设备技术管理措施和相关反事故措施，为辅导材料编写进行了认真研究工作。

《〈国家电网公司十八项电网重大反事故措施〉（修订版）辅导教材》的内容包括对反事故措施相关条文提出的背景做了必要解释，对相关条文执行过程中应注意的问题以及相应的措施进行了明确，并列出了有关事故案例，对各单位提高防范事故意识，增强防范事故能力，把各项重点要求落实到实处将起到帮助作用。

修订工作及辅导教材的编写工作，得到了公司领导、公司本部各相关部门以及各单位的支持，也得到了公司内部相关专家的支持和帮助。华北分部和华北电力技术院对《国家电网公司十八项电网重大反事故措施》（修订版）进行汇总，中国电科院、华北分部、华东分部、华中分部、西北分部、中国电机工程学会、北京市电力公司、上海市电力公司、河北省电力公司、山东电力集团公司、江苏省电力公司、浙江省电力公司、福建省电力有限公司、辽宁省电力有限公司，国家电网公司运行分公司、国网电力科学研究院、国家电网公司直流建设分公司等单位对《国家电网公司十八项电网重大反事故措施》(修订版)提出修改意见,并在国家电网公司运维检修部组织的宣贯会议上进行讨论修改,由国家电网公司运维检修部负责审定。

鉴于作者水平和时间所限,书中难免有疏漏、不妥或错误之处,恳请广大读者批评指正。

2012 年 9 月

目 录

1 防止人身伤亡事故

本章重点防止发生重大及以上人身伤亡事故，针对电网发展的新趋势、新特点和暴露出的新问题，结合国务院、国家有关部委以及公司近五年发布的法律、法规、规范、规定、标准和相关文件提出的新要求，修改、补充和完善相关条款，对原条文中已不适应当前电网实际情况或已写入新规范、新标准的条款进行删除、调整。

2005 年版《十八项反措》中从"加强作业现场危险点分析和做好各项安全措施"、"加强作业人员培训"、"加强对外包工程人员管理"三个方面提出了七条反措。本次修改从"加强各类作业风险管控"、"加强作业人员培训"、"加强对外包工程人员管理"、"加强安全工器具和安全设施管理"、"设计阶段应注意的问题"、"加强施工项目安全管理"、"加强运行安全管理"等七个方面提出了 21 条反措。

条文说明

条文 1.1　加强各类作业风险管控

风险管理作为现代企业安全生产管理的一种模式，具有超前预控的理念、完善的辨识系统、风险分级的评估以及自动预警预控等一系列方法并结合了传统的安全生产的管理模式以及过程管控的思路，与事故管理、隐患管理和目标型管理相比较，其管理的主要特点是事前管理、超前预控，因此在安全管理方面具有降低维护运行成本、提高供电可靠性、减少安全事故发生率的突出优势，同时提高了安全生产风险管理水平，提升了风险预警和掌控能力、员工风险意识和辨识能力。因此，引入了风险管控理念，提出了加强各类作业风险管控，以避免人身事故的发生。

条文 1.1.1　根据工作内容做好各类作业各个环节风险分析，落实风险预控和现场管控措施。

将风险管控理念引入各类作业每个环节，按作业流程开展风险管控，通过超前预控，可以把各种作业风险消除于萌芽状态；通过加强现场管控措施的落实，可有效地防止各类人身事故的发生。

条文 1.1.1.1　对于开关柜类设备的检修、预试或验收，针对其带电点与作业范围绝缘距离短的特点，不管有无物理隔离措施，均应加强风险分析与预控。

由于开关柜类设备带电点与作业范围绝缘距离短，导致该类设备的相关作业风险较大。近几年来，系统内发生了多起开关柜类设备人身触电伤亡事故，因此特意提出了防止此类人身伤亡事故的要求。执行该条款的关键点是要把握好开关柜类设备带电点与作业范围绝缘距离短的特点，即使有的已经采取了物理隔离措施，但仍必须进行风险分析和预控，否则仍易发生作业人员触电伤亡事故。

[案例1] 2010年8月16日，某供电局一名职工在某客户工地查看10kV高压柜内设备时，因头部与带电体绝缘距离不够，柜内最外侧A相母线对其头部放电，导致其触电死亡。事故暴露问题：现场工作管理不严；现场风险分析不到位等。

[案例2] 2006年4月13日，某公司所属220kV某变电站，两名运行人员处理异常，执行10kV配电线路的倒闸操作后检查设备时，发生了一起由于侵犯带电距离造成的电弧烧伤的事故。事故暴露问题：①运行人员安全意识薄弱，执行《国家电网公司电力安全工作规程》（简称《安规》）不严肃，侵犯对带电设备的安全距离，是严重的违章行为；②小型作业现场安全措施和危险点、危险源的分析控制工作落实不到位。

条文1.1.1.2 对于隔离开关的就地操作，应做好支柱绝缘子断裂的风险分析与预控，监护人员应严格监视隔离开关动作情况，操作人员应视情况做好及时撤离的准备。

由于隔离开关支柱绝缘子断裂的隐患通常在初期不易发现，有的在操作时才暴露，甚至导致设备损坏或人身伤亡。因此，提出了防止开展该类作业时发生人身伤亡事故的要求。

[案例1] 2006年6月26日00时10分，某电厂1号机组在启动并网过程中，值长下令合2201-5隔离开关。00时16分，当操作人员在合2201-5隔离开关时，该隔离开关C相母线侧支持绝缘子从根部断裂，断裂绝缘子连带引线坠地，同时发生强烈的放电。导致220kV五母线上连接的2245、2211、2213、2200乙、2200丁断路器全部跳闸。所幸未造成人员伤亡事故。

[案例2] 2004年2月15日，某供电公司220kV某变电站发生一起因隔离开关支持绝缘子断裂，造成人身意外死亡事故。这起事故因隔离开关质量问题引起。事故经过：2004年2月15日，某供电公司变电公司检修处在220kV某变电站对2212-4、2212-2隔离开关进行大修。开工后工作人员检查2212-4、2212-2隔离开关，未发现问题。14时40分，进行2212-2隔离开关大修，由工作人员甲某对2212-2隔离开关转瓶帽刷相位漆，先刷B相，后刷C相。甲某在C相转瓶系好安全带爬至转瓶中间法兰处站好位置，准备接油漆桶时（15时左右），2212-2隔离开关C相转瓶从根部突然断裂，造成人与绝缘子先后落地，绝缘子砸至甲某头部，经抢救无效死亡。

条文1.1.1.3 对于高空作业，应做好各个环节风险分析与预控，特别是防静电感应和高空坠落的安全措施。

高空作业时，由于作业人员长时间置身于离开地面2m以上的高处，每个环节稍有不慎都会发生高空坠落，极易发生人身伤亡事故，因此高空作业是高风险作业，又由于静电感应亦是高空作业过程中容易导致作业人员发生触电或高空坠落伤亡事故的主要风险因素之一，所以提出了防止开展该类作业时发生人身伤亡事故的要求。执行该条款应注意的问题是风险分析必须到位，预控措施落实必须到位，否则触电或高空坠落伤亡事故不可避免。

［案例］ 2010 年 12 月 31 日，某电厂在进行溢流闸门堵漏工作时，一名作业人员因在高空转移换位时，失去防坠保护，从 17m 高处坠入消能池死亡。事故暴露问题：作业人员开展高空作业时，防高空坠落措施不当。

条文 1.1.1.4 对于业扩报装工作，应做好施工、验收、接电等各个环节的风险辨识与预控，严格履行正常验收程序，严禁单人工作、不验电、不采取安全措施以及强制解锁、擅自操作客户设备等行为。

公司系统内发生了几起因开展业扩报装工作引起的人身伤亡事故，暴露出业扩报装工作中存在违章行为，因此需要强化业扩报装工作的风险预控，特别提出该类风险防范要求。该条款执行时必须加强监督管理，确保业扩报装工作中每个环节的风险点有分析、有针对性措施，并严格落实，否则难以避免人身伤亡事故发生。

［案例］ 2010 年 9 月 26 日，某供电公司客服中心一名员工，对客户新安装的 10kV 高压计量柜进行验收时，因未履行验收流程，又未进行验电，导致触电死亡。事故暴露问题：① 业扩报装管理流程及管理制度执行不到位；② 验收时未按《安规》要求进行验电，误碰柜内带电体；③ 对用户设备技术管理不到位。

条文 1.1.2 在作业现场内可能发生人身伤害事故的地点，应采取可靠的防护措施，并宜设立安全警示牌，必要时设专人监护。对交叉作业现场应制订完备的交叉作业安全防护措施。

在作业现场内可能发生人身伤害事故的地点，设立安全警示牌和安全防护装置，是为了给作业人员创造一个清晰、安全的作业环境，其设置原则应符合相关规定。如遇情形复杂的情况，还需要增设专门的监护人。

交叉作业现场是最容易发生人身伤害的场所，制订完备的交叉作业安全防护措施，不仅是防止伤害自己，也是为了防止伤害别人和不被别人所伤害（"三不伤害"）。对于交叉作业现场，执行时应注意各作业间的交叉风险点，必须做到分析全面、不留死角，只有这样才能确保交叉作业安全防护措施齐全，真正实现"三不伤害"。

［案例］ 2007 年 2 月 21 日 9 时 20 分左右，某电力公司代管的某发电厂，在 15 号炉大修中，由于切割孔洞未及时设置围栏，致使一名焊工从 21.6m 吹灰平台切割的孔洞中坠落至 8m 平台受伤。

条文 1.2　加强作业人员培训

条文 1.2.1 定期对有关作业人员进行安全规程、制度、技术、风险辨识等培训、考试，使其熟练掌握有关规定、风险因素、安全措施和要求，明确各自安全职责，提高安全防护、风险辨识的能力和水平。

《安规》等有关规定、规程要求，生产性企业对上岗人员包括管理人员、技术人员和各类作业人员，必须定期进行法律、法规、规程、技术、技能等教育培训、考试。由于安全培训不仅是作业人员安全工作的基础，而且是提高技术技能、风险辨识能力的必要手段，因此要加强安全培训的定期性、针对性和普及性。

定期性。各单位每年应进行一次安全规程的考试。在岗生产人员应定期进行有针对性的现场考问、反事故演习、技术问答、事故预想等现场培训。

针对性。针对安全生产中存在的问题及实际工作特点开展安全培训工作，针对电力生产中发生的各类事故教训、暴露出的问题以及防范措施进行安全培训工作。负责安全培训的部门和相关人员，应该深入了解安全生产中存在的危及人身安全的隐患，深刻分析电网中发生的各类事故原因，结合工作实际制订安全教育计划。从事特种作业的人员，不但要掌握特种作业基本知识和操作规程，更要熟练掌握特种作业人身安全防护的特殊要求。

普及性。所有人员都要经过教育培训，《安规》考试合格后才能上岗。

条文 1.2.2 对于实习人员、临时和新参加工作的人员，应强化安全技术培训，并应在证明其具备必要的安全技能和在有工作经验的人员带领下方可作业。禁止指派实习人员、临时和新参加工作的人员单独工作。

安全培训不仅是作业人员安全工作的基础，而且是提高技术技能、安全技能和风险辨识能力的必要手段，因此必须做好新员工包括实习、临时聘用和新参加工作等人员的安全教育培训（包括专项的安全培训），不断强化其风险意识和安全防范能力。

缺乏现场工作经验和风险辨识能力是新员工普遍存在的现象，也恰恰是导致新员工发生人身伤害事故的主要风险因素，而且单独作业时该风险因素的作用更加突出，所有对于新员工必须在证明其具备必要的安全技能和在有工作经验的人员带领下方可作业，而不能指派其单独工作。

条文 1.2.3 应结合生产实际，经常性开展多种形式的安全思想、安全文化教育，开展有针对性的应急演练，提高员工安全风险防范意识，掌握安全防护知识和伤害事故发生时的自救、互救方法。

人有了安全思想，才有了追求安全的愿望和意念；安全文化，是企业（或行业）在长期安全生产和经营活动中逐步形成的，或有意识塑造的又为全体职工接受、遵循的，具有企业特色的安全思想和意识、安全作风和态度、安全管理机制及行为规范。安全文化决定了单位或者个人对于安全的意识、安全的态度、安全的价值观，也就决定了这个单位或者个人的一系列安全决策、安全行为。因此应结合生产实际，经常性开展多种形式的安全思想、安全文化教育。运用安全录像、计算机多媒体等多种形式普及安全技术知识，并进行经常性的演讲、竞赛等，同时开展有针对性的应急演练，使员工不断提高安全风险防范意识，掌握安全防护知识。

依据《安规》要求，所有从事电力生产工作的员工都要经过现场紧急救护和心肺复苏培训，经考核合格后才能上岗。

[**案例**] 某电业局发生 10kV 配电检修作业现场人身触电，由于工作成员掌握了现场紧急救护和心肺复苏方法，在医务人员到达现场前立即进行施救，及时挽回了生命。事故教训：每位员工必须掌握紧急救护和心肺复苏方法等基本的应急知识。

条文 1.3 加强对外包工程人员管理

由于工作性质、工作条件相对恶劣，导致基建施工单位招聘的工程人员文化背景、专业技能和安全技能等素质相对弱一些，尤其是规模较小资质较低的基建施工单位，问题更为突出，因此外包工程成为基建工程建设项目中的安全管理不容忽视的薄弱环节，也是人身伤亡事故易发生地。要想确保基建工程项目实现安全目标，加强外包工程人员的管理是至关重要的一环。

条文 1.3.1 加强对各项承包工程的安全管理，明确业主、监理、承包商的安全责任，严格资质审查，签订安全协议书，严禁层层转包或违法分包，严禁"以包代管"、"以罚代管"，并根据有关规定严格考核。

决定承包工程安全管理的关键因素，主要包括安全责任的落实、资质水平的达标、安全协议的签订、安全考核的实施等方面。因此要加强对各项承包工程的安全管理，必须从这几个方面采取措施强化管理，以防止出现各类承包工程的安全隐患。层层转包、违法分包容易导致责任不明确、资质不合格、安全无协议等违规现象发生；"以包代管"、"以罚代管"等都是责任不落实的违规现象，这些现象都为承包工程发生人身伤亡事故留下了安全隐患，因此必须严禁，并严格考核。

要加强对承包方资质的审查，各项承包工程必须依法签订正式合同，在合同中要依法明确甲乙双方的安全管理责任。各单位的承发包方必须经过本单位法人（代理法人）授权，方可从事此项工作，无论作为甲方还是乙方，都必须依法履行职责。

严禁车间（工区）、班组向外承、发包工程项目。

在承发包工程中，不得将工程项目发包给不具备安全生产条件或者相应资质的单位或个人，更不能层层转包。

[案例] 某集团公司所属某电厂"5·13"油罐爆炸人身死亡事故。2005 年 5 月 10 日，某公司（独立法人）职工甲某，受某市某物业管理公司口头委托，带领 6 名民工从事某集团公司所属某电厂油罐加装排空装置工作（未签订合同），办理完工作票及动火作业票许可手续后，当日下午在库区外部配置了管件。从 5 月 11～12 日施工人员在库区内在动火监护人的监护下从事了气割、电焊等相关作业，完成了输油泵法兰安装及管件配置等工作。5 月 13 日 15 时许，由甲某带领工作负责人及临时聘请的 5 名劳务工到达油库区，并等待动火监护人（某集团公司所属某电厂消防队员）到达后，一同进入工作现场。约 15 时 40 分左右，当动火执行人在电焊连接 2 号油罐上部排空管道时，油罐突然发生爆炸，继而引起 1 号油罐起火，当即造成雇佣的 4 名民工和某集团公司所属某电厂动火监护人计 5 人死亡、1 名民工受伤，并引发大火。事故暴露问题：事故电厂外包工程安全管理混乱：① 未与承包方签订合同；② 未对承包方进行资质审查；③ 在易燃易爆品设备辅助设施开展动火作业时未执行相关反措。

条文 1.3.2 监督检查分包商在施工现场的专（兼）职安全员配置和履职、作业人员安全教育培训、特种作业人员持证上岗、施工机具的定期检验及现场安全措施落实等情况。

外包工程中，虽然发包方与承包方，承包方与分包商等都依法按规定签订合同和安全协议书，并明确责任，但承包方或分包商在履行时往往存在管理不作为、责任不落实、措施不到位等违章现象，从而导致施工现场易发生人身伤亡事故。因此，必须建立监督检查机制，定期监督检查分包商在施工现场的专（兼）职安全员配置和履职、作业人员安全教育培训、特种作业人员持证上岗、施工机具的定期检验及现场安全措施落实等情况。

［案例］ 2010 年 8 月 5 日，某电业局 220kV 某变电站改建工程分包单位发生人身伤亡事故，造成 1 人死亡、2 人重伤、8 人轻伤。事故暴露问题：建设承包单位，在施工建设过程中存在对分包工程安全把控力度不够，对分包单位安全作业行为管束不严，对分包单位人员安全教育不够等问题。

条文 1.3.3 在有危险性的电力生产区域（如有可能引发火灾、爆炸、触电、高空坠落、中毒、窒息、机械伤害、烧烫伤等人员、电网、设备事故的场所）作业，发包方应事先对承包方相关人员进行全面的安全技术交底，要求承包方制定安全措施，并配合做好相关安全措施。

对各项承包工程的安全管理，不能以包代管，由于一些承包单位对有危险性的电力生产区域的危险点不了解，因此，发包方应事先对承包方相关人员进行全面的安全技术交底，不仅要求承包方制定安全措施，同时应配合做好相关安全措施。该条款执行时必须有管理措施确保发包方事先对承包方相关人员进行全面的安全技术交底并协助做好相关安全措施，否则易发生人身伤亡事故。

［案例］ 某年 12 月 12 日 9 时 01 分，某省某电厂 1 号机组运行中主蒸汽管道右侧高旁直管段母材下方爆破，爆口处管道钢板飞出，在主蒸汽管道上形成面积约为 420mm（纵向）×560mm（环向）的爆口，高温高压蒸汽喷出，造成在现场清扫卫生的当地某电力安装检修公司（外委）工作人员 2 人死亡、2 人重伤、3 人轻伤。事故暴露问题：事故电厂安全生产管理混乱；在有危险性的电力生产区域作业时，未进行风险分析和采取预控措施。

条文 1.4 加强安全工器具和安全设施管理

条文 1.4.1 认真落实安全生产各项组织措施和技术措施，配备充足的、经国家认证认可的质检机构检测合格的安全工器具和防护用品，并按照有关标准、规程要求定期检验，禁止使用不合格的工器具和防护用品，提高作业安全保障水平。

严格按照国家及国家电网公司的有关要求，对生产现场使用中的安全工器具和防护用品进行定期检验。凡是未经检验（包括检验超期）、标识不清、破损的安全工器具和防护用品，严禁使用。

严格控制安全工器具和防护用品的购置，杜绝不符合国家、电力行业标准的产品进入生产现场。各单位使用的安全工器具、专项检修工器具（检修平台、检验装置）等，均应到国家认证认可的质检机构认可的专业生产厂家去购买。

安全工器具和安全防护用品的使用要按照国家、电力行业相关标准、规程以及厂家使用说明书的要求，正确使用。安全工器具的日常管理要定点、定位、定量，定期维护，台账清楚。

执行时必须加强监督检查。

条文 1.4.2 对现场的安全设施，应加强管理、及时完善、定期维护和保养，确保其安全性能和功能满足相关规定、规程和标准要求。

现场的安全设施是确保现场工作人员安全工作和设备安全运行的基本保障，如果其安全性能和功能失效了，将危及现场工作人员的人身安全和设备的安全运行，因此对现场的安全设施，必须加强管理，并及时维护和保养，确保其安全性能和功能满足相关规定、规程和标准要求。

条文 1.5 设计阶段应注意的问题

条文 1.5.1 在输变电工程设计中，应认真吸取人身伤亡事故教训，并按照相关规程、规定的要求，及时改进和完善安全设施及设备安全防护措施设计。

由于输变电工程设计超前其工程投运，因此受工程建设周期长短的影响，经常出现工程投运时原设计时的环境条件、运行条件等因素发生了变化，导致原设计安装的安全设施及设备安全防护措施的安全性能或安全裕度不能完全适应新的变化，从而存在着危及人身生命安全或设备安全运行的风险。为此，特别提出该类防止发生人身伤亡事故的设计应注意的问题。

条文 1.5.2 施工图设计时，应严格执行工程建设强制性条文内容，编写《输变电工程设计强制性条文执行计划表》，突出说明安全防护措施设计。

新修订的国家工程建设有关规程规定了保证人身安全和设备安全运行的安全防护措施强制性条款，要求工程建设设计单位进行施工图设计时必须严格执行此类安全防护措施条款，否则将严重威胁人身安全、设备安全运行，因此提出了该类防止发生人身伤亡事故的设计应注意的问题。

在基建工程项目初设审查时，一定严格审查工程建设强制性条文内容的设计部分，确保安全防护措施设计全面。

条文 1.6 加强施工项目安全管理

基建施工项目工程一般具有环境恶劣，点多面广，作业人员多，既有大型机械又有特种作业等特征，又由于基建施工单位招聘的工程人员往往文化背景、专业技能和安全技能等素质相对弱一些，这表明了基建施工项目的安全存在诸多风险，因此针对施工项目安全管理的特点，必须梳理出关键风险点，采取防范措施，加强施工项目安全管理。

条文 1.6.1 强化工程分包全过程动态管理。施工企业要制定分包商资质审查、准入制度，要做好核审分包队伍进入现场、安全教育培训、动态考核工作，对施工全过程进行有效控制，确保分包安全处于受控状态。

施工项目中，因为分包工程具有诸多风险因素，如职责的界定与落实，资质的审核是否严格，外包作业人员的安全管理是否到位、现场安全措施的设置是否齐全等，因此提出了该类防止发生人身伤亡事故的反措，必须强化工程分包全过程动态管理。执行时要加强监督管理，定期开展督查活动。

条文 1.6.2 抓好施工安全管理工作，建立重大及特殊作业技术方案评审制度，施工安全方案的变更调整要履行重新审批程序。施工单位要落实好安全文明施工实施细则、作业指导书等安全技术措施。

条文 1.6.3 严格执行特殊工种、特种作业人员持证上岗制度。项目监理部要严格执行特殊工种、特种作业人员进行入场资格审查制度，审查上岗证件的有效性。施工单位要加强特殊工种、特种作业人员管理，强调工作负责人不得使用非合格专业人员从事特种作业，要建立严格的惩罚制度，严肃特种作业行为规范。

施工项目中，重大或特殊作业项目是高风险项目之一，为了确保该类作业项目不发生人身伤亡事故或设备损坏事故，必须从以下几个方面抓好施工安全管理工作：一是建立重大及特殊作业技术方案评审制度，强化组织措施、技术措施以及安全措施；二是施工安全方案的变更调整要履行重新审批程序；三是施工单位要落实好安全文明施工实施细则、作业指导书等安全技术措施；四是必须严格执行特殊工种、特种作业人员持证上岗制度，监理单位、施工单位均应建立特殊工种、特种作业人员相应的管理制度。

条文 1.6.4 加强施工机械安全管理工作。要重点落实对老旧机械、分包单位机械、外租机械的管理要求，掌握大型施工机械工作状态信息，监理单位要严格现场准入审核。施工企业要落实起重机械安装拆卸的安全管理要求，严格按规范流程开展作业。

施工机械是否合格、施工机械工况是否良好、起重施工机械的安装拆卸等都是施工项目的高风险因素，如果对其安全管理不严、使用不当、安全措施不到位，极易导致人身伤亡、设备损坏事故，因此提出了加强施工机械安全管理工作，特别是老旧机械、分包单位机械、外租机械和起重机械的安装拆卸。

[案例] 2010 年 10 月 6 日，某电业局工程公司第一分公司在某煤矸石电厂 1 号机组烟气脱硫安装工程进行塔吊顶升作业，发生倾覆坠落，造成 5 人死亡、1 人重伤。事故暴露问题：顶升过程中，作业人员连续违章操作，造成了塔吊上部失衡，倾覆坠落；过渡节与第 9 标准节上部 8 个销轴连接未全部固定的情况下进行了提升套架作业；绑挂的平衡标准节所处的位置幅度过小，致使塔机上部平衡不好；使用一根已经报废的钢丝绳吊索绑挂平衡作用的标准节，且绑挂在标准节的腹杆上；在顶升过程中进行了回转作业；某市租赁处没有起重机械安装资质，安装人员所持证件不齐全，违章指挥、违章作业；某公司没有安排本公司具备资质人员进行安装作业和管理工作，属出租资质行为；第一分公司安全管理存在严重漏洞，监督检查不到位；监理单位没有认真履行安全监理职责，对人员资质和作业指导书审查不严。

条文 1.7　加强运行安全管理

输变电设备的运行管理本应很成熟，但由于一些管理人员玩忽职守、不履行职责，一些作业人员的麻痹大意、不落实措施等导致人身、电网和设备事故时有发生，因此运行安全管理仍有薄弱环节，需加强管理。

条文 1.7.1　严格执行"两票三制"，落实好各级人员安全职责，并按要求规范填写两票内容，确保安全措施全面到位。

严格执行"两票三制"是国家电网公司输电、变电安全工作规程的基本规定，也是保障人身、电网和设备安全的根本保证，因此运行管理必须严格执行"两票三制"，落实好各级人员安全职责，按要求规范填写两票内容，确保安全措施全面到位。

［案例］　2011 年 10 月 15 日，某供电所在更换耐张杆施工中，工作人员甲某工作时违反有关安全规程的规定和工作票、标准化作业指导卡中"危险点分析和控制措施"的要求，未正确履行监护职责，在没有监护的情况下擅自登杆作业，未按要求安装临时拉线，拆除拉线并放下两侧导线，违反了《国家电网公司电力安全工作规程（线路部分）》第 6.2.1 条"攀登杆塔作业前，应先检查根部、基础和拉线是否牢固"、第 6.3.15 条"杆塔上有人时，不准调整或拆除拉线"、第 6.4.5 条"拆除杆上导线前应先检查根部，做好防止倒杆措施"的规定，导致 9 号杆倾倒，致甲某砸伤经抢救无效死亡。

条文 1.7.2　强化缺陷设备监测、巡视制度，在恶劣天气、设备危急缺陷情况下开展巡检、巡视等高风险工作，应采取措施防止雷击、中毒、机械伤害等事故发生。

在开展缺陷设备监测、巡视时，如遇雷雨、大风等恶劣天气或设备处于危急缺陷紧急情况，此时运行人员的设备监测、巡视工作已经转化为高风险工作，不采取安全措施，易发生人身伤亡事故。因此提出该类防止发生人身伤亡事故的反事故措施，强化缺陷设备监测、巡视制度。

2 防止系统稳定破坏事故

（1）概述。

本章针对当前电网现状、存在的问题和发展趋势以及电网运行中出现的新问题，从规划设计、基建安装和运行等各个环节提出防止系统稳定破坏事故的措施。在本次修编过程中参考并引用了 2005 年以来新颁布国家、行业和公司企业标准的内容。对 2005 年版《十八项反措》中已不适应当前电网实际情况的条款进行调整和补充。修改后的"防止系统稳定破坏事故"分为电源、网架结构、稳定分析及管理、二次系统和无功电压五大部分，每一部分按照设计阶段、基建阶段和运行阶段分别编写。

防止系统稳定破坏事故一章是依据《电力系统安全稳定导则》（DL 755—2001）、相关技术标准及国家电网公司历年来关于系统稳定的规定而编制的。编制中参考了各单位防止系统稳定破坏的行之有效的各种措施，汲取了各地区的先进经验。本反事故措施按照"安全第一，预防为主"的方针，以"保人身、保电网、保设备"为原则，结合当前事故的特点，明确当前防止重大事故发生的重点技术措施。本反措仅仅是突出重点要求，并不覆盖全部技术标准和反事故技术措施。

（2）编制的重要性。当前我国电力系统具有以下特点：

1）电源规模跃居世界前列。1978 年底，全国发电装机容量 57.12GW；到 2009 年，达到 874GW，是 30 年前的 15 倍，装机总量从世界第 21 位跃居到第 2 位。2010 年，我国装机总量达 954GW。同时电源单机容量迅速增长，大型核电、大型水电及大型风电等新能源发电的占比不断提高，对电网的运行提出了更高的要求。

2）电网规模大幅度增长、电压等级逐步提高。1978 年改革开放前，我国电网输电电压等级以 220kV 电网为主；2008 年底，随着特高压交流试验示范工程建成投运，我国电压等级提升至 1000kV，形成了 1000/500/220/110（66）kV 和 750/330/220/110（66）kV 两类电压等级体系。1978 年，我国 220kV 和 330kV 线路分别为 22 672km 和 535km，220kV 及以上变电容量 25 280MVA；2009 年底，国家电网公司 220kV 及以上输电线路长度 32.06 万 km，变电容量 130.8 亿 MVA，分别为 30 年前的近 14 倍和 52 倍。

3）电网由省间互联进入跨大区互联乃至全国互联的新阶段。加快发展电网，推进全国互联是开发西部的主要组成，也是解决东部地区能源短缺的主要举措。随着电网互联和大功率、长距离输电工程的增多，对电网安全稳定提出了更高的要求。

因此，随着大型电源和大型电源基地的建设，负荷需求的持续增长，电网结构的加强，电网复杂程度的增加，外部环境的恶化，经济发展对电力的依赖程度不断提高，电网稳定运行的压力日益增加，安全风险日益增大，所以有必要制订相关措施，应对安全稳定的风险。

条 文 说 明

条文 2.1　电源

电源是电力系统不可分割的重要组成部分，随着电网规模的日益扩大，发电机的性能及稳定性对电网的影响更为重要。因此，修编中按照编制要求，将 2005 年版《十八项反措》中有关电源的部分归纳到一起，并根据征求的意见进行调整、补充和完善。从防止电网稳定破坏的角度提出对电源的要求。

条文 2.1.1　设计阶段应注意的问题

条文 2.1.1.1　合理规划电源接入点。受端系统应具有多个方向的多条受电通道，电源点应合理分散接入，每个独立输电通道的输送电力不宜超过受端系统最大负荷的 10%～15%，并保证失去任一通道时不影响电网安全运行和受端系统可靠供电。

将 2005 年版《十八项反措》关于受电通道的要求归入电源部分，结合特高压电网建设和电网规模不断扩大的实际情况，重点考虑以下因素：一是特高压输电通道建成后，该通道输送容量将超过原规定值；二是按原规定要求，严重缺乏支撑电源的受端系统将需要 6～7 个受电通道，按照原标准执行后电网利用率可能过低；三是即使电网物理上能满足原规定要求，很多运行方式也无法满足，对电网运行限制太大。因此修编后将条文修改为"……每个独立输电通道的输送电力不宜超过受端系统最大负荷的 10%～15%，并保证失去任一通道时不影响电网安全运行和受端系统可靠供电。"对电网规模较小、与主网联系比较弱的电网执行 10%～15% 的要求；对电网联系紧密、装机容量较大的电网执行失去任一通道时不影响电网安全运行和受端系统可靠供电的要求。

条文 2.1.1.2　发电厂宜根据布局、装机容量以及所起的作用，接入相应电压等级，并综合考虑地区受电需求、动态无功支撑需求、相关政策等的影响。

在过去的电源接入系统设计中，一般按照 600MW 及以上机组接入地区最高一级电压等级的要求考虑。但在近几年规划和运行过程中，东部地区当地最高一级电压等级（一般是 500kV）的短路电流比较大，且受端电网当地对电力的需求较大，电源接入 500kV 电网后仍需经过 500kV 变压器降压至 220kV 电网。实际在华东、山东等地已根据具体情况将 600MW 机组接入 220kV 电网，从电网运行情况看，具有其合理性。因此本次修编中，根据各公司反馈的意见，在此突出了电网中电源的布局、装机容量应满足分层、分区建设的原则，并注意加强受端电网的电压支撑的原则，不再具体规定多大规模的机组接入最高电压等级电网。并要求电源布点时应综合考虑地区受电需求、动态无功支撑需求、相关政策等的影响。

条文 2.1.1.3　发电厂的升压站不应作为系统枢纽站，也不应装设构成电磁环网的联络变压器。

本条文主要是针对规划设计阶段，考虑到体制改革后的诸多复杂问题，同时若发电厂升压站作为枢纽站或者设立 500kV/200kV 联络变压器，也会增加所在电网的短路电流，因此各地区在做电网规划时，应尽量避免将新建电厂再作为电网的枢纽站使用，即不宜从电厂直出负荷站，或将发电厂升压站母线经过多条出线与现有电网紧密连接。对电网中已有的电厂，可结合电网改造或机组更新等机会，逐渐加以解决。

按照《电力系统安全稳定导则》（DL 755—2001）的要求，在发电厂接入系统方案审查时，不应选择装设构成电磁环网的联络变压器方案。其主要目的是在规划阶段把关，不再出现新的电磁环网。发电厂现有的联络变压器，且以电磁环网方式运行，应从电网规划建设上尽快创造条件，分阶段逐步打开电磁环网。

条文 2.1.1.4 开展风电场接入系统设计之前，应完成"电网接纳风电能力研究"和"大型风电场输电系统规划设计"等相关研究。风电场接入系统方案应与电网总体规划相协调，并满足相关规程、规定的要求。

近年来，我国风电得到了迅猛发展，但也给电网的安全稳定运行带来一定的影响。为支持风电等可再生能源发展，加强风电建设及并网运行管理，促进电网与电源协调发展，保证电网安全稳定运行，满足新、扩建风电项目的接网及可靠送出，按照《国家电网公司风电建设及并网运行管理办法》、《国家电网公司关于进一步加强风电场接入系统管理的通知》（发展规二〔2010〕256 号）和《风电场接入电网技术规定》（Q/GDW 392—2009）等相关技术规程和管理规定的要求，做好风电场并网的相关工作。结合电力负荷增长和电网发展规划，及时研究电网接纳风电的能力，促进风电的经济合理消纳；风电规划阶段，在满足电网调峰要求和安全稳定运行的前提下，研究提出受端电网逐年可消纳的风电规模，对风电建设布局、开发时序提出意见和建议，确保风电的统筹规划和规范发展。

涉及风电的工作很多，在本节仅增加了对风电和分布式电源的一般要求，详细技术要求在"防止机网协调及风电大面积脱网事故"中具体阐述。

条文 2.1.2 基建阶段应注意的问题

条文 2.1.2.1 对于点对网、大电源远距离外送等有特殊稳定要求的情况，应开展励磁系统对电网影响等专题研究，研究结果用于指导励磁系统的选型。

根据多年的运行经验，对于大型点对网电厂以及接入电网敏感点的大型发电机组并网时，其发电机励磁系统的选型及部分参数选择对于送出系统的暂态稳定有较为明显的影响。因此，提出了针对点对网等特殊接线下机组的特殊要求。

条文 2.1.2.2 并网电厂机组投入运行时，相关继电保护、安全自动装置、稳定措施和电力专用通信配套设施等应同时投入运行。

继电保护、安全自动装置、稳定措施和电力专用通信等设施对于机组并网后安全稳定运行有着重要作用，因此，电网公司各部门应与电厂方面密切协调，做好管理和技术措施，确保能够同时投入。

条文 2.1.2.3 按照国家能源局及国家电网公司相关文件要求，严格做好风电场并网验收环节的工作，避免不符合电网要求的设备进入电网运行。

在风电场开展前期工作的各阶段，严格规范风电场接入系统管理：在落实国家能源局及国家电网公司相关文件要求的基础上，加快制订风电并网管理的相关规定，各单位要严格规范做好风电场并网管理工作；按照相关技术规定，在设计审查阶段对并网风机及风电场提出技术要求；根据国家风电并网检测与认证要求，对风电机组和风电场进行并网检测。

条文 **2.1.3** 运行阶段应注意的问题

条文 **2.1.3.1** 并网电厂发电机组配置的频率异常、低励限制、定子过电压、定子低电压、失磁、失步等涉网保护定值应满足电力系统安全稳定运行的要求。

条文 **2.1.3.2** 加强并网发电机组涉及电网安全稳定运行的励磁系统及电力系统稳定器（**PSS**）和调速系统的运行管理，其性能、参数设置、设备投停等应满足接入电网安全稳定运行要求。

在设计、建设、调试和启动阶段，电网企业的计划、工程、调度等相关机构和独立发电、设计、调试等相关企业应相互协调配合，分别制定有效的组织、管理和技术措施，以保证一次设备投入运行时，相关继电保护、安全自动装置和电力专用通信配套设施等能同时投入运行。本条文涉及的发电机特殊保护及 PSS 的设置原则请参照"防止机网协调及风电大面积脱网事故"。

[案例] 2005 年 9 月 1 日西部某电网发生一次较大范围的低频振荡，此次振荡虽然没有造成负荷损失，但对电网安全稳定运行造成一定的威胁。18 时 53 分至 21 时 12 分发生了三次该电网水电机组对主网的低频振荡。前两次振荡自行平息，第三次振荡有逐渐加大的趋势，随着该电网某电厂 1 号机、3 号机相继跳闸，振荡平息。事故分析表明，采用典型的发电机励磁系统模型参数，不能仿真重现事故，而采用现场试验数据拟合出的励磁系统模型参数，则可以准确模拟并找到事故原因：由于初始方式下电厂机组对系统振荡模式的阻尼已经较弱，随着摆动发生前电厂有功出力的增加或无功出力的减少，进一步降低了该振荡模式的阻尼，引发了机组对系统的低频同步振荡，由此激发了地区电网机组对主网的低频振荡。同时该电厂机组的 PSS 未投入运行，不利于电网的动态稳定。

该案例说明发电机的实测参数的重要性，也反映出发电机励磁参数的设置在某些方式下对电网稳定运行具有较大影响，PSS 等功能的设置和投退必须统一协调控制。

条文 **2.1.3.3** 加强风电集中地区的运行管理、运行监视与数据分析工作，优化电网运行方式，制订防止风电大面积脱网的反事故措施，保障电网安全稳定运行。

针对当前风电等可再生能源蓬勃发展的现实，依据近期国家和国家电网公司发布的规程，如《风电调度运行管理规范》（Q/GDW 432—2010）、《关于印发风电并网运行反事故措施要点的通知》（国家电网调〔2011〕974 号）、《风电场接入电网技术规定》（Q/GDW 392—2009）等，增加了对风电和分布式电源的要求。本条文涉及的风电机组相关原则请参照"防止机网协调及风电大面积脱网事故"。

条文 **2.2** 网架结构

合理的电网结构是保证电力系统安全稳定运行的物质基础和根本措施。为实现此目标，电网应建设成网架坚强、结构合理、安全可靠、运行灵活、技术先进的现代化电网，不断提高电网输送能力和抵御事故能力。

条文 2.2.1 设计阶段应注意的问题

条文 2.2.1.1 加强电网规划设计工作，制订完备的电网发展规划和实施计划，尽快强化电网薄弱环节，重点加强特高压电网建设及配电网完善工作，确保电网结构合理、运行灵活、坚强可靠和协调发展。

针对"十二五"发展目标，应加强电网规划设计工作，制订完备的电网发展规划和实施计划，强化电网薄弱环节，重点确保电网结构合理、运行灵活、坚强可靠和协调发展。建设以特高压电网为骨干网架，各级电网协调发展，具有信息化、自动化、互动化特征，安全可靠、经济高效、清洁环保、透明开放、友好互动的统一坚强智能电网，实现从传统电网向现代电网的升级和跨越。

条文 2.2.1.2 电网规划设计应统筹考虑、合理布局，各电压等级电网协调发展。对于造成电网稳定水平降低、短路电流超过开关遮断容量、潮流分布不合理、网损高的电磁环网，应考虑尽快打开运行。

随着电网规模的不断扩大，东部地区电网 500kV 网架结构发展日趋完善，电网间的电气联系日趋紧密，引起短路电流水平随之提高，这是一个必然的渐进过程。未来短路电流问题将成为制约电网发展的因素，故迫切需要采取措施将短路电流水平限制在合理范围内。由于电网发展到一定规模时，再对短路电流进行控制就会有一定的局限性和实施难度，因此短路电流控制应落实到规划阶段，才能在电网的发展和完善过程中更好地控制短路电流。

控制短路电流的主要思路和措施如下：

（1）电网短路电流水平同网络结构、网络密度和强度、电源接入的层次等因素有直接关系，因此控制短路电流水平需要由电源和电网的综合协调措施，需要在规划中综合考虑电源和电网的建设发展来达到总体最优。

（2）优化电网结构是限制短路电流最直接、最有效的方法，同时，还应进一步开展 500kV 变电站合理规模，包括 500、220kV 合理进出线数的研究，以控制变电站的短路电流水平。

（3）采用高一级电压等级可以有效地降低下一级电压网络的短路电流水平，但在特高压网络建设初期，网络较弱，覆盖范围不大，500kV 电网不可能达到希望的分片范围，因此，控制短路电流水平还是需要各种措施多管齐下。以电力电子技术为先导的灵活交流输电系统（FACTS）技术目前已经在世界各国有了很大的应用，使得电网有了精确控制的可能，采用FACTS 技术限制短路电流已在工程实际得到初步应用，取得了良好的效果。要密切跟踪此项技术发展动态，实施开展应用研究。

（4）加强电网与限制短路电流水平是提高电网安全运行水平问题的两个方面，正确、科学地认识这两个方面之间的矛盾关系，不能片面强调一方面而导致另一方面问题凸现，各方面的和谐才是发展正确之路。

（5）每个电网都有其自身的特点，哪一种控制短路电流的方法更有效、更合理，应结合电网实际进行研究。工作中应紧跟电网的发展，研究电网出现的新问题，跟踪电网新技术，研究解决电网问题的新方法，以远景目标网架为发展方向，在国家电网长、中、近期规划指导下，进行输变电工程建设，确保电网可持续健康发展。

条文 2.2.1.3　电网发展速度应适当超前电源建设，规划电网应考虑留有一定的裕度，为电网安全稳定运行和电力市场的发展等提供物质基础，以提供更大范围的资源优化配置的能力，满足经济发展的需求。

通过多年运行经验和国内外事故说明，电网和电源规划必须统一考虑，协调配合。电网规划必须适度超前建设，做到电源与电网、送端与受端、输电网与配电网的协调配合，和谐发展。这是保证电网安全的前提。

本条文考虑到电网规划的重要性，提出了在系统可研设计阶段，应考虑所设计的电网和电源送出线路的输送能力在满足生产需求的基础上留有一定的裕度的要求。

条文 2.2.1.4　系统可研设计阶段，应考虑所设计的输电通道的送电能力在满足生产需求的基础上留有一定的裕度。

适度超前建设电网，就是要使其具有足够的输配电能力，保证电力送得出、落得下、用得上。尽量避免在电网某一环节出现薄弱点，所以在系统规划阶段应统筹考虑各个输电通道的送电能力，预留一定的裕度，使其具有较强的适应性。

条文 2.2.1.5　受端电网 330kV 及以上变电站设计时应考虑一台变压器停运后对地区供电的影响，必要时一次投产两台或更多台变压器。

针对受端电网负荷密度高、负荷性质等主要因素，考虑万一发生事故影响可靠供电的情况，提出了受端电网 330kV 及以上变电站设计时应考虑一台变压器停运后对地区供电的影响，必要时一次投产两台或更多台变压器的要求。

条文 2.2.2　基建阶段应注意的问题

条文 2.2.2.1　在工程设计、建设、调试和启动阶段，电网公司的计划、工程、调度等相关管理机构和独立的发电、设计、调试等相关企业应相互协调配合，分别制订有效的组织、管理和技术措施，以保证一次设备投入运行时，相关配套设施等能同时投入运行。

条文 2.2.2.2　加强设计、设备订货、监造、出厂验收、施工、调试和投运全过程的质量管理。鼓励科技创新，改进施工工艺和方法，提高质量工艺水平和基建管理水平。

上述条文主要强调了基建阶段的两个原则：一是同时性，要求一次设备投入运行时，相关配套设施等能同时投入运行；二是"全过程管理"，要求建设单位全面强化各个环节的技术把关，提高基建管理水平，做到零缺陷移交生产运行。

条文 2.2.3　运行阶段应注意的问题

条文 2.2.3.1　电网应进行合理分区，分区电网应尽可能简化，有效限制短路电流；兼顾供电可靠性和经济性，分区之间要有备用联络线以满足一定程度的负荷互带能力。

分区是指某一电网最高电压等级网架逐步完善后，以一个或多个最高电压等级变电站（如500kV）作为电源，带动该地区数个次一级电压等级（如 220kV）变电站为该区负荷供电的网络格局。即不同分区之间 220kV 电网间是解环运行的，500kV 作为主网，承担各分区之间的功率传输。各分区内部 220kV 线路呈现放射状或局部环网的独立结构。正常运行时，分区之间的 220kV 联络线为断开状态，当该区出现严重故障时，通过这些 220kV 联络线可以提供部分负荷支援，加快事故恢复时间，防止出现分区全部停电的局面。

电网分区的两个主要驱动力：一是限制短路电流，二是防止事故的不断蔓延。随着电网规模的扩大，各电网均已开始分区供电，为保证安全要求，需要在谋划电网分区时充分关注供电可靠性问题，加强分区之间备用联络线的梳理和构建。

条文 2.2.3.2 避免和消除严重影响系统安全稳定运行的电磁环网。在高一级电压网络建设初期，对于暂不能消除的影响系统安全稳定运行的电磁环网，应采取必要的稳定控制措施，同时应采取后备措施限制系统稳定破坏事故的影响范围。

电磁环网是指不同电压等级的电网，通过变压器的磁回路或电与磁的回路连接构成的环网，多数的电磁环网包括两个电压等级。当高压输电回路故障时，可能引起联络变压器或低压线路过负荷，当故障前环网的输电功率较大时，往往会引起稳定破坏，需要采取相应的措施。根据对我国电网稳定破坏事故的统计分析，有相当比例的事故与电磁环网有关。

电磁环网是电力系统发展过程中的产物，在高一级电压电网建设发展的初期，往往高压和低一级电压的电网形成电磁环网运行，随着高一级电压电网的建设，需要创造条件、有计划的及早打开电磁环网，简化和改造低压网络，使之分片、分区运行。

［案例］ 1996 年 5 月 28 日，某电厂事故导致局部电网振荡解列。某电厂共有 4 台 300MW 机组发电，同时来自西部电网的 1 回送电线路也接至该厂母线，电厂通过 2 回 500kV 线路将电力送至负荷中心，同时该厂联络变压器经过 220kV 线路也与负荷中心电网连接，输送部分电力，构成了典型的 500kV/220kV 电磁环网。事故发生的起因是检修人员误将交流混入直流控制系统，造成继电保护的误动作，导致该厂 2 回 500kV 线路相继跳闸。大量潮流转移至 220kV 系统，导致 220kV 稳定破坏，地区小系统对主网振荡；继而引起该地区 2 座发电厂的全部机组跳闸，损失出力 1410MW。

该事故说明，一是继电保护的误动作导致该厂对外输电 500kV 主供线路 3 回中的 2 回断开；二是与之并联的 220kV 电磁环网不能承受潮流转移而发生振荡，导致事故扩大。因此，加强对二次系统的维护和管理和从电网结构上解决电磁环网问题是防止系统稳定破坏的基本出发点。

条文 2.2.3.3 电网联系较为薄弱的省级电网之间及区域电网之间宜采取自动解列等措施，防止一侧系统发生稳定破坏事故时扩展到另一侧系统。特别重要的系统（政治、经济或文化中心）应采取自动措施，防止相邻系统发生事故时直接影响到本系统的安全稳定运行。

电力系统稳定破坏后，其波及范围可能迅速扩大，需要依靠自动装置（如失步、低频、低压解列和联切线路等）控制其影响范围或平息振荡。

电网解列作为防止系统稳定破坏和事故扩大的最后一道防线，不同地点配置的解列装置动作应有选择性，且解列后的电网供需应尽可能平衡。电网应根据电网结构按层次布置解列措施，对于防止区域网间事故互相波及的自动解列装置应尽量双重化配置，省网之间应布置失步解列装置并尽量双重化配置（至少应双套配置装置），一般每条线路两侧各配一套失步解列装置。

条文 2.2.3.4 加强开关设备的运行维护和检修管理，确保能够快速、可靠地切除故障。

快速切除故障是提高系统稳定水平和输电线路输送功率极限的重要措施。需要做好两方面工作：一是加快保护动作时间，需要选用新型快速的保护，也可以按电压等级配置相应的快速原理的保护。二是使开关设备保持良好状态，通过加强设备检修和运行监视，提高设备的健康水平，保证能够迅速切除故障。

条文 2.2.3.5 根据电网发展适时编制或调整"黑启动"方案及调度实施方案，并落实到电网、电厂各单位。

黑启动是指整个电力系统因故障停运后，不依靠外部系统的帮助，通过本系统中具有自启动能力机组的启动，带动其他无自启动能力的机组，逐步扩大系统恢复范围，最终恢复整个系统。

近年来，互联电网规模越来越大，结构日趋合理，网架日益坚强，安全稳定水平得到了很大提高。尽管如此，遇到严重故障时仍有可能引发系统的连锁反应，最终导致系统大面积停电。国际上接连发生了一系列的大面积停电事故，造成了灾难性的社会影响和经济损失。如何降低大停电给电网带来的危害，研究电网大面积停电后的紧急恢复措施，制订电网全停后的黑启动或区外受电启动方案是非常必要的。

自从美加"8·14"大停电后，国内华北、华东、上海、深圳、湖北、云南等电网均加大了黑启动工作的力度，制订了相应的黑启动方案，并进行了一些黑启动试验工作。

[案例] 2005年9月26日凌晨1时左右，第18号台风"达维"对海南电力设施造成了严重破坏，引发了部分电厂连续跳机解列，最终系统全部瓦解，导致了罕见的全省范围大停电。海南"9·26"大停电的特点：其一是停电波及面广，电厂全部解列，停电范围涉及全岛；其二是从正常状态到全同崩溃时间较短，仅4min左右电网全黑。大停电后海南电网公司迅速启动了黑启动方案，海南电网正式下令黑启动命令1h后，南丰水电站发电机组黑启动成功。除杆塔倒塌的线路外，主网和主力电厂在4h内得到恢复，重要用户的供电重新恢复，最大限度上将停电损失降至了最低。这是国内电网除试验演习外的第一次实际应用。

由此事故可见，一是黑启动方案的制订不仅十分必要，而且应纳入到整个社会的防灾体系，如今社会经济的发展愈来愈依赖于电力，特别对一些经济发达区域，一旦电网崩溃，所造成的后果将是灾难性的，对于电网来说，即使是最坚强的电网也不可能确保百分之百的可靠性，因此在不断加强电网可靠性的同时应做第二手准备，建立电网灾变后的恢复机制——黑启动方案。二是电网一旦发生故障后，应即时做出反应，判断线路状况、机组状况、停电范围等，启动相应的黑启动方案。三是应建立多套黑启动方案，电网崩溃后，也存在倒塔、断线等短时难以恢复的故障，多套黑启动方案并管齐下，可增加黑启动的成功率并减少电网的恢复时间。四是黑启动方案应根据电网结构变化和运行特点不断修改方案。

条文 2.3 稳定分析及管理

电力系统安全稳定分析的目的是通过对电力系统进行详细的仿真计算和分析研究，确定系统稳定问题的主要特征和稳定水平，提出提高系统稳定水平的措施和保证系统安全稳定运行的控制策略，用以指导电网规划、设计、建设、生产运行以及科研、试验中的相关工作。

加强系统安全稳定分析和管理，是适应国家特高压骨干电网建设、全国互联发展以及贯彻现代公司发展战略的需要，防止大面积停电事故，确保电网安全、优质、经济运行。

条文 2.3.1 设计阶段应注意的问题

条文 2.3.1.1 重视和加强系统稳定计算分析工作。规划、设计部门必须严格按照《电力系统安全稳定导则》（DL 755—2001）和《国家电网安全稳定计算技术规范》（Q/GDW 404—2010）等相关规定要求进行系统安全稳定计算分析，全面把握系统特性，并根据计算分析情况优化电网规划设计方案，合理设计电网结构，滚动调整建设时序，确保不缺项、不漏项，合理确定输电能力，完善电网安全稳定控制措施，提高系统安全稳定水平。

本条文强调了稳定计算分析所需数学模型的重要性，要求严格按照《国家电网安全稳定计算技术规范》（Q/GDW 404—2010）的要求执行。

系统计算中的各种元件、控制装置及负荷的模型、参数的详细和准确度对电力系统计算结果影响很大，需要通过开展模型、参数的研究和实测工作，建立系统计算中的各种元件、控制装置及负荷的详细模型和参数，以保证计算结果的准确度。各发电公司（电厂）应向电网提供符合要求的发电机组的相关实测参数，发电机励磁和调速系统参数测试和建模工作是电厂的责任和义务。

条文 2.3.1.2 加大规划阶段系统分析深度，在系统规划设计有关稳定计算中，发电机组均应采用详细模型，以正确反映系统动态特性。

本条文强调了在电网规划阶段的计算分析工作应采取详细模型，以保证在规划阶段的模型、参数的详细和准确度，并与运行分析数据保持一致。防止到运行阶段出现问题。

条文 2.3.1.3 在规划设计阶段，对尚未有具体参数的规划机组，宜采用同类型、同容量机组的典型模型和参数。

本条文主要针对规划阶段计算分析的特殊性，对于处于规划期、尚未有具体参数的机组等，可以采用同类型、同容量机组的典型模型和参数。

条文 2.3.2 基建阶段应注意的问题

条文 2.3.2.1 对基建阶段的特殊运行方式，应进行认真细致的电网安全稳定分析，制订相关的控制措施和事故预案。

在电网输变电工程的建设阶段，不可避免地要发生运行变电站局部停电转基建、线路切改、变电站内部分设备转检修等非正常运行方式。这些非正常方式或多或少地削弱了电网结构，增加了电网故障的风险。

因此，本条文提出了避免非正常方式影响电网安全稳定运行的要求。

条文 2.3.2.2 严格执行相关规定，进行必要的计算分析，制订详细的基建投产启动方案。必要时应开展电网相关适应性专题分析。

本条文主要对基建启动阶段提出了要求，一些重大的输变电工程启动，如果对于电网的影响较大，则需要同步开展电网相关适应性专题分析。

条文 2.3.3 运行阶段应注意的问题

条文 2.3.3.1 应认真做好电网运行控制极限管理，根据系统发展变化情况，及时计算和调整电网运行控制极限。电网调度部门确定的电网运行控制极限值，应按照相关规定在计算极限值的基础上留有一定的稳定储备。

电力系统大多数时间均运行在正常方式下，因此必须对正常方式的稳定极限和水平做详细计算和深入研究，由此掌握电网稳定特性，并以此作为研究检修方式稳定以及事故后恢复的基础，也是电网稳定的一个重要环节。

各级调度部门在制订电网运行控制极限值时，一般应考虑在计算极限值的基础上留有 5%～10%的功率稳定储备，制订省间联络线运行控制极限值时还应适当考虑潮流的自然波动情况。

系统可研设计阶段，应考虑所设计的电网和电源送出线路的输送能力在满足生产需求的基础上留有一定的裕度。

条文 2.3.3.2 加强有关计算模型、参数的研究和实测工作，并据此建立系统计算的各种元件、控制装置及负荷的模型和参数。并网发电机组的保护定值必须满足电力系统安全稳定运行的要求。

随着我国电网的快速发展，全国联网系统正在形成。面对全国联网系统的安全稳定计算分析，需要在《电力系统安全稳定导则》（DL 755—2001）的基础上，规范电力系统在规划、设计、生产、运行和科研中的电力系统安全稳定计算分析的所采用的计算方法、数学模型、稳定判据、计算分析和计算管理等。需要密切结合我国电力系统的实际，从电力系统的全局着眼，规定出我国电力系统安全稳定计算分析的基本技术条件的要求，用以协调各专业系统和各阶段有关的各项工作，以保证我国电力系统的安全稳定运行。2010 年，国家电网公司在总结多年工作经验的基础上，制定了《国家电网安全稳定计算技术规范》（Q/GDW 404 —2010），补充、细化和完善了相应的计算和判断标准，是电网稳定分析工作的指导准则。

系统计算中的各种元件、控制装置及负荷的模型、参数的详细和准确度对电力系统计算结果影响很大，需要通过开展模型、参数的研究和实测工作，建立系统计算中的各种元件、控制装置及负荷的详细模型和参数，以保证计算结果的准确度。

条文 2.3.3.3 严格执行电网各项运行控制要求，严禁超运行控制极限值运行。电网一次设备故障后，应按照故障后方式电网运行控制的要求，尽快将相关设备的潮流（或发电机出力、电压等）控制在规定值以内。

条文 2.3.3.4 电网正常运行中，必须按照有关规定留有一定的旋转备用和事故备用容量。

国外大电网从 20 世纪 60 年代以来相继出现了较大的稳定破坏事故，因而进一步重视并特别加强了稳定研究工作，我国也从 20 世纪 80 年代初开始重视加强了稳定工作，制定颁发了《电力系统安全稳定导则》（DL 755—2001）开展稳定工作的意义在于尽最大可能避免发生稳定破坏事故，并努力研究各种措施和安全自动装置，将事故的影响局限在最小的范围。

多年来，由于我国电网建设取得了显著成果，但电网结构在一些主要元件检修方式下就薄弱了许多，稳定水平也大受影响，为指导生产运行，检修方式下的计算和分析是非常必要的，系统只有按给定的极限控制，才能保持稳定。国外一些重大停电事故给我们敲响了警钟。

[案例1]　1978年12月19日法国全国的大停电事故：由于线路过负荷先后一回400kV和三回225kV线路跳闸，后多条联络线跳闸造成系统电压崩溃、稳定破坏几乎形成全国范围的大停电，停电损失负荷达24 000MW。

[案例2]　美国西部电网在1996年7、8月间两次由于相继失去两回长距离、重负荷超高压线路造成电网解列成五片，而造成大面积停电，多数用户在十几到几十分钟内恢复供电，全部恢复供电长达6h，停电损失负荷分别达10 000MW和30 000MW。

[案例3]　2003年8月14日16时10分（北京时间8月15日4时10分）开始，美国东北部和加拿大联合电网发生大面积停电事故。事故起始于15时06分俄亥俄州Cleveland附近的一条345kV线路。大停电事故主要涉及五大湖区，包括美国东北部的密歇根州、俄亥俄州、纽约市、新泽西洲北部、马萨诸塞州、康涅狄格州等8个州以及加拿大的安大略省、魁北克省。共损失61 800MW负荷，100多座电厂停机（包括22个核电站），停电范围9300多平方千米，受影响区域的人口达5000万。事故后经历了漫长的恢复过程（3h后恢复了2.2%负荷、7h后恢复了34.5%负荷，25h后恢复了66.5%负荷，直到49h后完全恢复供电）。这是一起典型的复杂巨型电网中的稳定事故，由于局部故障引起潮流大范围转移，缺乏足够的无功支持，导致电压快速崩溃，进而大量切除机组和负荷，酿成大面积停电。

该案例说明了以下问题：一是一个公司的调度控制计算机故障，向调度人员提供了虚假的信息，导致运行人员对系统状态了解不足。二是在电网结构方面，美国存在众多独立电网，电网之间经多级电网和多点进行联网，容易造成潮流在各个电网之间无规律窜动，增加了保护和控制难度。三是由于没有统一的调度机制，各地区电网之间缺乏有效信息交换和整体防范措施。

条文 2.3.3.5　加强电网在线安全稳定分析与预警系统建设，提高电网运行决策时效性和预警预控能力。

修编中强调了加强电网在线安全稳定分析与预警系统建设，通过科技手段实现提高电网运行决策时效性和预警预控能力。

安全预警和决策支持是保障电网安全运行的重要手段，是未来智能调度技术的必备要求。通过构建"电网实时监视—扰动识别及告警—稳定分析评估及辅助决策—实时紧急控制及安全自动装置离线策略校核—第三道防线校核"一体化监控平台，统一了电网全过程分析的仿真计算模型和参数，实现了电网在线安全稳定分析评估、调度操作前模拟潮流计算及暂态仿真，以及离线方式仿真计算，为电网调度、运行方式安排、网架建设提供了先进的监控及计算分析手段，实时自动跟踪系统当时的运行状态，发现电网中的各类安全隐患；给出不同的校正控制措施建议；旨在把潜在的安全问题和电网事故处理在孕育阶段。该系统掌握大规模互联电网运行控制技术，提高大电网安全稳定运行水平具有重大意义。

[案例] 2006 年 11 月 4 日欧洲当地时间 22 时 10 分，欧洲大陆互联电网（UCTE）发生大面积停电事故，共造成 11 个国家的 1500 万用户停电。事故中整个欧洲互联电网解列成东部、西部和南部 3 块孤岛电网：西部电网短时内缺失功率将近 20GW，频率最低降到 49Hz；东部电网富余功率则超过 10 GW，频率最高升到 50.6Hz；南部电网则供需大体平衡。事故发生后，UCTE 电网的安全防线包括一次、二次、三次调频以及甩负荷机制，在关键时刻发挥重要作用，抑制了事故的进一步扩大，电网没有崩溃。在事故发生 40min 后，3 块孤岛逐步重新互联。大多数停电用户在 30 min 之内恢复供电，最慢的也在 1h 之后恢复了供电。

11 月 4 日 21 时 38 分，为保证豪华游轮挪威珍珠号安全通过埃姆斯河进入北海，E. ON 电网公司按计划停运了 Conneforde 至 Die le 的双回 380kV 线路。E. ON 电网公司调度人员进行了停运线路的模拟分析，并未发现任何问题。由于时间的限制，调度人员并没有对停运该线路之后的电网拓扑也进行 N–1 潮流计算，而是根据经验，觉得此电网拓扑能满足 N–1 准则。该线路停运后，潮流转移至系统南部的联络线，此时，靠近退出运行线路的 Wehrerldof 至 Landesbergen 单回 380kV 线路上负载很重，超过了额定载流限的 85%。断面上其他联络线出现过负荷。连锁反应造成近 20 条线路在十几秒之内相继跳闸，导致 UCTE 电网解列为东部、西部和南部电网 3 部分，在不同频率下运行。在此情况下，各孤岛系统中发电和负荷严重不均衡。为保持系统频率稳定，各系统均采取了切除发电机组或切除负荷等紧急措施。

该案例可以归纳出以下几个需要引以为鉴的问题：

（1）此次事故表明，电网 N–1 安全分析，特别是事故状态和检修状态下的 N–1 分析，对预防重大事故的发生至关重要。在特大电网运行中，单纯依靠调度员的经验是危险的。必须依靠先进的调度自动化技术，开发电网的安全预警与监测系统，为调度员提供辅助决策支持。

（2）此次事故暴露出，UCTE 电网中的个别电网运行商（TSO）在事故处理中缺乏协调。我国的统一调度、分级管理体系，是我国特有的，实践证明是行之有效的调度模式，必须坚持和强化。

（3）此次事故中，风力发电对事故的起因、事故的发展以及恢复供电的过程都有着不可忽视的影响。当系统电压与频率变化趋于平稳后，许多与系统断开的小功率风电机组和热电联动机组自动并入电网。无论 TSO 还是配电网运营公司（Distribution System Operator，DSO）对这些机组均没有监控手段，风电等小机组的并网随意性在一定程度上也影响了系统频率的正常恢复。如何在促进风力发电的同时保障电网的安全，也是要慎重考虑的问题。

（4）在此次事故中，UCTE 电网安全防线发挥了重要作用。事故没有扩大，停电用户在短时内重新恢复供电。此安全防护机制及其实际运用经验是值得学习研究的。

条文 2.4 二次系统

本条文所涉及的二次系统，包括继电保护、调度自动化和电力通信及信息等。二次系统是保证电网安全、稳定运行的重要组成部分，各项反事故措施是二次系统安全运行方面的基础经验，也是事故教训的总结。因此按照继电保护、调度自动化和通信等部分的修编成果，对 2005 年《十八项反措》中所涉及的内容描述进行了调整。

本条文是从防止系统稳定破坏的角度出发，对二次系统提出了相关要求。二次系统的具体技术要求请参考第 15 章和第 16 章。

条文 2.4.1　设计阶段应注意的问题

条文 2.4.1.1　认真做好二次系统规划。结合电网发展规划，做好继电保护、安全自动装置、自动化系统、通信系统规划，提出合理配置方案，保证二次相关设施的安全水平与电网保持同步。

条文 2.4.1.2　稳定控制措施设计应与系统设计同时完成。合理设计稳定控制措施和失步、低频、低压等解列措施，合理、足量地设计和实施高频切机、低频减负荷及低压减负荷方案。

条文 2.4.1.3　加强 110kV 及以上电压等级母线、220kV 及以上电压等级主设备快速保护建设。

在电网发生事故时，继电保护的正确和及时动作，安全自动装置正确对事故进行隔离，通信自动化系统准确将信息反馈到调度部门，对于保证电网稳定运行，缩小事故影响范围具有重要作用。因此，条文 2.4.1.1～条文 2.4.1.3 强调了二次系统规划和设计的重要性，通过做好二次规划，提高二次系统的可靠性。

条文 2.4.2　基建阶段应注意的问题

条文 2.4.2.1　一次设备投入运行时，相关继电保护、安全自动装置、稳定措施、自动化系统、故障信息系统和电力专用通信配套设施等应同时投入运行。

条文 2.4.2.2　加强安全稳定控制装置入网验收。对新入网或软、硬件更改后的安全稳定控制装置，应进行出厂测试或验收试验、现场联合调试和挂网试运行等工作。

条文 2.4.2.3　严把工程投产验收关，专业人员应全程参与基建和技改工程验收工作。

条文 2.4.2.1～条文 2.4.2.3 对二次系统基建阶段提出了具体要求：一是要全面投产，不留尾巴；二是严格技术把关，避免将设备隐患带入运行中。

由于安全自动装置动作范围较大，逻辑复杂，判断条件多样，一旦出现缺陷将影响全局；因此特别强调了安全自动装置的验收环节，防止因局部软件或控制逻辑问题导致安全自动装置不正确动作。同时要求建设单位应重视零缺陷移交，运行单位应及早介入工作，熟悉设备，消除隐患，减少因二次系统的缺陷所造成的非计划停电。

条文 2.4.3　运行阶段应注意的问题

条文 2.4.3.1　调度机构应根据电网的变化情况及时地分析、调整各种安全自动装置的配置或整定值，并按照有关规程规定每年下达低频低压减载方案，及时跟踪负荷变化，细致分析低频减载实测容量，定期核查、统计、分析各种安全自动装置的运行情况。各运行维护单位应加强检修管理和运行维护工作，防止电网事故情况下装置出现拒动、误动，确保电网三道防线安全可靠。

电力系统稳定破坏后，其波及范围可能迅速扩展，需要依靠自动装置（如失步、低频、低压解列和联解线路等）控制其影响范围或平息振荡。

电网解列作为防止系统稳定破坏和事故扩大的最后一道防线，不同地点配置的解列装置动作应有选择性，且解列后的电网供需应尽可能平衡。电网应根据电网结构按层次布置解列措施，对于防止区域网间事故互相波及的自动解列装置应尽量双重化配置，省网之间应布置失步解列装置并尽量双重化配置（至少应双套配置装置），一般每条线路两侧各配一套失步解列装置。

调度机构应根据电网的变化情况，不定期地分析、调整各种安全自动装置的配置或整定值，并定期核查、统计、分析各种安全自动装置的运行情况，以保证电网第三道防线安全可靠。强调做好装置的定值管理、检修管理和运行维护工作，以保证装置的正确可靠动作，避免装置拒动、误动的发生。

每年进行的年度稳定计算分析工作中，应进行系统稳定控制和保障电网安全最后防线措施的分析工作。

电网内各省网的低频减负荷容量，应满足电网内最大电厂故障全停和各自解列后出现的功率缺额，各省网最低实测切除负荷比例应满足计划要求，指定小地区实测低频减载量均应满足 50% 要求。当局部地区发电能力仅占供电负荷的 50% 时，应在电网适当位置装设低频低压减载装置，以保证该局部地区与主系统解列后，孤立电网的稳定运行和重要负荷的供电。应注意及时跟踪负荷变化，细致分析低频减载实测容量，加强实测统计分析工作。

失步解列、低频低压减载等安全稳定控制装置必须单独配置，具有独立的投入和退出回路，不得与其他设备混合配置使用。

条文 2.4.3.2 加强继电保护运行维护，正常运行时，严禁 220kV 及以上电压等级线路、变压器等设备无快速保护运行。

条文 2.4.3.3 母差保护临时退出时，应尽量减少无母差保护运行时间，并严格限制母线及相关元件的倒闸操作。

条文 2.4.3.4 受端系统枢纽厂站继电保护定值整定困难时，应侧重防止保护拒动。

切除故障时间与稳定裕度成反比，切除时间越短，稳定裕度越大。切除时间长了，则稳定裕度降低，还可能超出稳定极限切除时间，造成系统失去暂态稳定。因此，加快故障切除时间是提高系统稳定水平和输电线路输送功率极限的重要措施。加快保护动作时间需要选用新型快速的保护，也可以按电压等级配置相应的快速原理的保护。严格执行电网调度管理规程有关规定，对无快速保护的设备必须停电，不允许继续运行。对于可能造成相关负荷停电或其他设备过负荷时，调度部门应立即采取倒方式等措施，尽快将设备停电。

在安排一次设备的计划检修工作时，原则上要求相应的二次设备的检修校验工作同步安排，尽量不单独安排设备主要保护的停电工作。

变电站或电厂升压站母线故障对电网的冲击更大，后果更严重，应快速切除故障。对于母线无母差保护时，按照条文 15.5.6 的规定，严格限制母线相关元件的倒闸操作。

条文 2.5　无功电压

电力系统的无功补偿与无功平衡是保证电压质量的基本条件，有效的电压控制和合理的无功补偿，不仅可保证电压质量，也提高了电力系统的稳定性和安全性，充分发挥了经济效益。

随着全国区域电网互联和特高压、超高压骨干电网的逐步形成，电力系统对无功电力和电压的调整与控制的要求越来越高，当系统无功储备不足时，有可能会发生电压崩溃使电网瓦解。

本条文编制过程中重点考虑了以下方面：

（1）按照《电力系统安全稳定导则》（DL 755—2001）、《国家电网公司电力系统电压质量和无功电力管理规定》（国家电网生〔2009〕133 号）和《电力系统无功补偿配置技术原则》（Q/GDW 212—2008）的有关规定，对反措进行了修改。

（2）强调了提高无功电压自动控制水平的必要性，条文中突出了推广应用电网无功电压优化集中自动控制系统（简称 AVC 系统）的作用。

条文 2.5.1 设计阶段应注意的问题

条文 2.5.1.1 在电网规划设计中，必须同步进行无功电源及无功补偿设施的规划设计。无功电源及无功补偿设施的配置应确保无功电力在负荷高峰和低谷时段均能分（电压）层、分（供电）区基本平衡，并具有灵活的无功调整能力和足够的检修、事故备用容量。受端系统应具有足够的无功储备和一定的动态无功补偿能力。

1978～1987 年，世界上发生比较大的电压崩溃事故有 5 次之多，而且都发生在电网密集、设备和技术水平比较高的西方国家。为防止我国电网发生电压崩溃事故，《电力系统安全稳定导则》（DL 755—2001）和《国家电网公司电力系统无功补偿配置技术原则》（Q/GDW 212—2008）对电压稳定问题及措施给予了足够的重视。虽然电网日常无功补偿的重点是以常规、静态无功补偿配置原则为主，但合理的无功补偿配置可以提高负荷的功率因数，提高电网电压水平，同时也就提高了电网电压稳定的水平。一般来说，电网进行合理的无功补偿后，可以使电网中发电机的无功出力减少，发电机功率因数提高，相当于为电网储备了大量的、可快速调出的无功储备。在电网发生事故的情况下，发电机可以迅速发出无功，支持电网的电压，防止电网发生电压崩溃。因此在上述文件中对电网特别是受端电网（系统）应有足够的无功备用容量进行了要求，同时提出当受端系统存在电压稳定问题时，应通过技术经济比较，考虑在受端系统的枢纽变电站配置动态无功补偿装置。

条文 2.5.1.2 无功电源及无功补偿设施的配置应使系统具有灵活的无功电压调整能力，避免分组容量过大造成电压波动过大。

条文 2.5.1.3 当受端系统存在电压稳定问题时，应通过技术经济比较配置动态无功补偿装置。

随着电容器制造技术的提高，单组容量越来越大，若变电站内配置电容器的单组容量过大，将会使运行带来很多问题，必须加以限制。这里给出一个总体要求，《国家电网公司电力系统无功补偿配置技术原则》（Q/GDW 212—2008）给出了具体的限制容量。但各地区电网结构不同，电压波动的数值主要由当地短路容量确定，短路容量大的变电站可适当放宽。母线电压波动范围的计算方法是，考虑变电站投运初期的电网结构、负荷水平，容性无功补偿投入容量与系统短路容量的比值。

受端系统应有足够的无功储备，并应有一定的动态无功补偿。当受端系统存在电压稳定问题时，应通过技术经济比较，考虑在受端系统的枢纽变电站配置动态无功补偿装置。

"受端系统"的概念在《电力系统安全稳定导则》（DL 755—2001）中的 2.2.1.1 条给出了严格的定义："受端系统是指以负荷集中地区为中心，包括区内和临近电厂在内，用较密集的电力网络将负荷和这些电源连接在一起的电力系统。受端系统通过接受外部及远方电源输入的有功电力和电能，以实现负荷平衡"。

对于大型电网、特别是受端电网，应加强动态无功补偿，在 220kV 枢纽变电站及 500kV 变电站配置适当容量的动态无功装置。对于 500kV 变电站，电容器补偿容量应按照主变压器容量的 15%～20%配置；对于 220kV 变电站，电容器补偿容量应按照主变压器容量的 10%～25%配置；对于 110kV 及以下变电站，电容器补偿容量应按照主变压器容量的 15%～25%配置；配电网（10kV）变电站补偿的规定是 20%～40%。500kV 线路充电功率基本予以补偿，当局部地区短线较多时，应考虑在适当的位置 500kV 母线上配置有开关的高压电抗器。

电网应具备电压的双向调节能力，是电网运行的重要目标。过去在电网结构薄弱、无功补偿不足时，对容性无功补偿比较重视。随着电网的发展，在电网小负荷时系统电压偏高问题日渐突出，部分地区甚至不得不拉开超高压输电线路以减少充电无功的影响。为此在各种文件中特别强调了双向无功补偿，包括发电机进相运行、在合适地点安装感性无功补偿装置、严格控制各电压层面间无功流动等措施。

条文 2.5.1.4 提高无功电压自动控制水平，推广应用 AVC 无功电压控制系统，提高电压稳定性，减少电压波动幅度。

目前各地区电网的 AVC 系统已从局部小地区电网的无功集中控制发展到省级调度与地市级调度的协调控制，并逐步向区域电网、省级电网和地市级电网的 AVC 协调控制发展。经过多年的运行经验表明，AVC 系统对于降低网损、提高电压合格率、保证系统安全经济运行、减轻运行人员工作强度等均具有积极作用。因此本次修编提出了在基建阶段应完成 AVC 无功电压控制系统的联调和传动工作，并具备同步投产条件的要求。

条文 2.5.1.5 并入电网的发电机组应具备满负荷时功率因数在 **0.9**（滞相）～**0.97**（进相）运行的能力，新建机组应满足进相 **0.95** 运行的能力。在电网薄弱地区或对动态无功有特殊需求的地区，发电机组应具备满负荷滞相 **0.85** 的运行能力。发电机自带厂用电运行时，进相能力应不低于 **0.97**。

发电机是电力系统中最好的无功电源，发电机具有无功出力调节迅速、在系统故障时可以快速增加无功的特点。因此发电机的无功调节和控制对保证系统稳定具有重要意义。按照国家电网公司相关规定的要求，对新建机组，发电机本体具备功率因数 0.85（滞相）～ 0.95（进相）运行的能力。但发电机进相受厂用电电压限制，部分电网做进相试验时将厂用电切换到启动变压器上，所做结果不能与实际运行方式符合，故要求发电机自带厂用电时，进相能力应不低于 0.97。因此，电厂应合理配置升压变压器和厂用变压器的分接头位置。

条文 2.5.2 基建阶段应注意的问题

条文 2.5.2.1 变电站一次设备投入运行时，配套的无功补偿及自动投切装置等应同时投入运行。

条文 2.5.2.2 在基建阶段应完成 AVC 无功电压控制系统的联调和传动工作，并具备同步投产条件。

AVC 系统的优化目标是全网网损尽量小、各节点电压合格率尽量高；控制对象为各电厂发电机的无功出力和各变电站有载变压器分接挡位与电容器、电抗器等无功补偿设备；借助调度自动化主站系统的"SCADA"功能和集控中心自动化系统的"四遥"功能，利用计算机技术和网络技术对地区电网内各变电站的调压和无功补偿设备的集中监视、集中管理和集中控制，以达到地区电网无功电压优化运行、提高运行效率的目的。实现对全网无功电压优化集中自动控制。

条文 2.5.3 运行阶段应注意的问题

条文 2.5.3.1 电网主变压器最大负荷时高压侧功率因数不应低于 0.95，最小负荷时功率因数不应高于 0.95。

这里强调了"高压侧"，主要目的是划分各电压等级的层面比较容易、直观。

电网主变压器最大负荷时或电网最大负荷时，也是电网无功损耗较大、无功比较缺乏的时刻。因此维持各级主变压器高压侧功率因数不应低于 0.95，目的是尽量减少变电站从系统吸收无功的数量。在变压器最小负荷或电网低谷时，全网无功比较充裕，剩余无功可能会引起系统电压升高。因此，各级主变压器高压侧功率因数不应高于 0.95，目的是尽量从系统吸收一定的剩余无功，减少整个系统的压力；同时也是为了防止因下一电压等级低谷运行方式中，下一级的无功补偿设备未及时切除，导致上一级电压升高，对电网设备造成影响。

条文 2.5.3.2 100kVA 及以上高压供电的电力用户，在用电高峰时段变压器高压侧功率因数应不低于 0.95；其他电力用户功率因数应不低于 0.9。

该条文的目的与 2.5.3.1 相一致。

用户侧的无功补偿，是"就地补偿"原则的最好体现，对减少无功电力传输、降低线损具有重要意义。

在用户无功电压管理工作中还应注意电力用户电容器的投切运行管理，要有可靠的技术手段，做到调度及现场运行人员可监视、控制电力用户电容器的投切，保证高峰期间投入，低谷期间切除。防止用户高峰时从系统吸收过多无功，或在低谷时向系统反送无功。

条文 2.5.3.3 电网局部电压发生偏差时，应首先调整该局部厂站的无功出力，改变该点的无功平衡水平。当母线电压低于调度部门下达的电压曲线下限时，应闭锁接于该母线有载调压变压器分接头的调整。

各电网间、各电压层间无功功率应各自基本平衡，不应考虑大容量、远距离无功功率的输送，尽量将系统间联络线输送的无功功率控制到最小。

自动调整变压器分接头的控制装置应具有系统电压闭锁功能，当母线电压低于调度部门下达的电压曲线下限时，应闭锁接于该母线上的变压器分接头。以免电压持续降低时，变压器分接头的调整造成下级供电系统从上一级系统吸收大量无功，进一步造成上一级电压的下降，甚至引起系统的电压崩溃，VQC、AVC 等系统的调整亦须遵循该原则。

条文 **2.5.3.4**　发电厂、变电站电压监测系统和 EMS 系统应保证有关测量数据的准确性。中枢点电压超出电压合格范围时，必须及时向运行人员告警。

条文 **2.5.3.5**　电网应保留一定的无功备用容量，以保证正常运行方式下，突然失去一回线路、一台最大容量无功补偿设备或本地区一台最大容量发电机（包括发电机失磁）时，能够保持电压稳定。无功事故备用容量，应主要储备于发电机组、调相机和静止型动态无功补偿设备。

条文 **2.5.3.6**　在电网运行时，当系统电压持续降低并有进一步恶化的趋势时，必须及时采取拉路限电等果断措施，防止发生系统电压崩溃事故。

电网运行的主要问题之一，就是按照分层、分区等基本原则配置一定的事故无功备用容量，以保证在事故后规定的最低要求电压水平。实时监视电网运行电压的变化，及时发现系统电压的问题，是电网运行的主要工作。在突然失去一回线路、一台最大容量无功补偿设备或本地区一台最大容量发电机（包括发电机失磁）等常见事故出现后，为保持事故后的电压水平不低于最低要求，应立即调出事故备用无功容量，同时也应安排相应的自动低压减载容量。

各级调度机构应具备详细的事故拉路序位，当因系统电压有进一步恶化的趋势，上级调度下达拉路限电命令时，必须快速执行，不得延误。

3 防止机网协调及风电大面积脱网事故

总体情况说明

鉴于目前风电机组大量接入电网，在防止机网协调事故中增加防止风电大面积脱网事故的要求，将 2005 年版《十八项反措》标题"防止机网协调事故"改为"防止机网协调及风电大面积脱网事故"。

2005 年版《十八项反措》从"加强发电机组与电网密切相关设备的管理"、"加强发电机组一次调频的运行管理"、"加强发电机组的参数管理"、"发电机非正常及特殊运行方式下的要求" 4 个方面提出了 13 条反措，本次修订后从"设计"、"基建"、"运行"3 个阶段方面提出了 38 条反措。

条 文 说 明

条文为防止机网协调及风电大面积脱网事故，并网电厂、风电机组涉及电网安全稳定运行的励磁系统和调速系统、继电保护和安全自动装置、升压站电气设备、调度自动化和通信等设备的技术性能和参数应达到国家及行业有关标准要求，其技术规范应满足所接入电网要求，并提出以下重点要求：

"机网协调"或叫"厂网协调"，是指发电机组与电网的协调管理，通过对发电机组、升压站等与电网密切相关的设备管理，保证发电机组和电网安全稳定运行的相互协调。"机网协调"的主要工作指：电厂的发电机、主变压器、机组励磁系统（包括 PSS）、调速系统、安全自动装置、电厂高压侧或升压站等电气设备的技术规范和参数应达到有关国家及行业标准要求；应满足所接入电网的相关规定；还应达到技术监督及安全性评价的要求。

条文 **3.1** 防止机网协调事故

条文 **3.1.1** 设计阶段应注意的问题

条文 **3.1.1.1** 各发电公司（厂）应重视和完善与电网运行关系密切的保护选型、配置，在保证主设备安全的情况下，还必须满足电网安全运行的要求。

条文 **3.1.1.2** 发电机励磁调节器〔包括电力系统稳定器（PSS）装置〕须经认证的检测中心的入网检测合格，挂网试运行半年以上，形成入网励磁调节器软件版本，才能进入电网运行。

建立励磁调节器〔包括电力系统稳定器（PSS）装置〕软件版本认证机制，完善逻辑设计、优化参数整定，确保发电机组涉网特性满足国家、行业标准要求，进而达到消除事故隐患的目的。

〔案例〕 2010 年 7～10 月，某电站机组发生多次有功功率波动，最大幅值达到 300MW，经历三次现场试验，初步确认发电机励磁的电力系统稳定器 PSS 环节在 0.82Hz 低频振荡模式附近特性存在问题，未能提供正阻尼。在实验室通过复现事故场景、进行理论模型与实际装置特性对比等，发现发电机组采用的西门子励磁与 PSS 系统集成软件的内部参数出厂缺省设置错误，是导致发电机组动作异常的原因。如图 3-1、图 3-2 所示。

① 21F 机组有功 MW 最小：654.753 平均：686.634 最大：713.881　② 22F 机组有功 MW 最小：659.281 平均：692.076 最大：718.803　③ 23F 机组有功 MW 最小：631.653 平均：657.04 最大：682.512　④ 24F 机组有功 MW 最小：630.931 平均：659.032 最大：682.381　⑤ 25F 机组有功 MW 最小：619.315 平均：646.885 最大：669.059　⑥ 26F 机组有功 MW 最小：619.775 平均：646.116 最大：669.387

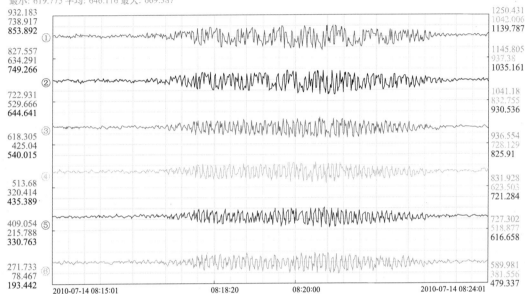

图 3-1　某电站机组发生有功功率异常波动图

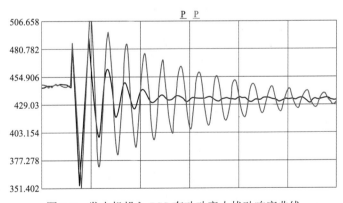

图 3-2　发电机投入 PSS 有功功率小扰动响应曲线

注：黑色曲线：PSS（$X_q=-0.673$）；灰色曲线：PSS（X–PSS=0.2 出厂缺省设置）。

条文 3.1.1.3　根据电网安全稳定运行的需要，**200MW** 及以上容量的火力发电机组和 **50MW** 及以上容量的水轮发电机组，或接入 **220kV** 电压等级及以上的同步发电机组应配置 **PSS**。

条文 3.1.1.4　发电机应具备进相运行能力。**100MW** 及以上火电机组在额定出力时，功率因数应能达到–0.95～–0.97。励磁系统应采用可以在线调整低励限制的微机励磁装置。

发电机进相运行是电网对发电机组的基本要求。试验经验表明，功率因数取超前 0.97～

29

0.95 比较合理，控制功角δ不超过 70°，保留的安全裕度比较大，是为确保试验时和实际长期进相运行中的安全。许多发电机进相能力以厂用电压下降为主要限制因素之一，与系统配置有关，某些大容量（600MW 级）发电机组满负荷时进相能力很小，远远达不到 $\cos\varphi = 0.95$，所以厂用电动机的电压波动允许范围对发电机进相能力影响非常大，往往成为限制发电机进相运行能力的主要因素。

根据《电网运行准则》（DL/T 1040—2007）中关于发电机进相能力的要求，在电网调度发出指令以后，发电机应当能够在数分钟之内从迟相进入进相运行状态，由此满足电网调整无功的需求。应当明确，要以发电机自带厂用电系统为试验条件，不能把通过启备变带厂用电的进相试验结果上报电网调度作为进相运行的依据。

条文 3.1.1.5 新投产的大型汽轮发电机应具有一定的耐受带励磁失步振荡的能力。发电机失步保护应考虑既要防止发电机损坏又要减小失步对系统和用户造成的危害。为防止失步故障扩大为电网事故，应当为发电机解列设置一定的时间延迟，使电网和发电机具有重新恢复同步的可能性。

失步运行属于应避免而又不可能完全排除的发电机非正常运行状态。发电机失步往往起因于某种系统故障，故障点到发电机距离越近，故障时间越长，越易导致失步。在失步至恢复同步或解列发电机之前，发电机和系统都要经受短时间的失步运行状态。失步振荡对发电机组的危害主要是轴系扭振和短路电流冲击。为减轻失步对系统的影响，在一定条件下，应允许发电机组短暂失步运行，以便采取措施恢复同步运行或在适当地点解列。对于单机对系统的振荡而言，一般情况下，直接切除不会对电网产生太大影响。

条文 3.1.1.6 为防止频率异常时发生电网崩溃事故，发电机组应具有必要的频率异常运行能力。正常运行情况下，汽轮发电机组频率异常允许运行时间应满足表 1 的要求。

表 1　　　　　　　　　　　　汽轮发电机组频率异常允许运行时间

频率范围 （Hz）	允许运行时间	
	累计（min）	每次（sec）
51.0 以上～51.5	＞30	＞30
50.5 以上～51.0	＞180	＞180
48.5～50.5	连续运行	
48.5 以下～48.0	＞300	＞300
48.0 以下～47.5	＞60	＞60
47.5 以下～47.0	＞10	＞20
47.0 以下～46.5	＞2	＞5

本条是难于考核的项目，主要依靠制造厂在设计和制造阶段有所措施和制造厂的承诺。频率异常问题从发电机组整体来看，既要考虑发电机，也要考虑汽轮机，而且二者只能取较小值，因为汽轮机的相关标准允许频率范围比较小，所以表 1 的频率范围是按汽轮机取的。

频率异常属于应避免而又不可能完全排除的发电机组非正常运行状态。

电力系统由于某种原因造成有功功率不平衡时，频率将偏离额定值。偏离的程度与系统有功功率不平衡情况及系统的负荷频率特性等因素有关。

限制系统频率降低，一般采用低频减负荷。但由于低频减负荷装置的动作时延和电力系统的惯性，在减负荷后系统频率的恢复有一定时延。所以，当系统由于某种原因突然出现功率严重短缺时，即使采用了低频减负荷，系统也不可避免地将出现短暂的频率降低。频率降低的程度和持续时间与电力系统的具体情况及低频减负荷的配置和整定有关。

如果系统频率下降时处理不当而将机组跳闸，则此时机组跳闸造成的系统功率短缺将进一步导致频率降低，因而形成连锁反应，严重时最终导致系统崩溃。所以为防止电网频率异常时发生电网崩溃事故，发电机组应当具有必要的频率异常运行能力。同时，机组低频保护整定必须与系统频率降低特性协调，即系统频率降低不应使机组保护动作而引起恶性连锁反应。

限制机组频率升高是由其调速器来实现。一般要求系统事故时限制机组的暂态最高转速不超过额定转速的107%～108%。

《继电保护技术规程》（GB/T 14285—2006）中规定，发电机组应装设低频保护，保护动作于信号并有低频累计时间显示。特殊情况下当低频保护需要跳闸时，保护动作时间可按汽轮机和发电机制造厂的规定进行整定，但必须符合表1规定的每次允许时间。

条文 3.1.1.7　发电机励磁系统应具备一定过负荷能力。

条文 3.1.1.7.1　励磁系统应保证发电机励磁电流不超过其额定值的1.1倍时能够连续运行。

条文 3.1.1.7.2　励磁系统强励电压倍数一般为2倍，强励电流倍数等于2，允许持续强励时间不低于10s。

随着电网规模的扩大、电压等级的提升，关注发挥发电机对电网电压的无功支撑及调节作用，对发电机励磁系统过负荷能力进行细化，其特性应满足国家、行业标准的要求。如图3-3所示。

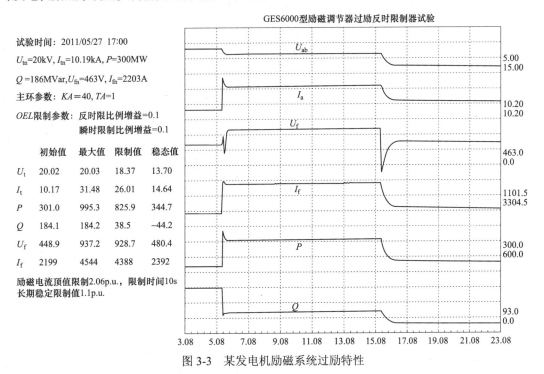

图3-3　某发电机励磁系统过励特性

[案例] 美国、加拿大"8·14"大停电事故的发生、发展过程，就是由三条 345kV 线路相继掉闸的一个局部地区事故引发，事故范围逐渐扩大，经过约 10min 时间后，最终导致美国东北部和加拿大电网解列为多个"孤岛"，损失 61 800MW 负荷。在事故发展过程中，至少有 531 台发电机组由于励磁系统或调速系统、发电厂内控制、保护系统等原因相继跳闸。事故分析表明，发电机励磁系统过负荷能力如转子过励，在确保设备安全的前提下，发挥其对系统的无功电压支撑，对避免发电机连锁掉闸从而引起"垮网"，具有重要意义。

条文 3.1.2 基建阶段应注意的问题

条文 3.1.2.1 机组并网调试前三个月，发电厂应向相应调度部门提供电网计算分析所需的主设备（发电机、变压器等）参数、二次设备（TA、TV）参数及保护装置技术资料以及励磁系统（包括 PSS）、调速系统技术资料（包括原理及传递函数框图）等。发电厂应经静态及动态试验验证定值整定正确，并向调度部门提供整定调试报告。

条文 3.1.2.2 发电厂应根据有关调度部门电网稳定计算分析要求，开展励磁系统（包括 PSS）、调速系统、原动机的建模及参数实测工作，实测建模报告需通过有资质试验单位的审核，并将试验报告报有关调度部门。

系统稳定计算分析包括以下内容：

（1）系统动态稳定计算时间应不小于 6 个动态摇摆周期。在大区域电网联网方式下，计算仿真时间为 40s，考虑发电机及其励磁、调速系统等的动态调节作用，才能够比较准确地反映系统动态特性。

（2）目前普遍采用电力系统稳定器 PSS 来改善系统动态稳定特性。计算分析电力系统中存在振荡模式的频率和阻尼，选择 PSS 安装地点并合理整定参数，消除负阻尼振荡模式，改善弱阻尼振荡模式，提高系统动态稳定水平。

（3）采用新的计算分析程序仿真系统中长期电压、频率动态过程，不仅考虑发电机及其励磁、调速系统等的动态调节作用、锅炉热力过程，还考虑自动装置如发电机过励和低励保护、发电机或异步马达超速和低速保护、线路过流保护、距离保护、自动有载调压变压器 OLTC、用户自定义控制装置等。

开展以上工作，要求计算中采用准确的发电机及其励磁、调速系统详细模型参数。电网调度部门承担着维护电网安全稳定的责任，应慎重地选择和采用发电机及其调节系统详细分析模型，要求对现场实际测量扰动后励磁、调速系统的响应特性并进行仿真对比分析，得到工程化计算模型。

因此，对发电机组励磁和调速系统参数的具体要求是：

1）新建或改造的发电机组励磁系统、调速系统的有关逻辑、定值及参数设定、运行规定等均纳入电网调度管理的范畴，在投产前必须经过充分的技术论证，经电网的相关检测部门检测合格，并报调度部门审查批准后方可实施。

2）新建或改造的机组励磁系统、调速系统，在机组并网前应进行必要的静态调试和动态试验。

3）新建机组的励磁系统、调速系统数学模型和相应参数应在机组进入商业化运行前完成实际测量。

4）改造机组的励磁系统、调速系统数学模型和参数应在投入运行后半年内完成实际测量。

5）发电厂应将实测的励磁系统、调速系统数学模型和参数上报调度部门和技术监督部门审核。发电机组原动机及励磁系统、调速系统数学模型包括：原动机数学模型结构及相关参数，励磁、调速系统类型及工作原理简图、各环节数学模型或传递函数方框图及相关参数的取值范围及换算关系等，一次调频死区的实现逻辑等。

6）发电机组励磁系统、调速系统的模型及参数实际测量项目应列为电厂工程验收内容。

［案例］ 2005 年 9 月 1 日 18:53 至 21:12 发生了三次某电网机组对主网的低频振荡。前两次振荡自行平息，第三次振荡有逐渐加大的趋势，随着该电网某电厂 1 号、3 号机组相继跳闸，振荡平息。事故分析表明，采用典型的发电机组励磁系统模型参数，不能仿真重现事故，而采用现场试验数据拟合出的励磁系统模型参数，则可以准确模拟并找到事故原因是，由于初始方式下电厂机组对系统振荡模式的阻尼已经较弱，随着摆动发生前电厂有功出力的增加或无功出力的减少，进一步降低了该振荡模式的阻尼，引发了机组对系统的低频同步振荡，由此激发了地区电网机组对主网的低频振荡。如图 3-4 所示。

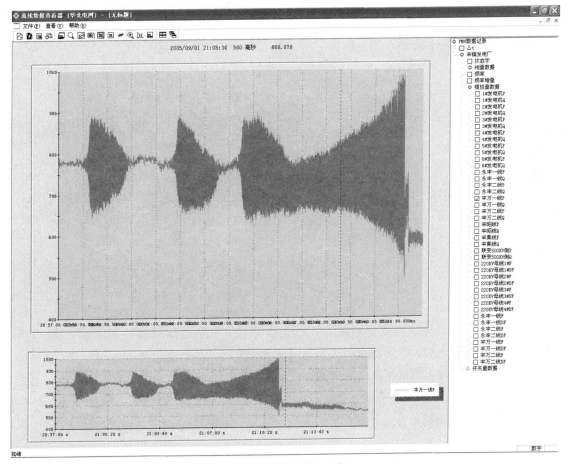

图 3-4　联络线有功响应

条文 3.1.3　运行阶段应注意的问题

条文 3.1.3.1　并网电厂应根据《大型发电机变压器继电保护整定计算导则》(DL/T 684—1999) 的规定、电网运行情况和主设备技术条件，认真校核涉网保护与电网保护的整定配合关系，并根据调度部门的要求，做好每年度对所辖设备的整定值进行全面复算和校核工作。当电网结构、线路参数和短路电流水平发生变化时，应及时校核相关涉网保护的配置与整定，避免保护发生不正确动作行为。

条文 3.1.3.2　发电机励磁系统正常应投入发电机自动电压调节器（机端电压恒定的控制方式）运行，PSS 装置正常必须置入投运状态，励磁系统（包括 PSS）的整定参数应适应跨区交流互联电网不同联网方式运行要求，对 0.1～2.0Hz 系统振荡频率范围的低频振荡模式应能提供正阻尼。

条文 3.1.3.3　200MW 及以上并网机组的高频率、低频率保护，过电压、低电压保护，过励磁保护，失磁保护，失步保护，阻抗保护及振荡解列装置、发电机励磁系统（包括 PSS）等设备（保护）定值必须报有关调度部门备案。

条文 3.1.3.4　电网低频减载装置的配置和整定，应保证系统频率动态特性的低频持续时间符合相关规定，并有一定裕度。发电机组低频保护定值可按汽轮机和发电机制造厂有关规定进行整定，低频保护定值应低于系统低频减载的最低一级定值，机组低电压保护定值应低于系统（或所在地区）低压减载的最低一级定值。

发电机组作为电力系统的重要组成部分之一，其动态特性对电网稳定水平有显著的影响。当电力系统中发生故障时，一方面，电网要求并网运行的发电机组发挥一次调频、电压支撑能力，维持电网稳定；另一方面，为了防止发电机组相关设备损坏，发电机组继电保护将启动，导致机组掉闸。

如果发电机组继电保护有关特性与电网不协调，可能导致电网事故扩大。

［案例 1］　1992 年某电网发生事故，由于 220kV 变电站值班人员误合隔离开关，导致一条 220kV 线路出口发生三相短路故障，继电保护拒动，造成后备保护动作致使主网隔离故障点比较慢（长达 0.58s），引起某电网各机群之间的激烈振荡。故障后 13s，联络线振荡解列装置动作，电网解列，某电厂 1 号机组（350MW）因低频保护动作，被迫退出运行，某电网的功率大量缺额导致电网频率急剧下降，低频减载装置动作，切除负荷 490MW。

［案例 2］　2001 年某电厂 2 号机组（500MW）发生失磁事故，500kV 母线电压约为 480kV（$>0.9U_n$），由于发电机失磁保护电压闭锁值为 $0.9U_n$，延时 2s，导致失磁保护拒动，失磁情况下发电机异步运行，从系统吸收大量无功、发出有功，引起负荷中心 500kV 枢纽站电压低落，500kV 变电站电压降低至 473kV。

从以上电力系统事故可以看出，在电网解列后，地区发生功率缺额，某电厂发电机组的低频保护整定与电网低频减载装置特性缺乏协调，导致机组过早退出运行，对事故后的电网"雪上加霜"；某电厂发电机组发生故障，由于其失磁保护整定不合理，导致机组长时间异步运行，降低了电网的电压稳定水平。

条文 3.1.3.5　发电机组一次调频运行管理

条文 3.1.3.5.1　并网发电机组的一次调频功能参数应按照电网运行的要求进行整定，一次调频功能应按照电网有关规定投入运行。

条文 3.1.3.5.2　新投产机组和在役机组大修、通流改造、DEH 或 DCS 控制系统改造及运行方式改变后，发电厂应向相应调度部门交付由技术监督部门或有资质的试验单位完成的一次调频性能试验报告，以确保机组一次调频功能长期安全、稳定运行。

条文 3.1.3.5.3　火力发电机组调速系统中的汽轮机调门特性参数应与一次调频功能和 AGC 调度方式相匹配。当不满足要求时，应进行汽轮机调门特性参数测试及优化整定，确保机组参与调频的安全性。

电力系统的一次调频是由同步发电机组和负荷设备共同来完成的。频率波动对用户、发电厂和整个电力系统均会产生许多不良影响，因此，维持整个电力系统频率恒定，而且保证频率的偏移不超过允许值，是电力系统控制的一个重要目标。

发电机组的原动机调速系统是电网一次调频的主要设备，也是影响电网自然频率特性的唯一可控设备。为了提高电能质量及电力系统的稳定水平，要求所有并入电网运行的发电机组都必须具有一次调频的功能。因此，所有并入电网运行的机组都必须具备并投入一次调频功能，达到有关的技术要求，并上报各台机组与一次调频有关的材料及数据。当电网频率波动时，机组在所有运行方式下都应自动参与一次调频。现场应随时记录并保存机组一次调频的投入及运行情况，以便有关部门进行技术分析与监督。

一次调频的主要技术指标有：

（1）机组调速系统的速度变动率。

火电机组速度变动率一般为 4%～5%；

水电机组速度变动率（永态转差率）一般为 3%～4%。

（2）调速系统迟缓率。

1）机械、液压调节型：

机组容量≤100MW，迟缓率要求小于 0.4%；

机组容量 100～200MW，迟缓率要求小于 0.2%；

机组容量>200MW ，迟缓率要求小于 0.1%。

2）电液调节型：

机组容量≤100MW，迟缓率要求小于 0.15%；

机组容量 100～200MW，迟缓率要求小于 0.1%；

机组容量>200MW，迟缓率要求小于 0.06%。

（3）机组参与一次调频的死区。

水、火电机组一次调频死区不大于±2 r/min（±0.034Hz）。

（4）机组参与一次调频的响应滞后时间。

当电网频率变化达到一次调频动作值到机组负荷开始变化所需的时间为一次调频负荷响应滞后时间，应小于 3s。

（5）机组参与一次调频的稳定时间。

机组参与一次调频过程中，在电网频率稳定后，机组负荷达到稳定所需的时间为一次调频稳定时间，应小于1min。机组投入机组协调控制系统或自动发电控制（AGC）运行时，应剔除负荷指令变化的因素。

（6）机组一次调频的负荷响应速度。

燃煤机组达到75%目标负荷的时间应不大于15s，达到90%目标负荷的时间应不大于30s，燃气机组达到90%目标负荷的时间应不大于15s。

（7）机组参与一次调频的负荷变化幅度。

机组参与一次调频的调频负荷变化幅度上限可以加以限制，但限制幅度不应过小，规定如下：

1）容量≤ 250MW 的火电机组，限制幅度≥10% 额定负荷；

2）容量 250～350MW 的火电机组，限制幅度≥8%额定负荷；

3）容量 350～500MW 的火电机组，限制幅度≥7%额定负荷；

4）容量＞500MW 的火电机组，限制幅度≥6%额定负荷。

机组参与一次调频的调频负荷变化幅度不应设置下限。

水电机组参与一次调频的负荷变化幅度不应加以限制。

各发电厂在对机组一次调频的负荷变化幅度加以限制时，应充分考虑机组及电网特点，确保机组及电网的安全、稳定。

一次调频对调速系统、机组控制系统的要求如下。

DEH（调速）侧设计要求：应采取将转速差信号经转速不等率设计函数直接叠加在汽轮机（燃机）调速汽门指令处的设计方法，同时 DEH 功率回路的功率指令亦根据转速不等率设计指标进行调频功率定值补偿，且补偿的调频功率定值部分不经过速率限制。

CCS 侧要求：采用分散控制系统（DCS）且具有机组协调控制和 AGC 功能的机组，由 DEH、CCS 共同完成一次调频功能；即 DEH 侧采取将转速差信号经转速不等率设计函数直接叠加在汽轮机（燃机）调速汽门指令处的设计方法，而在 CCS 中设计频率校正回路，且 CCS 中的校正指令不经速率限制。

一次调频功能是机组的必备功能之一，不应设计为可由运行人员随意切除的方式。目前在役机组中，一次调频设计为可由运行人员随意投切的机组，应取消投\退操作按钮，保证一次调频功能始终在投入状态。

一次调频试验要求：

并网机组应进行一次调频试验，且必须合格；新建机组可以只进行单阀工况下的一次调频试验。

机组大修或机组控制系统发生重大改变后，应重新进行一次调频试验，以保障一次调频性能和机组安全。（重大改变包括DCS改造、DEH改造、控制方案及一次调频回路主要设计参数改变等）。

存在单阀、顺序阀运行方式的机组，一次调频试验包括单阀方式和顺序阀方式下的一次调频试验，其中新建机组根据汽轮机本体运行要求适时开展单阀、顺序阀方式下的一次调频试验。无单、顺序阀运行工况的机组应进行能表征该机组实际性能的一次调频试验。

一次调频试验选择的负荷工况点不应少于 3 个，宜在 60%、75%、90% 额定负荷工况附近选择。稳燃负荷小于 50%额定负荷的机组，在稳燃负荷至 50%额定负荷之间的负荷点进行一次调频试验亦可。选择的工况点应能较准确反映机组变负荷运行范围内的一次调频特性。

在每个试验负荷工况点，应至少分别进行 ±0.067、±0.1Hz 频差阶跃扰动试验；应至少选择一个负荷工况点进行机组调频上限试验和同调频上限具有同等调频负荷绝对值的降负荷调频试验，检验机组的安全性能。

[**案例**]　*2009 年 9 月 24 日，某 200MW 发电机组发生有功振荡，最大波动幅度达到 20MW 左右，引起无功大幅波动，无功最低达到−100Mvar，最终失磁保护动作跳机。*

汽轮机调门特性是典型的凸轮特性，故整个功率调节系统为非线性控制系统，这在汽轮机顺序阀运行工况尤为明显。本次事故，机组运行在汽轮机调门特性突变的拐点，恰巧该时刻一次调频动作，一次调频动作值直接叠加在汽轮机阀位总指令上，使有功瞬间又产生快速变化，加剧了调节的不稳定，超出了功率控制器的稳定调节范围，导致有功调节振荡。

因此，汽轮机调门特性，尤其是顺序阀工况的调门特性应与一次调频和 AGC 运行相适应。执行机构的合理线性度是保证有功调节和一次调频运行安全的基础，当调门特性线性度较差或存在影响正常调节的拐点时，应及时进行汽轮机调门特性参数测试及整定。

条文 3.1.3.6　发电机组进相运行管理

条文 3.1.3.6.1　发电厂应根据发电机进相试验绘制指导实际进相运行的 *P-Q* 图，编制相应的进相运行规程，并根据电网调度部门的要求进相运行。发电机应能监视双向无功功率和功率因数。根据可能的进相深度，当静稳定成为限制进相因素时，应监视发电机功角进相运行。

条文 3.1.3.6.2　并网发电机组的低励限制辅助环节功能参数应按照电网运行的要求进行整定和试验，与电压控制主环合理配合，确保在低励限制动作后发电机组稳定运行。

现场检查及 RTDS 仿真性能检测均表明，低励限制 UEL 控制策略和参数选择至关重要，参数选择不当时，会使发电机组进相运行中发生较大的不稳定扰动。图 3-5 是对机组进行−5%给定电压阶跃响应试验，反映了 AVR 中 UEL 的投退及选择不同参数的影响。

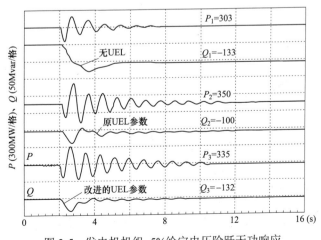

图 3-5　发电机机组−5%给定电压阶跃无功响应

条文 3.1.3.7　发电厂应制订完备的发电机带励磁失步振荡故障的应急措施，并按有关规定做好保护定值整定，包括：

条文 3.1.3.7.1　当失步振荡中心在发电机－变压器组内部时，应立即解列发电机。

条文 3.1.3.7.2　当发电机电流低于三相出口短路电流的 **60%～70%** 时（通常振荡中心在发电机－变压器组外部），发电机组应允许失步运行 **5～20** 个振荡周期。此时，应立即增加发电机励磁，同时减少有功负荷，切换厂用电，延迟一定时间，争取恢复同步。

条文 3.1.3.8　发电机失磁异步运行

条文 3.1.3.8.1　严格控制发电机组失磁异步运行的时间和运行条件。根据国家有关标准规定，不考虑对电网的影响时，汽轮发电机应具有一定的失磁异步运行能力，但只能维持发电机失磁后短时运行，此时必须快速降负荷。若在规定的短时运行时间内不能恢复励磁，则机组应与系统解列。

条文 3.1.3.8.2　发电机失去励磁后是否允许机组快速减负荷并短时运行，应结合电网和机组的实际情况综合考虑。如电网不允许发电机无励磁运行，当发电机失去励磁且失磁保护未动作时，应立即将发电机解列。

失磁异步运行属于应避免而又不可能完全排除的非正常运行状态。

因为发电机失磁瞬间可以从发送无功的正常运行状态，立即阶跃为吸收无功状态，造成对电网非常不利的大幅度无功负荷变化，故应当严格限制失磁异步运行条件。运行实践表明，有限的短时异步运行对发电机组运行是有利的，可能因此恢复励磁，从而避免发电机组紧急跳闸对热动力设备的冲击，若不能恢复励磁，短时的异步运行也可以使机组负荷在解列前以适当速度减少以至足以转至其他机组。失磁异步运行对电网的不利影响较大，无论是立即从电网解列还是允许快速减负荷后短时运行，都会对电网造成一定的冲击。

汽轮发电机失磁异步运行的能力及限值，与电网容量、机组容量、有否特殊设计等有关。如果在规定的短时运行时间内不能恢复励磁，则机组应当与系统解列。

具备如下条件时，可以短时异步运行：

（1）电网有足够的无功余量去维持一个合理的电压水平；

（2）机组能迅速减少负荷（应自动进行）到允许水平；

（3）发电机组的厂用电系统可以自动切换到另一个电源。

条文 3.2　防止风电大面积脱网事故

鉴于 2011 年 4 月以来公司系统出现的多次风电大面积脱网事故，根据国调中心发布的《风电并网运行反事故措施要点》（国家电网调〔2011〕974 号），提出防止风电大面积脱网事故有关要求。

条文 3.2.1　设计阶段应注意的问题

条文 3.2.1.1　新建风电机组必须满足《风电场接入电力系统技术规定》（GB/T 19963—2011）等相关技术标准要求，并通过国家有关部门授权的有资质的检测机构的并网检测，不符合要求的不予并网。

条文 3.2.1.2　风电场并网点电压波动和闪变、谐波、三相电压不平衡等电能质量指标满足国家标准要求时，风电机组应能正常运行。

条文 3.2.1.3　风电场应配置足够的动态无功补偿容量，应在各种运行工况下都能按照分层分区、基本平衡的原则在线动态调整，且动态调节的响应时间不大于 **30ms**。

条文 3.2.1.4　风电机组应具有规程规定的低电压穿越能力和必要的高电压耐受能力。

由于风电机组有功出力间歇波动性强并且自身无功调节能力有限，大规模风电汇集地区无功电压控制是目前影响风电接纳能力的重要因素之一，风电机组应具有规程规定的低电压穿越能力和必要的高电压耐受能力，减小对电网的冲击。

[案例]　2011 年 4 月 17 日，某风电场 A 内接于 35kV 4 号母线的 318 号馈线的风机箱式变压器 35kV 送出架空 B 相引线与 35kV 主干架空线路 C 相搭接，引起 B、C 相间短路故障，持续约 82ms 故障切除，引起风电场 A 及周边多个风电场总共 629 台风机脱网。风机脱网过程分为两个阶段：

第一阶段，故障期间，风电场 A 220kV 母线电压降低至 $61\%U_N$，35kV 母线电压至 $42\%U_N$，导致风机低电压保护动作，引起风电场 A 及周边多个风电场总共 301 台风机脱网。

第二阶段，在故障切除及 301 台风机脱网后，由于系统大量无功过剩，系统电压迅速升高，导致风机过电压保护动作，引起多个风电场总共 328 台风机脱网。如图 3-6 所示。

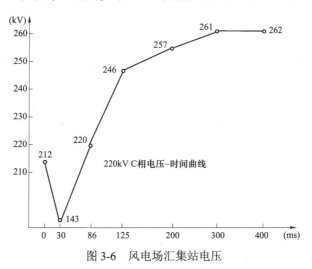

图 3-6　风电场汇集站电压

条文 3.2.1.5　电力系统频率在 **49.5～50.2Hz** 范围（含边界值）内时，风电机组应能正常运行。电力系统频率在 **48～49.5Hz** 范围（含 **48Hz**）内时，风电机组应能不脱网运行 **30min**。

条文 3.2.1.6　风电场应配置风电场监控系统，实现在线动态调节全场运行机组的有功/无功功率和场内无功补偿装置的投入容量，并具备接受电网调度部门远程自动控制的功能。风电场监控系统应按相关技术标准要求，采集、记录、保存升压站设备和全部机组的相关运行信息，并向电网调度部门上传保障电网安全稳定运行所需的运行信息。

为了改善风电场并网特性，借鉴发达国家经验，风电场应配置风电场监控系统（WPMS）。WPMS 如图 3-7 所示，是整个风电场的无功监测控制，输入信号为控制点（如汇集点）电压，通过控制风电场内各台风机输出的无功功率，维持控制点（如汇集点）电压的稳定。

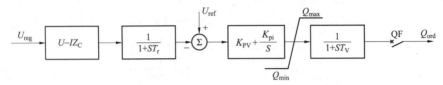

图 3-7　风电场监控系统（WPMS）模型

条文 3.2.2　基建阶段应注意的问题

条文 3.2.2.1　风电场应向相应调度部门提供电网计算分析所需的主设备（发电机、变压器等）参数、二次设备（**TA**、**TV**）参数及保护装置技术资料及无功补偿装置技术资料等。风电场应经静态及动态试验验证定值整定正确，并向调度部门提供整定调试报告。

条文 3.2.2.2　风电场应根据有关调度部门电网稳定计算分析要求，开展建模及参数实测工作，并将试验报告报有关调度部门。

随着风电规模化接入电网，其动态特性对电力系统的影响应引起关注。应与发电机励磁、汽机系统调速系统一样，将风电机组及风电场参数实测、仿真建模项目列为工程验收内容。

条文 3.2.3　运行阶段应注意的问题

条文 3.2.3.1　电力系统发生故障、并网点电压出现跌落时，风电场应动态调整机组无功功率和场内无功补偿容量，应确保场内无功补偿装置的动态部分自动调节，确保电容器、电抗器支路在紧急情况下能被快速正确投切，配合系统将并网点电压和机端电压快速恢复到正常范围内。

条文 3.2.3.2　风电场无功动态调整的响应速度应与风电机组高电压耐受能力相匹配，确保在调节过程中风电机组不因高电压而脱网。

根据 2011 年以来发生的多起风电大面积脱网故障，因高电压脱网的风电机组台数甚至超过故障期间低电压脱网的风电机组台数，因此，应关注无功电压控制特性与风电机组能力的协调问题。

条文 3.2.3.3　风电场汇集线系统单相故障应快速切除。汇集线系统应采用经电阻或消弧线圈接地方式，不应采用不接地或经消弧柜接地方式。经电阻接地的汇集线系统发生单相接地故障时，应能通过相应保护快速切除，同时应兼顾机组运行电压适应性要求。经消弧线圈接地的汇集线系统发生单相接地故障时，应能可靠选线，快速切除。汇集线保护快速段定值应对线路末端故障有灵敏度，汇集线系统中的母线应配置母差保护。

风电场汇集线一般采用 35kV 电缆系统，因施工工艺不良和运行维护不力，易发生电缆头故障，引发连锁反应，导致事故扩大。因此，要求"风电场汇集线系统单相故障应快速切除"。

条文 **3.2.3.4** 风电机组主控系统参数和变流器参数设置应与电压、频率等保护协调一致。

条文 **3.2.3.5** 风电场内涉网保护定值应与电网保护定值相配合，并报电网调度部门备案。

与水、火电机组类似，如果风电机组继电保护有关特性与电网不协调，可能导致电网事故扩大。

条文 **3.2.3.6** 风电机组故障脱网后不得自动并网，故障脱网的风电机组须经电网调度部门许可后并网。

由于风电具有间歇性、波动性等特点，风电汇集地区潮流及电压控制难度大，应严格执行"故障脱网的风电机组须经电网调度部门许可后并网"。

条文 **3.2.3.7** 发生故障后，风电场应及时向调度部门报告故障及相关保护动作情况，及时收集、整理、保存相关资料，积极配合调查。

条文 **3.2.3.8** 风电场二次系统及设备，均应满足《电力二次系统安全防护规定》（国家电力监管委员会第 **5** 号令）要求，禁止通过外部公共信息网直接对场内设备进行远程控制和维护。

条文 **3.2.3.9** 风电场应在升压站内配置故障录波装置，启动判据应至少包括电压越限和电压突变量，记录升压站内设备在故障前 **200ms** 至故障后 **6s** 的电气量数据，波形记录应满足相关技术标准。

为了便于事故分析及仿真，要求风电场应在升压站内配置故障录波装置。

条文 **3.2.3.10** 风电场应配备全站统一的卫星时钟设备和网络授时设备，对场内各种系统和设备的时钟进行统一校正。

4 防止电气误操作事故

本章重点防止发生电气误操作事故,针对电网的新特点和暴露出的新问题,结合公司近五年下发的规范、规定、标准和相关文件提出的新要求,修改、补充和完善相关条款,对原条文中已不适应当前电网实际情况进行删除,对已写入新规范、新标准的条款进行调整。在充分征集公司系统内各方意见的基础上,对 2005 年版《十八项反措》内容进行修改与完善。

2005 年版《十八项反措》从"加强防误操作管理"、"完善防误操作技术措施"、"加强对运行、检修人员防误操作培训"3 个方面提出了 11 条反措,修订后仍旧保留以上 3 个方面,修改补充后提出 13 条反措。依据近年来发生的误操作事故,增加了"禁止单人滞留在操作现场"的要求;依据电网设备发展的新特点,对"成套 SF$_6$ 组合电器(GIS/PASS/HGIS)、成套高压开关柜五防功能应齐全、性能良好,出线侧应装设具有自检功能的带电显示装置,并与线路侧接地开关实行联锁;配电装置有倒送电源时,间隔网门应装有带电显示装置的强制闭锁";依据电网设备发展的新特点,增加"同一变压器高、中、低三侧的成套 SF$_6$ 组合电器(GIS/PASS/HGIS)隔离开关和接地开关之间应有电气联锁"的要求。

条 文 说 明

条文 4.1　加强防误操作管理

条文 4.1.1　切实落实防误操作工作责任制,各单位应设专人负责防误装置的运行、检修、维护、管理工作。防误装置的检修、维护应纳入运行、检修规程,防误装置应与相应主设备统一管理。

防止电气误操作是一项涉及多方面因素的系统工程,防止电气误操作的管理应强调全过程管理,重点在人,要落实各级人员防止电气误操作的责任制,要落实好各项组织措施,另外,防误装置是防止电气误操作的重要技术措施、必要的补充措施,要做好防误装置的设计、安装和运行维护,防误装置的检修应列入相应设备的检修项目中,并与主设备同步验收,同步投运。检修人员应熟练掌握防误装置的运行、检修规程。

条文 4.1.2　加强运行、检修人员的专业培训,严格执行操作票、工作票制度,并使两票制度标准化,管理规范化。

操作票是运行人员将电气设备由一种运行方式转换为另一种运行方式的操作依据。操作票中的操作步骤具体体现了设备转换过程中合理的先后顺序和需要注意的问题。填写正确的操作票并严格按照操作票进行认真操作是防止电气误操作事故发生的重要措施和基础。

工作票是工作人员对电力设备进行检修维护、缺陷处理、调试试验等作业的依据。工作票不仅对当次工作任务、人员组成、工作中的注意事项等作出了明确规定，同时也对检修设备的状态和安全措施提出了具体要求。填写正确工作票是保证工作任务完成和确保工作人员及设备安全的重要措施。

在实际工作中，"两票"制度对于保证电力企业的安全生产发挥了重要作用。《国家电网公司电力安全工作规程》对操作票、工作票制度（"两票"制度）的执行做出了具体规定。但由于各企业的实际情况有所不同，因此各企业应根据《国家电网公司电力安全工作规程》并结合本企业实际制定"两票"实施细则。由于实际工作中存在着部分人员安全意识不强、不按操作票操作、违章作业等问题，导致误操作事故的发生。

［案例1］ 2006年6月4日20时，在500kV某变电站调试人员进行270母联间隔遥控测试传动，提出需要断开220kV C母线上的三组接地开关，要求负责配合调试的站内运行人员甲某、乙某拉开C母线的2C10、2C20、2C30三组接地开关。由于工程在建，五防系统处于调试状态，不能正常使用，甲某、乙某二人经站长丙某同意，使用解锁钥匙进行操作。在分别拉开2C10、2C20隔离开关后，天气突变下起大雨。慌忙中，绕过围栏去操作2C30隔离开关时，误走2A50接地开关位置（2A50接地开关在断位），20时12分，甲某、乙某二人在没有认真核对设备编号、隔离开关位置的情况下，误合2A50接地开关，造成220kV A母经2A50接地开关对地放电，致使220kV母差保护动作，切除所带开关。

操作人员和监护人员严重违反《安规》和"两票"有关规定，是造成本次事故的主要原因：操作人员和监护人员不认真核对设备编号，不认真检查设备状态，不认真执行监护复诵制度，而且，误将执行分隔离开关改为合接地开关。

［案例2］ 2005年9月19日，某省500kV某变电站220kV 3号母线停电接入双221隔离开关引线工作完工。运行值班长告诉隔离开关检修人员甲某，220kV双261隔离开关B相电动操作不动，要求立即处理。隔离开关检修人员甲某在未办理工作票的情况下，便与本班另外两名工作人员共同到现场处理缺陷。因双261隔离开关激励条件不满足，甲某便短接闭锁回路，推上了分合闸电源，试合双261隔离开关。由于3号母线互034接地开关在合位，造成带地刀合隔离开关，导致4号母线差动保护动作，8台220kV断路器跳闸。8条线路对侧断路器跳闸，其中某线、某一回、某二回对侧断路器三跳，其余断路器重合成功。某线三跳造成馈供的220kV某变电站220kV母线失压，由于某变110kV备自投动作成功，没有造成全站停电，损失负荷1.8MW。

事故原因千差万别，但在总体上可分为人的不安全行为和物的不安全状态，而"人失误"和"物故障"又往往反映出在人员和设备管理上存在的一定缺陷和漏洞。因此，使"两票"制度标准化、管理规范化是十分有必要的。

条文4.1.3 严格执行调度指令。倒闸操作时，严禁改变操作顺序。当操作发生疑问时，应立即停止操作并向发令人报告，并禁止单人滞留在操作现场。待发令人再行许可后，方可进行操作。不准擅自更改操作票，不准随意解除闭锁装置。

一张正确的操作票，即"开始正式执行操作的操作票"是经过开票人、审核人、复审人、操作人、监护人确认过的，并经过模拟预演证明是不存在"五防"隐患的操作票。操作票中的每一个操作项和前后顺序是符合有关规程并经过深思熟虑的，若在操作时任意改变将可能酿成误操作事故并对防止电气误操作十分不利。另外在操作时发生疑问，停止操作向发令人报告时，禁止单人滞留在操作现场，在没有监护状态下，极易发生意外伤害情况。

　　[案例1]　2000年11月19日，某电网某110kV某变电所"1号主变压器和35kVⅠ段母线停电检修"，在将1号主变压器和35kV断路器由运行改为冷备用的操作中，运行人员在操作了操作票中的第五步"拉开1号主变压器35kV断路器"后，未按操作票中第六步"拉开1号主变压器35kV变压器隔离开关"进行操作，而是先操作另一项操作任务中的"1号主变压器35kV断路器二次部分由冷备用改为断路器检修"的操作。即断开二次直流电源（因为拉开主变压断路器和断开二次直流都是在室内操作，而拉开主变压器35kV变压器隔离开关操作在户外）。结果造成在执行第六步操作时因防误装置失去直流电源，隔离开关被闭锁。两人在操作发生问题时也没有立即停止操作，而是去取来紧急解锁的钥匙，又走错位置，操作人和监护人一同走至运行的2号主变压器35kV变压器隔离开关处，不唱票又不核对设备铭牌，擅自解锁，造成带负荷拉开2号主变压器35kV变压器隔离开关，2号主变压器跳闸停电。事故暴露问题：运行人员擅自改变操作顺序；监护人员严重失责，未监护到位，运行操作人员走错位置；操作时，不唱票又不核对设备铭牌；擅自解锁等。

　　[案例2]　2009年5月15日，某电业局按计划进行110kV某变电站10kV设备年检，工作过程中，一名工作人员在失去监护的情况下，擅自移开3X24TV开关柜后门所设遮栏，卸下3X24TV开关柜后柜门螺丝，打开后柜门进行清扫工作时，触及3X24TV开关柜内带电母排，发生触电，送医院抢救无效后死亡。事故暴露问题：监护人员严重失责，未监护到位，致使检修人员单人滞留在操作现场，擅自扩大工作范围，发生触电死亡事故。

　　条文4.1.4　应制定和完善防误装置的运行规程及检修规程，加强防误闭锁装置的运行、维护管理，确保防误闭锁装置正常运行。

　　除了从组织措施上通过实施"两票"等制度来防止电气误操作外，还应从技术上采取措施，以有效防止电气误操作事故。防误装置作为防止电气误操作有效技术措施，在发供电单位中广泛推广使用，并得到了各级单位的普遍重视，各单位投入大量的人力、财力，对已投产尚未安装防误装置的发、变电设备进行装设，从而有效地防止电气误操作，保证了电力生产的安全。但是在防误装置管理上仍存在着一定的问题，主要反映为由于防误装置都分散或依附在其他的主设备上，有些单位没有落实防误装置的维护和检修职责，对防误装置的管理以及运行维护重视不够，设备处于只用不修和无人管的状态；有些运行人员未经培训不会使用；万能钥匙使用和保管无严格规定，导致随意解锁操作现象比较频繁，从而导致了事故的发生。

　　[案例]　2004年4月6日，某供电公司220kV某变电站220kVⅠ母线、某Ⅰ线8312开关停电，修验工区开关班在220kV某Ⅰ线8312-1隔离开关进行大修和机构更换工作。现场检修工作结束后，运行人员进行验收，就地合闸正常后，通知运行专责人甲某在控制室做远方

合闸验收试验。甲某担任监护人，副值班员乙某担任操作人，当在模拟屏上模拟合8312-1隔离开关时，因受微机防误闭锁程序的限制，8312-1隔离开关两侧装设的接地线闭锁了8312-1、8312-2隔离开关的合闸步骤，两人便在模拟屏上拆除了8312-1隔离开关两侧的两组模拟地线，导致8312-1与8312-2隔离开关都解除了合闸的闭锁程序，满足了合闸条件。同时，两人在模拟过程中又误认为8312-2隔离开关为验收试验的隔离开关，将电脑钥匙输上"合上8312-2隔离开关，操作正确"的指令。11时18分，两人在电动合闸操作中，仍然按动了8312-2隔离开关合闸按钮。造成220kVⅡ母线所有开关带地线三相短路跳闸，全站停电。11时25分恢复供电。

该事故责任人，违反《国家电网公司电力安全工作规程》"操作前认真核对设备编号和位置"以及使用解锁钥匙的规定，单凭熟悉变电站微机闭锁模拟屏经验，错误的采取拆除模拟接地线的解锁方法且又记错应做拉合试验隔离开关的编号，是事故发生的直接原因。该事故也反映了对验收操作重视不够、管理不严，应与正式操作一样采用操作票进行管理，不能凭印象操作。

条文 4.1.5　应制订完备的解锁工具（钥匙）管理规定，严格执行防误闭锁装置解锁流程，任何人不准随意解除闭锁装置，操作人员和检修人员禁止擅自使用解锁工具（钥匙）。

条文 4.1.6　防误闭锁装置不能随意退出运行。停用防误闭锁装置应经本单位分管生产的行政副职或总工程师批准，短时间退出防误闭锁装置应经变电站站长、操作或运维队长、发电厂当班值长批准，并应按程序尽快投入运行。

纵观近年来发生的电气误操作事故，大部分都是由于随意使用解锁工具（钥匙）以及监护不到位造成的，因此防误闭锁装置的解锁工具（钥匙）应封存管理，并有启封使用登记和批准制度，并记录解锁原因。如确需解锁，应按上述规定严格批准程序，短时退出并应按程序尽快投入运行。解锁工具（钥匙）使用后应及时封存。

［案例］　某年2月27日，某供电公司220kV变电站，在进行"35kVⅡ母线由检修转运行"操作时，漏拆35kV母联断路器Ⅱ母线侧隔离开关接地线，发生35kV带地线送电误操作事故。事故主要原因是现场操作人员在操作中未核对地线编号；送电前没有按操作票规定的步骤对301回路进行全面检查；随意使用解锁程序。

条文 4.2　完善防误操作技术措施

条文 4.2.1　新、扩建变电工程或主设备经技术改造后，防误闭锁装置应与主设备同时投运。

实践证明，防误闭锁装置的装设使用是有效地防止电气误操作事故发生的技术措施，因此新、扩建变电工程或主设备经技术改造后，防误闭锁装置应与主设备同时投运，以防止电气误操作事故发生。

条文 4.2.2　断路器或隔离开关电气闭锁回路不能用重动继电器，应直接用断路器或隔离开关的辅助触点。操作断路器或隔离开关时，应确保待操作断路器或隔离开关正确，并以现场状态为准。

凡参与电气闭锁的断路器和隔离开关（包括接地开关）均应采用其辅助触点，以构成电气闭锁逻辑回路，而不能使用重动继电器的触点，这样可保证即使在变电间隔进行停电检修时，其断路器或隔离开关（包括接地开关）送出的用于闭锁逻辑判断的辅助触点能真实地反映设备的实际状态。考虑到万一由于辅助开关出现故障，不能真实地反映设备的实际状态，导致闭锁逻辑出现误判断，因此在本条后半部分特别强调了操作断路器或隔离开关（包括接地开关）时，应以现场状态为准。

[案例1] 1999 年 4 月 17 日，某电厂发生升压变电所带电合接地开关的事故。由于隔离开关送给微机防误装置的位置触点采用了其辅助触点的重动继电器的触点，而没有直接送隔离开关辅助触点，在该间隔进行停电检修时，因操作电源被断开，重动继电器返回，其触点不能真实反映隔离开关的实际状态，造成微机防误装置误判闭锁条件满足，运行人员操作接地开关时又没有以隔离开关的实际状态为准，造成了带电合接地开关的恶性事故。

[案例2] 某高压供电公司 500kV 变电站在进行 500kV 4 号联络变压器由检修转运行操作时，由于 5021-17 接地开关 A 相分闸未到位，操作人员未按规定逐相核查隔离开关和接地开关位置，发生 500kV-1 母线 A 相对地放电，母差保护动作跳闸。事故暴露问题：操作人员责任心不强，未严格执行《变电站标准化管理条例》中操作完毕全面检查操作质量的规定，操作人在操作拉开 5021-17 接地开关后，没有对接地开关位置进行逐相检查，只是在远方用目光进行检查（操作按钮的端子箱距离 5021-1 隔离开关约 40m），没有发现 5021-17 接地开关 A 相未完全分开的情况就继续操作，当操作到第 72 项"合上 5021-1"时，5021-1 隔离开关 A 相发生弧光短路。

条文 4.2.3 防误装置电源应与继电保护及控制回路电源独立。防误装置电源与继电保护及控制回路电源独立是为了保证防误装置的可靠性。独立是指防误装置电源应配置有专用的控制开关或熔断器。

条文 4.2.4 采用计算机监控系统时，远方、就地操作均应具备防止误操作闭锁功能。利用计算机实现防误闭锁功能时，其防误操作规则应经本单位电气运行、安监、生技部门共同审核，经主管领导批准并备案后方可投入运行。

远方操作是指在变电站（或发电厂）控制室监控系统后台机上的操作。就地操作是指在变电站（或升压站）一次开关设备的操动机构控制柜上进行操作。在采用常规"一对一"控制方式时，隔离开关及接地开关的远方及就地操作，其电气操作回路均具有闭锁功能，这样从电气操作回路本身就避免了带负荷拉（合）隔离开关、带电合接地开关的可能性。因此，要求当变电所（或发电厂）采用计算机监控系统替代常规的"一对一"控制方式时，隔离开关及接地开关的远方及就地操作，其电气操作回路也应该具有闭锁功能，以替代常规的"一对一"控制方式下的电气闭锁功能，在电气操作回路上就避免带负荷拉（合）隔离开关、带电合接地开关的可能性。在此，重点强调要求远方、就地操作具有电气闭锁功能。

电气闭锁也可以多种方式实现，计算机监控系统由于已经采集了全站遥信、遥测量，可由它输出具有闭锁功能的触点串入操作回路来实现就地及远方操作电气闭锁的功能；也可用电磁型继电器和硬布线逻辑回路构成。对于现运行变电站（发电厂）改造为计算机监控系统的，可以根据原有设备特点以微机闭锁方式构成或用电磁型继电器和硬布线逻辑回路构成电气闭锁。

条文 4.2.5 成套 SF_6 组合电器（GIS/PASS/HGIS）、成套高压开关柜五防功能应齐全、性能良好，出线侧应装设具有自检功能的带电显示装置，并与线路侧接地开关实行联锁；配电装置有倒送电源时，间隔网门应装有带电显示装置的强制闭锁。

为了有效地防止电气误操作，要求凡有可能引起电气误操作的高压电器设备，均应装设防误装置，防误装置应能实现防止误分（误合）断路器、防止带负荷拉（合）隔离开关、防止带电挂（合）接地线（接地开关）、防止带地线（接地开关）合断路器（隔离开关）、防止误入带电间隔等五防功能。"五防"功能中除防止误分、误合断路器可采用提示性的装置外，其他"四防"均应用强制性的装置。新建、扩建的变电工程的防误装置应与主设备同时投运；在新建、扩建和改造的变电工程中，应选用五防功能齐全、性能良好的成套高压开关柜。现场应加强对新投运高压开关柜防误闭锁功能的现场试验、检查和验收工作。

条文 4.2.6 同一变压器高、中、低三侧的成套 SF_6 组合电器（GIS/PASS/HGIS）隔离开关和接地开关之间应有电气联锁。

由于有的成套 SF_6 组合电器（GIS/PASS/HGIS）隔离开关和接地开关之间制造厂在设计时尚未考虑电气联锁，从而导致投运后必须进行大量的改造工作以实现电气联锁、装设防误装置，因此提出了该要求。

条文 4.3 加强对运行、检修人员防误操作培训

每年应定期对运行、检修人员进行培训工作，使其熟练掌握防误装置，做到"四懂三会"（懂防误装置的原理、性能、结构和操作程序，会熟练操作、会处缺和会维护）。

应设专人负责防误闭锁装置的运行、检修、维护、管理工作。所有运行人员应熟练掌握防误闭锁装置的运行规程，应在交接班时说明防误闭锁装置的运行情况（包括电脑钥匙的充电情况）。检修人员应定期对防误闭锁装置进行检查和维护，发现问题应按处缺程序办理。由于防误装置的专业性很强，要求从事该专业的工作人员，必须掌握防误装置的原理、性能、结构和操作程序，会熟练操作，会处缺和会维护，因此必须加强对运行、检修人员防误操作培训，每年应定期培训，达到熟练掌握防误装置的目标。

5 防止变电站全停及重要客户停电事故

总体情况说明

变电站全停事故将会造成较大的电网经济损失，甚至可能造成不良的社会影响和政治影响，在《电力安全事故应急处置和调查处理条例》（中华人民共和国国务院令第 599 号）和《国家电网公司安全事故调查规程》中变电站全停事故是重点防范的电网事故。

本部分反措内容将 2005 年版《十八项反措》中的"防止枢纽变电站全停事故"及"防止直流系统事故"合并，并增加了"防止重要用户停电"的要求。编写结构分为防止变电站全停和防止重要用户停电事故两部分。

由于原"防止直流系统事故"内容涉及配置、运行维护、直流系统操作的内容较多，且比较细，而原"防止枢纽变电站全停事故"涉及直流系统方面内容相对较粗，本次将两部分内容合并调整，但对于不会造成变电站全停的要求进行了删除。

2005 年版《十八项反措》从"完善枢纽变电站一次设备"、"防止直流系统故障造成枢纽变电站全停"、"防止继电保护误动造成枢纽变电站全停"、"防止母线故障造成枢纽变电站全停"、"防止运行操作不当造成枢纽变电站全停"5 个方面提出了 17 条反措，本次修订后在防止变电站全停事故方面从"完善变电站一、二次设备"、"强化变电站的运行、检修管理"两个方面提出了 29 条反措。在防止重要客户停电事故方面从"完善重要客户入网管理"、"合理配置供电电源点"、"加强为重要客户供电的输变电设备运行维护"、"加强对重要客户自备应急电源检查工作"、"督促重要客户整改安全隐患"五个方面提出了 21 条反措。

条 文 说 明

条文为防止变电站全停及重要客户停电事故，应认真贯彻《电力安全事故应急处置和调查处理条例》（中华人民共和国国务院令第 599 号）、《国家电网公司安全事故调查规程》（国家电网安监〔2011〕2024 号）、《电力供应与使用条例》、《供电营业规则》的要求，并提出以下重点要求。

《电力安全事故应急处置和调查处理条例》（中华人民共和国国务院令第 599 号）、《国家电网公司安全事故调查规程》（国家电网安监〔2011〕2024 号）是国务院及国家电网公司近期下发的电力安全生产的重要文件，避免发生涉及国务院 599 号令所规定的安全生产事故，最重要的就是要避免发生变电站全停事故以及由此带来的重要客户停电事故。

条文 5.1 防止变电站全停事故

条文 5.1.1 完善变电站一、二次设备

分析近年来变电站全停事故，造成的原因有多方面，既有外界原因（如自然灾害），也有设备原因及安全管理因素，造成变电站全停的原因主要是系统一次设备原因、继电保护原因、直流系统原因、误操作原因等，为防止发生变电站特别是枢纽变电站全停的风险，应加强变电站一、二次设备（包括直流系统）建设和加强一、二次设备（包括直流系统）日常运行维护管理。

条文 5.1.1.1 省级主电网枢纽变电站在非过渡阶段应有三条及以上输电通道，在站内部分母线或一条输电通道检修情况下，发生 $N-1$ 故障时不应出现变电站全停的情况；特别重要的枢纽变电站在非过渡阶段应有三条以上输电通道，在站内部分母线或一条输电线路检修情况下，发生 $N-2$ 故障时不应出现变电站全停的情况。

加强电网建设，优化电网结构是防止发生变电站特别是枢纽变电站全停的重要条件。近年来，受灾害性天气影响（强台风、强雷电、强降雨、大雾、暴风雪、低温冰灾等），往往会造成一个变电站的两条及以上线路同时跳闸，由于一些区域电网、省级电网主网架不合理，抵御突发事件和灾害天气的能力不强，从而造成变电站全停事故。另外在站内部分母线或一条输电线路检修情况下，一旦发生线路事故则更容易造成全站停电事故。

[案例] 2007 年 3 月 4～5 日，东北某省大部分地区出现 1951 年以来最严重的特大暴风雪，共造成该省电网 2 条 500kV 线路跳闸 8 条次，35 条 220kV 线路跳闸 92 条次，造成 14 座 220kV 变电站全停。

条文 5.1.1.2 枢纽变电站宜采用双母分段接线或 3/2 接线方式，根据电网结构的变化，应满足变电站设备的短路容量约束。

枢纽变电站主接线应满足可靠、安全、操作方便和灵活、维护方便等要求，从国内变电站设计、运行情况看，枢纽变电站采用双母线分段接线或 3/2 接线方式，是目前超高压配电装置可靠性较高的接线方式，可以保证运行和检修方式的灵活性。500kV 变电站的 220kV 母线宜采用双母线双分段接线。

条文 5.1.1.3 330kV 及以上变电站和地下 220kV 变电站的备用站用变压器电源不能由该站作为单一电源的区域供电。

"备用站用变压器电源不能由该站作为单一电源的区域供电"的要求，是为了保证站用电源的可靠性，防止在变电站全停事故情况下，不失去备用站用电源，从而为迅速处理事故，缩短恢复时间提供必要的保障。

条文 5.1.1.4 严格按照有关标准进行开关设备选型，加强对变电站开关开断容量的校核，对短路容量增大后造成开关开断容量不满足要求的开关要及时进行改造，在改造以前应加强对设备的运行监视和试验。

由于电网结构的不断变化，变电站短路容量不断增加，因此，对变电设备（如断路器、隔离开关、电流互感器、变压器、母线等）要根据系统的变化进行额定开断容量及动、热稳定的核算，对不能满足要求的应采取相应措施。

近年来，由于开关开断容量不足造成的变电站全停电事故尚未有案例，但是开关机构故障造成全变电站停电事故在全国很多地区都发生过。因此，要求各电力企业应严格按照有关的标准进行开关设备的选型。对于不符合标准的开关设备应进行改选，还要加强其的监视和试验工作。

[案例]　2005年10月24日19时37分，某电网变电站A至变电站B联络线ABI回线路8号铁塔A相绝缘子对杆塔闪络放电，ABI回线路变电站A侧041断路器保护动作跳闸，ABI回线路变电站B侧045断路器因机构卡涩引起跳闸线圈烧坏，断路器拒动，未能将故障快速切除，故障进一步由单相接地发展为三相短路。作为相邻线路的ABII回线路、某两回线路故障电流在此故障情况下达不到后备保护定值，保护无法动作，长时间不能切除故障，部分厂站主变压器过流保护动作跳闸，发电机组相继高频切机，直至电网瓦解。该事故起因是由于线路故障，但局部电网瓦解是由于开关拒动故障造成。

条文 5.1.1.5　为提高继电保护的可靠性，重要线路和设备按双重化原则配置相互独立的保护。传输两套独立的主保护通道相对应的电力通信设备也应为两套完整独立的、两种不同路由的通信系统，其告警信息应接入相关监控系统。

随着电网建设的不断发展，我国各大电网的结构得到进一步的加强，因此电网稳定问题已上升为主要矛盾。一旦继电保护在系统发生事故时不能可靠动作，则将会直接威胁电网的安全稳定运行，甚至会给电网带来灾难性的后果。为此，必须强调提高重要线路和设备的继电保护装置可靠性，而装设双套主保护是提高继电保护装置可靠性的较好办法。但为防止由于共用部分异常造成双套主保护拒动的"瓶颈效应"，双套主保护的交流输入、直流电源以及跳闸回路应尽可能相互独立，以提高冗余度。虽然双套主保护采用相同厂家的同一产品可使用备品备件相对简化，但在现阶段，特别是大量采用静态型保护之后，采用不同原理和不同厂家的产品可形成互补，以防止由于保护装置（特别是装置内部回路）设计考虑不周而造成保护的拒动现象。对于重要线路及设备，应采取必要的后备保护方案，以防止由于主保护拒动而导致系统稳定破坏事故。

条文 5.1.1.6　在确定各类保护装置电流互感器二次绕组分配时，应考虑消除保护死区。分配接入保护的互感器二次绕组时，还应特别注意避免运行中一套保护退出时可能出现的电流互感器内部故障死区问题。为避免油纸电容型电流互感器底部事故时扩大影响范围，应将接母差保护的二次绕组设在一次母线的L1侧。

具有方向性的继电保护装置的保护范围与电流互感器的安装位置有着密不可分的关系，因此，在选取电流互感器的安装位置时必须认真进行分析。继电保护所用的电流互感器宜将被保护设备的断路器包络在保护范围之内。

当两个以上被保护设备共用一组断路器时，如断路器两侧均有可能设置电流互感器，则非常理想。如母差保护使用断路器线路侧的电流互感器；线路保护使用断路器母线侧的电流互感器，两套保护的保护范围互有交叉，断路器本身及两组电流互感器之间发生故障时，母差保护与线路保护均可动作，即对两套保护而言，均无所谓"死区"问题。

当两个以上被保护设备共用一组断路器且只能设置一组电流互感器时，则应按被保护设备的重要程度确定电流互感器的位置。如当母差保护与线路保护共用一组电流互感器时，考虑到母线较线路更为重要,宜将电流互感器设置在断路器的线路侧,此时对母差保护而言,无论是母线本身故障,还是断路器故障,均不存在死区。但如果故障发生在电流互感器与断路器之间,尽管母差保护动作后将断路器跳开,但此时的故障对于线路保护来说是属于保护范围之外,因此快速保护装置本身不动作,但对侧断路器如不跳开,系统将仍然带故障点运行。因此对于此类故障应该利用母差保护停信或远方跳闸的方式迅速将对侧断路器跳开,从而尽快切除故障。

条文 5.1.1.7 继电保护及安全自动装置应选用抗干扰能力符合有关规程规定的产品,在保护装置内,直跳回路开入量应设置必要的延时防抖回路,防止由于开入量的短暂干扰造成保护装置误动出口。

静态型特别是微机型的继电保护、安全自动装置在电力系统中得到了非常广泛的应用。其快速性、灵活性以及调试整定便利等优点,深受现场运行人员的好评。但部分产品由于设计者对现场运行恶劣环境条件认识不足,装置的抗干扰能力较弱,在区外故障或变电站内倒闸操作时出现装置异常甚至误动,对系统的安全稳定运行造成较大的威胁。因此,投入运行的继电保护及安全自动装置必须符合有关规程对抗干扰的规定要求,同时还应要求任何人员不得在保护控制室内使用移动电话、步话机,以保证电网的安全稳定运行。

[案例] 2008 年 1 月 13 日某变电站因站内 AB 双回线双开断进某 500kV 变电站工程需要更换该 2 条线路保护。工作结束后,调度下令停用 220kV 母差保护,用 CD 一线 2217 对线路充电。18 时 04 分合上 2217 断路器时,失灵保护误动造成 220kV I、II 母线、1 号、2 号主变压器全停事故,损失负荷 170MW。经过事故分析,该变电站 220kV 失灵保护是 2001 年 11 月投运的一套集成电路型保护装置,该装置存在分立电子元器件特性差异大、抗干扰能力差、受外界因素影响较大、不具备故障记忆功能等不足。

条文 5.1.1.8 在新建、扩建和技改工程中,应按《电力工程直流系统设计技术规程》(DL/T 5044)和《电气装置安装工程蓄电池施工及验收规范》(GB 50172)的要求进行交接验收工作。所有已运行的直流电源装置、蓄电池、充电装置、微机监控器和直流系统绝缘监测装置都应按《电力系统用蓄电池直流电源装置运行与维护技术规程》(DL/T 724)和《电力用高频开关整流模块》(DL/T 781)的要求进行维护、管理。

变电站的直流系统在交接试验验收、运行、维护管理过程中要严格按照国家、电力行业标准的有关要求进行。

如对充电、浮充电装置在交接、验收时,要严格按照《电力工程直流系统设计技术规程》(DL/T 5044)中有关稳压精度 0.5%,稳流精度 1%,纹波系数不大于 0.5%的要求进行。交接验收时,查验制造厂所提供的充电、浮充电装置的出厂试验报告。现场具备条件的话,要对充电、浮充电装置进行现场验收试验,测试设备的稳压、稳流、纹波系数等指标,有关出厂试验报告、交接试验报告作为技术档案保存好,并作为今后预试的原始依据。有的制造厂的出厂测试报告只提供高频模块的测试报告,未提供充电、浮充电装置的整机测试报告,造成现场检测整机稳压精度与出厂测试数据严重不符。

对于蓄电池组,在交接时,应按标准要求进行 10 小时率放电电流,100%容量的核对性充、放电试验。试验时，先对蓄电池组进行补充充电，以补充蓄电池组在运输、在现场安装、静置过程中自放电所损失的容量。一次放、充电的试验结果，容量测试不小于额定容量的90%，就可认为容量达到要求。测试时，一定要测记蓄电池组安装位置的环境温度，实测容量要进行25℃标准温度下的容量核算。

条文 5.1.1.9　变电站直流系统配置应充分考虑设备检修时的冗余，330kV 及以上电压等级变电站及重要的 220kV 变电站应采用三台充电、浮充电装置，两组蓄电池组的供电方式。每组蓄电池和充电机应分别接于一段直流母线上，第三台充电装置（备用充电装置）可在两段母线之间切换，任一工作充电装置退出运行时，手动投入第三台充电装置。变电站直流电源供电质量应满足微机保护运行要求。

由于高电压等级变电站在电网的重要性，因此应考虑设备检修时的冗余性。如果采用"2+2"的模式配置充电机，当一台设备退出运行时，一般都采用一台充电、浮充电装置和一组蓄电池组带两段直流母线运行，因为现在重要设备的继电保护装置，都采用双重化方式，如果"1+1"的直流母线运行方式，双重化保护的电源只是单一的，其可靠性大大降低了。

另外，虽然现在高频开关电源都是 N+1 运行方式，但充电、浮充电装置的监控器却仅有一套，监控器故障时，充电、浮充电装置的许多功能都不能实现了。据统计，近三年，公司每年直流设备故障中，监控器的故障占50%以上。

条文 5.1.1.10　变电站直流系统的馈出网络应采用辐射状供电方式，严禁采用环状供电方式。

条文 5.1.1.11　直流系统对负载供电，应按电压等级设置分电屏供电方式，不应采用直流小母线供电方式。

直流系统的馈出接线方式应采用辐射状供电方式，以保障上、下级开关的级差配合，提高了直流系统供电可靠性。对于具体对负荷供电方式，例如继电保护室内负荷，应按一次设备的电压等级配置分电屏，如 500kV/220kV 等级，或 330kV/110kV 等级，分别高/低电压，馈出屏接各自分电屏，再接负荷屏。保护屏机顶小母线的供电方式应淘汰。这样接线的优点，如果负荷处电源开关下口出现故障，仅跳负荷断路器，或者最多跳分屏对这一路输出的断路器，避免了直流小母线负荷断路器下口故障，由于小母线总进线断路器，很难实现与下级负荷断路器的级差配合而误动，造成停电范围扩大。另外由于直流小母线往往在保护柜顶布置，接线复杂，连接点多，其裸露部分易造成误碰或接地故障。

[案例 1]　某 300MW 发变组主保护，A、B、C 三套，设计时以小母线供电方式，A 保护装置供电直流电源断路器下口出现短路故障，造成直流小母线进线断路器误动，使这三套保护装置全部失电。

35kV、10kV 开关柜现有采用直流小母线方式供电，应改造为分电屏供电方式，以避免由于当负荷开关下口故障，造成小母线总进线开关无法应对级差配合而误动，扩大停电范围。

环状供电方式，对稳定运行危害很大，尤其是当两段母线都出现接地时，很容易由于接地环流的影响，造成用电重要设备如开关误动。

[案例2] 某220kV变电站的220kV母线联络断路器，由于直流母线接地环流影响，造成该开关多次误动。

条文5.1.1.12 直流母线采用单母线供电时，应采用不同位置的直流开关，分别带控制用负荷和保护用负荷。

本条文主要根据继电保护有关"控保分开"对直流电源的要求，即要求继电保护装置的控制负荷和保护负荷的电源要分别独立进线。

条文5.1.1.13 新建或改造的变电站选用充电、浮充电装置，应满足稳压精度优于0.5%、稳流精度优于1%、输出电压纹波系数不大于0.5%的技术要求。在用的充电、浮充电装置如不满足上述要求，应逐步更换。

本条文是按照《电力工程直流系统设计技术规程》（DL/T 5044）中有关要求而提出的。

条文5.1.1.14 新、扩建或改造的变电站直流系统用断路器应采用具有自动脱扣功能的直流断路器，严禁使用普通交流断路器。加强直流断路器上、下级之间的级差配合的运行维护管理。

条文5.1.1.15 除蓄电池组出口总熔断器以外，逐步将现有运行的熔断器更换为直流专用断路器。当直流断路器与蓄电池组出口总熔断器配合时，应考虑动作特性的不同，对级差做适当调整。

直流专用断路器在断开回路时，其灭弧室能产生一与电流方向垂直的横向磁场（容量较小的直流断路器可外加一辅助永久磁铁，产生一横向磁场），将直流电弧拉断。普通交流断路器应用在直流回路中，存在很大的危险性，普通交流断路器在断开回路中，不能遮断直流电流，包括正常负荷电流和故障电流。这主要是由于普通交流断路器，其灭弧机理是靠交流电流自然过零而灭弧的，而直流电流没有自然过零过程，因此，普通交流断路器不能熄灭直流电流电弧。当普通交流断路器遮断不了直流负荷电流时，容易将断路器烧损，当遮断不了故障电流时，会使电缆和蓄电池组着火，引起火灾。

加强直流断路器的上、下级的级差配合管理，目的是保证当一路直流馈出线出现故障时，不会造成越级跳闸情况。

变电站直流系统馈出屏、分电屏、负荷所用直流断路器的特性、质量一定要满足《家用及类似场所用过电流保护断路器 第2部分：用于交流和直流的断路器》（GB 10963.2—2008）的相关要求。继电保护装置电源，开关柜上、现场机构箱内的直流储能电动机、直流加热器等设备用断路器，建议采用B型开关，分电屏对负荷回路的断路器，建议采用C型开关，两个断路器额定电流有4级左右的级差，根据实测的统计试验数据结果，就能保证可靠的级差配合。

条文5.1.1.16 直流系统的电缆应采用阻燃电缆，两组蓄电池的电缆应分别铺设在各自独立的通道内，尽量避免与交流电缆并排铺设，在穿越电缆竖井时，两组蓄电池电缆应加穿金属套管。

由于直流电缆着火后，可能会造成全站直流电源消失情况，从而导致全站停电事故，本条文主要是针对直流电缆防火而提出的电缆选型、电缆铺设方面具体要求。

［案例］　2003 年 4 月 16 日，某电厂 500kV 升压站，一段 0.4kV 交流电缆阴燃。由于直流系统馈出的两根主电缆在电缆沟里与阴燃电缆混装，没有隔离措施，全部烧损，使全站失去直流电源，500kV 两条输电线路失去继电保护，被迫跳开。4 台发电机退出运行。

条文 5.1.1.17　及时消除直流系统接地缺陷，同一直流母线段，当出现同时两点接地时，应立即采取措施消除，避免由于直流同一母线两点接地，造成继电保护或开关误动故障。当出现直流系统一点接地时，应及时消除。

［案例］　某 220kV 重要负荷站，220kV IV 母线带 180MVA 和 120MVA 主变压器各 1 台，2010 年 11 月某日，220kV 进线断路器非全相跳闸，继电保护没有任何动作信号记录，后非全相保护动作，跳开断路器。经查，一继电保护柜中一根直流电缆出现两点接地。造成环流流过中间继电器线圈，造成保护误动。当时 IV 母线负荷 100MW。这次两点接地现象早已存在，没有引起重视。

条文 5.1.1.18　严防交流窜入直流故障出现

条文 5.1.1.18.1　雨季前，加强现场端子箱、机构箱封堵措施的巡视，及时消除封堵不严和封堵设施脱落缺陷。

现场端子箱、机构箱漏水可能会导致端子排绝缘降低，端子间短路情况，从而导致操动机构误动作情况和交流窜入直流故障的发生。

［案例］　2011 年 8 月 19 日，某供电局一座 330kV 变电站因雨水进入断路器操作机构箱，引起 220V 交流电源串入直流系统，致使主变压器断路器操作屏中非电量出口中间继电器节点受电动力影响持续抖动，引起断路器跳闸，造成 330kV 朱家变电站 2 台主变压器及 110kV 母线失压，15 座 110kV 变电站全停，减供负荷 147GW，停电用户数 44 008 户。

条文 5.1.1.18.2　现场端子箱不应交、直流混装，现场机构箱内应避免交、直流接线出现在同一段或串端子排上。

交、直流电源端子中间没有隔离措施，混合使用，容易造成检修、试验人员由于操作失误导致交直流短接，导致交流电源混入直流系统，进而发生发电机组、升压站线路继电保护动作，导致全厂停电事故，因此，电源端子的设计方式，交、直流电源端子应在端子排的不同区域，应具有明显的区分标志，电源端子之间要有隔离。

第 5.1.1.18.1 项要求，严防现场端子箱、机构箱漏水。第 5.1.1.18.2 项要求，现场端子箱必须严格交、直流分开装配。现场机构箱内对交、直流避免出现在同一段或串端子排上，交、直流电缆不能并排架设。

由于目前所了解到的交流窜入直流引发的事故，多是在检修或试验中发生的，后果可能造成系统事故，因此，应加强检修、试验管理。

［案例］　2005 年 10 月 25 日 13 时 52 分 55 秒开始，某电厂 1 号、4 号、5 号机组相继跳闸，当时 2 号、3 号机组处于检修状态，6 号机组未并网，1 号、2 号联络变压器同时被切除，500kV 三条线路仍在运行，事故原因为检修维护人员工作不规范，在未取得运行人员同意并

查清图纸的情况下，仅根据自己的判断任意短接端子，误使 500kV 网控 220V 直流混入交流所致。

条文 5.1.1.18.3 新建或改造的变电站，直流系统绝缘监测装置，应具备交流窜直流故障的测记和报警功能。原有的直流系统绝缘监测装置，应逐步进行改造，使其具备交流窜直流故障的测记和报警功能。

在两段直流母线对地应各安装一台电压记录（录波）装置，当出现交流窜直流现象时，能够及时录波、报警，为现场分析故障提供第一手可靠的分析依据。

条文 5.1.2 强化变电站的运行、检修管理

条文 5.1.2.1 运行人员必须严格执行电网运行有关规程、规定。操作前要认真核对结线方式，检查设备状况。严肃"两票三制"制度，操作中禁止跳项、倒项、添项和漏项。

恶性误操作事故对电网安全影响严重，无票或不按票工作、随意解锁、监护不力或失去监护、操作人员不核对位置和编号都可能造成恶性误操作事故，造成变电站全停事故。

［案例］ 2007 年 4 月 12 日某高压供电公司 220kV 某开闭站在进行监控系统改造过程中，工作监护不到位，安全措施不完善，施工人员在传动信号前，没有认真核对端子编号，误将遥控端子当作遥信端子进行传动测试，造成带接地刀合隔离开关，引起全站失电，同时造成该站所连接的某电厂一台 30MW 机组解列。

条文 5.1.2.2 加强防误闭锁装置的运行和维护管理，确保防误闭锁装置正常运行。微机五防闭锁装置的电脑钥匙必须按照有关规定严格管理。

做好防误闭锁装置日常维护，才能保证防误闭锁装置始终处于良好运行状态，在一旦发生误操作时，起到防误闭锁作用。

［案例］ 2007 年 4 月 4 日，某超高压公司 330kVA 变电站在进行站用变压器开关操作过程中，由于接地开关对小车开关的机械闭锁装置弹簧定位销扣入深度不够，机械闭锁装置失效，隔离开关指示灯显示错误，操作人员又未认真核对隔离开关的实际分合位置，发生带接地开关合断路器的恶性误操作事故。

条文 5.1.2.3 对于双母线接线方式的变电站，在一条母线停电检修及恢复送电过程中，必须做好各项安全措施。对检修或事故跳闸停电的母线进行试送电时，具备空余线路且线路后备保护齐备时应首先考虑用外来电源送电。

双母线接线方式的变电站，在一条母线停电检修时，一旦发生另一条母线故障会造成较大范围的停电事故，因此，对此类接线方式的变电站，在一条母线停电检修时做好事故预想十分重要，并应尽量减少倒闸操作。

［案例］ 2007 年 7 月 11 日某供电公司 330kV 变电站，因隔离开关线夹断裂闪络，造成 6 座 110kV 变电站失压。事故前，该站 330kV I、II 段母线运行，1 号、2 号主变压器运行，110kV 乙母线运行，110kV 甲母线停电更换母联隔离开关。7 月 11 日 15 时 47 分，该站某 110kV 出线隔离开关 A 相乙母线侧线夹断裂，A 相引流对隔离开关头拉弧，电弧引起 A、B 相短路，

110kV 母差保护动作，110kV 乙母线失压，造成该母线所带 6 座 110kV 变电站失压，损失电量 73MW。

条文 5.1.2.4 定期对枢纽变电站支柱绝缘子，特别是母线支柱绝缘子、隔离开关支柱绝缘子进行检查，防止绝缘子断裂引起母线事故。

近年来，每年都会发生由于母线支柱绝缘子或母线侧隔离开关支柱绝缘子断裂而导致的变电站停电事故。

造成支柱绝缘子断裂的主要原因如下。

（1）绝缘子质量有问题。经检测有的绝缘子达不到所要求的强度，有的绝缘子上下法兰或法兰与瓷件不同心，有的法兰与瓷件间的连接不牢固。

（2）安装、检修、运行质量有问题。特别是隔离开关支柱绝缘子，在动、静触头调整不当时，操作时可能会使支柱绝缘子受力增大而造成断裂。

此外，在北方地区，一年中温差变化较大，容易造成法兰与瓷件间的连接产生缝隙，进水导致强度下降，进而发生断裂事故。

因此，要求对母线支柱绝缘子或母线侧隔离开关支柱绝缘子进行定期检查，特别是对法兰与瓷件间密封情况进行检查，母线支柱绝缘子、隔离刀闸支柱绝缘子宜更换为高强度绝缘子。

[案例 1] 2008 年 3 月 20 日某电力公司 220kV 变电所按年度运行方式安排进行倒闸操作，当拉开 4 号主变压器 220kV 侧 I 母线隔离开关时，隔离开关 11204-1A 相母线侧支柱绝缘子从根部断裂坠地，220kV 母差及母差失灵保护动作，跳开 220kV 母线所有断路器，造成该变电站全停，损失负荷 80MW，引起三座电铁牵引变供电中断 21min。事故原因及暴露问题是支柱绝缘子抗弯强度不够，导致正常操作时发生支柱绝缘子断裂事故，从而造成变电站全停，而由于三座电铁牵引站不满足双电源供电的要求，造成重要用户停电。

[案例 2] 2007 年 12 月 27 日，某电业局 220kV 变电站在进行 220kV 2331 线路充电操作时，由于设备老化，隔离开关 A 相靠母线侧支持绝缘子断裂，造成该站 220kV 系统及馈供的 220kV B 变电站失压，损失负荷约 100MW。

条文 5.1.2.5 变电站带电水冲洗工作必须保证水质要求，并严格按照《电力设备带电水冲洗导则》（GB/T 13395）规范操作，母线冲洗时要投入可靠的母差保护。

带电水冲洗的目的是防止污闪事故、减少停电时间的一项措施，但如果使用不当，反而会发生闪络事故。

通过对带电水冲洗时发生的闪络事故分析，发生闪络的主要原因如下：

（1）水质不合格。

（2）冲洗操作方法不对。

（3）带电水冲洗避雷器造成的事故。

（4）带电水冲洗伞间距比较小的设备造成的事故。

（5）带电水冲洗大直径的设备造成的事故。

因此，为了防止带电水冲洗事故的发生，变电所带电水冲洗使用的水电阻率应大于

5000Ω·cm，并且严格按照《电力设备带电水冲洗规程》（GB/T 13395—2008）的规定进行操作，避免由于操作不当造成闪络事故。

条文 5.1.2.6　两组蓄电池组的直流系统，应满足在运行中二段母线切换时不中断供电的要求，切换过程中允许两组蓄电池短时并联运行，禁止在两系统都存在接地故障情况下进行切换。

在直流系统倒操作过程中，在任何时刻，不能失去蓄电池组供电，原因是充电、浮充电装置在倒操作过程中，有可能失电。

当倒操作时，如果两段母线都分别有接地情况时，合直流母联断路器后，就会出现母线两点接地。

条文 5.1.2.7　充电、浮充电装置在检修结束恢复运行时，应先合交流侧开关，再带直流负荷。

充电、浮充电装置在恢复运行时，如果先合直流侧断路器，再合交流断路器，很容易引起充电、浮充电装置起动电流过大，而引起交流进线断路器跳闸。这时，容易引起操作人员误判充电、浮充电装置故障，延误送电。

［案例］　某 500kV 枢纽变电站在检修充电、浮充电装置检修结束恢复运行时，带直流负荷起动充电、浮充电装置时，交、直流侧开关由于启动电流过大，引起同时跳开。有关人员当时对这个现象处理不当，误认为直流母线出现短路故障，就拉开蓄电池组熔断器，造成一段直流母线完全失去直流电源故障。

条文 5.1.2.8　新安装的阀控密封蓄电池组，应进行全核对性放电试验。以后每隔二年进行一次核对性放电试验。运行了四年以后的蓄电池组，每年做一次核对性放电试验。

这是针对近几年，蓄电池组的运行寿命缩短所采取的应对措施，以保障蓄电池组满容量可靠运行。

条文 5.1.2.9　浮充电运行的蓄电池组，除制造厂有特殊规定外，应采用恒压方式进行浮充电。浮充电时，严格控制单体电池的浮充电压上、下限，每个月至少以此对蓄电池组所有的单体浮充端电压进行测量记录，防止蓄电池因充电电压过高或过低而损坏。

阀控密封铅酸蓄电池组，运行中检测其好坏的主要指标，就是蓄电池的端电压。当检测端电压异常时，要及时分析处理。

条文 5.2　防止重要客户停电事故

本章节为新增部分，目的是通过措施的制定实施，防止重要客户停电事故引发社会突发事件及次生灾害，维护社会公共安全。

为了细化对重要客户的管理，在本反措中将重要客户分为四类，定义如下：

重要客户是指在国家或者一个地区（城市）的社会、政治、经济生活中占有重要地位，对其中断供电将可能造成人身伤亡、环境污染、政治影响、经济损失、社会公共秩序严重混乱的用电单位或对供电可靠性有特殊要求的用电场所。

根据供电可靠性的要求以及中断供电危害程度，重要电力客户可以分为特级、一级、二级重要电力客户和临时性重要电力客户。

（1）特级重要客户，是指在管理国家事务中具有特别重要作用，中断供电将可能危害国家安全的电力用户。

（2）一级重要客户，是指中断供电将可能产生下列后果之一的：

1）直接引发人身伤亡的；

2）造成严重环境污染的；

3）发生中毒、爆炸或火灾的；

4）造成重大政治影响的；

5）造成重大经济损失的；

6）造成较大范围社会公共秩序严重混乱的。

（3）二级重要客户，是指中断供电将可能产生下列后果之一的：

1）造成较大环境污染的；

2）造成较大政治影响的；

3）造成较大经济损失的；

4）造成一定范围社会公共秩序严重混乱的。

（4）临时性重要电力客户，是指需要临时特殊供电保障的电力客户。

条文 5.2.1　完善重要客户入网管理

条文 5.2.1.1　供电企业应制定重要客户入网管理制度，制度应包括对重要客户在规划设计、接线方式、短路容量、电流开断能力、设备运行环境条件、安全性等各方面的要求；对重要客户设备验收标准及要求。

要求严把重要客户入网管理关，防止在规划设计、接线方式、短路容量、电流开断能力、设备运行环境条件、安全性等方面、设备验收标准及要求不满足重要客户安全用电的要求，造成停电事故的发生，特别对于供电距离小于 1.5km 的客户也应纳入重要客户入网管理。

供电企业应编制重要客户入网管理制度，按照反措条目要求确定制度中应包含内容并予以认真执行。

条文 5.2.1.2　供电企业对属于非线性、不对称负荷性质的重要客户应进行电能质量测试评估，根据评估结果，重要客户应制订相应无功补偿方案并提交供电企业审核批准，保证其负荷产生的谐波成分及负序分量不对电网造成污染，不对供电企业及其自身供用电设备造成影响。

主要目的是为了加强非线性、不对称负荷性质的重要客户入网管理，以减少或避免此类用户入网以后产生的谐波成分影响电网的安全运行。

重要客户如冶金、煤炭、化工、电气化铁路等企业，由于企业属于非线性、不对称负荷，其在用电过程中将产生谐波成分注入电网，造成电网供电质量下降，供电设备安全运行可靠性下降、运行寿命缩短，严重时可以造成保护装置误动作，造成电网事故，导致重要客户停电事故。为此应重点做好非线性、不对称负荷性质的重要客户入网电能质量评估管理，按照评估结果，贯彻国家"谁污染、谁治理"的原则，督促重要客户采取相关治理措施，确保其入网后不产生超出国家标准的谐波成分注入电网。

［案例1］ 某地电气化铁路通车后，曾发生过由于牵引变电所注入系统大量的谐波和负序电流，引起供电系统电能质量指标严重恶化，多次造成发电机的负序电流保护误动，主变压器的过电流保护装置误动，线路的距离保护振荡闭锁装置误动，高频保护收发信机误动，母线差动保护误动和故障录波器误动的事故。

［案例2］ 国内某大型钢铁企业发生过因电弧炉产生谐波的影响，造成谐波电流对数字型差动保护产生干扰，使差动保护动作跳闸的事故。

条文 5.2.1.3 供电企业在与重要客户签订供用电协议时，应按照国家法律法规、政策及电力行业标准，明确重要客户供电电源、自备应急电源及非电保安措施配置要求，明确供电电源及用电负荷电能质量标准，明确双方在电气设备安全运行管理中的权利义务及发生用电事故时的法律责任，明确重要客户应按照电力行业技术监督标准，开展技术监督工作。

强调重要客户应认真开展对自身设备技术监督，避免出现由于技术监督工作不到位造成设备事故的发生。

要求供电企业在与重要客户签订供用电协议时重点要求重要客户应开展技术监督工作，因为国内已发生过由于重要客户技术监督开展不力，客户的用电设备事故造成供电企业输变电设备事故，影响了供电企业供电可靠性。

重要客户技术监督工作开展应重点做好电能质量监督（电压质量指标包括允许偏差、允许波动和闪变、三相电压允许不平衡度和正弦波形畸变率）、绝缘监督（电气设备的绝缘强度、过电压保护及接地系统）、电测监督（电压、电流、功率、相位及其测量装置）、继电保护监督（电力系统继电保护和安全自动装置及其投入率、动作正确率）。供电企业要强化对重要客户技术监督开展情况监督、检查工作。

条文 5.2.2 合理配置供电电源点

供电企业要根据重要客户重要性等级，结合电网实际，合理配置重要客户供电电源点，避免由于供电电源点配置不合理、可靠性低等原因造成重要客户停电事故。

条文 5.2.2.1 特级重要电力客户具备三路电源供电条件，至少有两路电源应当来自不同的变电站，当任何两路电源发生故障时，第三路电源能保证独立正常供电；

条文 5.2.2.2 一级重要电力客户具备两路电源供电条件，两路电源应当来自两个不同的变电站，当一路电源发生故障时，另一路电源能保证独立正常供电；

条文 5.2.2.3 二级重要电力客户具备双回路供电条件，供电电源可以来自同一个变电站的不同母线段；

条文 5.2.2.4 临时性重要电力客户按照供电负荷重要性，在条件允许情况下，可以通过临时架线等方式具备双回路或两路以上电源供电条件；

提出特级、一级、二级、临时性重要电力客户电源点配置原则，重要电力用户应尽量避免采用单电源供电方式。

以下是根据不同供电电源配置的实际情况和可靠性的高低列出了重要客户供电方式的典型模式：

按照供电电源回路数分为Ⅰ、Ⅱ、Ⅲ三类供电方式，分别代表三电源、双电源、双回路供电。

（1）三电源供电，模式Ⅰ。

a）三路电源来自三个变电站，全专线进线；

b）三路电源来自两个变电站，两路专线进线，一路环网/手拉手公网供电进线；

c）三路电源来自两个变电站，两路专线进线，一路辐射公网供电进线。

（2）双电源供电，模式Ⅱ。

a）双电源（不同方向变电站）专线供电；

b）双电源（不同方向变电站）一路专线、一路环网/手拉手公网供电；

c）双电源（不同方向变电站）一路专线、一路辐射公网供电；

d）双电源（不同方向变电站）两路环网/手拉手公网供电进线；

e）双电源（不同方向变电站）两路辐射公网供电进线；

f）双电源（同一变电站不同母线）一路专线、一路辐射公网供电；

g）双电源（同一变电站不同母线）两路辐射公网供电。

（3）双回路供电，模式Ⅲ。

a）双回路专线供电；

b）双回路一路专线、一路环网/手拉手公网进线供电；

c）双回路一路专线、一路辐射公网进线供电；

d）双回路两路辐射公网进线供电。

条文 5.2.2.5　重要电力客户供电电源的切换时间和切换方式要满足国家相关标准中规定的允许中断供电时间的要求。

根据国家电监会电监安全〔2008〕43 号文《关于加强重要电力用户供电电源及自备应急电源配置监督管理的意见》，重要电力客户供电电源的切换时间和切换方式要满足重要客户允许中断供电时间的要求。如供电电源的切换时间和切换方式不能满足重要客户允许中断供电时间要求，势必会造成重要客户停电事故。供电企业要全面了解掌握重要客户的允许中断供电时间，对于不能满足重要客户允许中断供电时间要求的供电电源，要及时进行技术改造使其切换时间及切换方式满足重要客户的允许中断供电时间的要求。

条文 5.2.3　加强为重要客户供电的输变电设备运行维护

条文 5.2.3.1　供电企业应根据国家相关标准、电力行业标准、国家电网公司制度，针对重要客户供电的输变电设备制订专门的运行规范、检修规范、反事故措施。

条文 5.2.3.2　根据对重要客户供电的输变电设备实际运行情况，缩短设备巡视周期、设备状态检修周期。

供电企业要根据对承担对重要客户供电的输变电设备制定专门的运检规范，反事故措施，要全面了解、掌握设备运行状况，防止由于运行维护不到位出现供电设备事故造成重要客户停电事故，防止由于反事故措施制定不到位，造成重要客户停电事故扩大化。

供电企业为进一步提高为重要客户供电的输变电设备运行可靠性，要加强对重要客户供电的输变电设备的设备巡视、状态检修工作，设备巡视周期、设备状态检修周期可视情况缩短。

[案例]　某供电公司330kV变电站330kV断路器TA一次绝缘击穿，造成330kV铝厂变电站全停，损失负荷459MW。事故分析结果是故障TA设备工艺，绝缘强度等方面存在质量问题，为此供电公司对此类设备采取了加强设备巡视、加强设备油气监督、缩短试验周期、采用红外热成像技术加强绝缘监视及运行监控，以避免类似事故的发生。

条文5.2.4　加强对重要客户自备应急电源检查工作

重要客户自备应急电源应在供电企业登记备案，供电企业应对重要电力客户配置的自备应急电源进行定期检查，重点检查重要客户自备应急电源配置使用应符合以下要求。

条文5.2.4.1　重要客户自备应急电源配置容量标准应达到保安负荷的120%。

供电企业通过加强对重要客户应急电源检查工作，督促重要客户合理配置自备应急电源，对提高重要客户的供电可靠性和自救能力，维护社会公共安全，以较低的社会综合成本减少重要客户的断电损失具有重要意义。

原则上重要电力用户均应自行配置应急电源，并且电源容量至少应满足全部保安负荷正常供电的要求。但为满足保安负荷供电容量具备一定的冗余度，要求自备应急电源容量应达到其保安负荷120%，对于有条件的重要客户还可设置专用应急母线。

条文5.2.4.2　重要客户自备应急电源启动时间应满足安全要求。

重要客户自备应急电源主要为满足客户保安负荷的安全要求，部分重要客户保安负荷允许停电时间见表5-1。

表5-1　　　　　　　　　　　　部分重要客户保安负荷允许停电时间

重要客户	保安负荷名称	允许停电时间
[A1]煤矿及非煤矿山	应急照明	小于1分钟
	消防用电	小于1分钟
	通风设备	小于1分钟
	制氮设备	小于1分钟
	副井提升设备	小于1分钟
	矿井监测监控系统	小于1分钟
	排水设备	小于10分钟
	井下消防洒水给水系统	小于1分钟

重要客户		保安负荷名称	允许停电时间
[A2]危险化学品	[A2.1]石油化工	应急照明	小于 1 分钟
		消防用电	小于 1 分钟
		紧急停车及安全连锁系统	几个周波
		DCS 设备	几个周波
		监视设备	小于 1 分钟
	[A2.2]盐化工	应急照明	小于 1 分钟
		消防用电	小于 1 分钟
		紧急停车及安全连锁系统	几个周波
		DCS 设备	几个周波
		监视设备	小于 1 分钟
		氯处理环节	小于 1 分钟
		化学品库	小于 10 分钟
	[A2.3]煤化工	应急照明及疏散照明	小于 1 分钟
		消防用电	小于 1 分钟
		DCS 系统	几个周波
		车间监控设备	小于 1 分钟
		紧急停车系统	几个周波
		循环泵	小于 1 分钟
	[A2.4]精细化工	应急照明及疏散照明	小于 1 分钟
		消防设施	小于 1 分钟
		纯净水制备系统	小于 10 分钟
		车间监控设备	小于 1 分钟
		空气净化设备	小于 10 分钟
		反应釜	几个周波
[A3]冶金		应急照明	小于 1 分钟
		消防设施	小于 1 分钟
		紧急停车系统	秒级
[A4]电子及制造业	[A4.1]芯片制造	应急照明及疏散照明	小于 1 分钟
		消防设施	小于 1 分钟
		IT CIM 设备	几个周波
		自动送板机	几个周波
		刮锡机	几个周波
		焊膏印刷机	几个周波
		高速贴片机	几个周波
		波峰焊炉	几个周波

重要客户		保安负荷名称	允许停电时间
[A4]电子及制造业	[A4.2]显示器生产	应急照明及疏散照明	小于1分钟
		消防设施	小于1分钟
		光刻工艺（涂布机曝光机）	几个周波
		取向排列工艺（摩擦机）	几个周波
		丝印制盒工艺（丝网印刷机、喷粉机、贴合机、热压机）	几个周波
		切割工艺（切割机和裂片机）	几个周波
		液晶灌注及封口工艺（液晶灌注机和整平封口机）	几个周波
		贴片工艺（切片机、贴片机、偏光片除泡机）	几个周波
		净化系统的空调（冷冻机、冷却泵、热水泵、空气处理）	小于10分钟
	[A4.3]机械制造	应急照明及疏散照明	小于1分钟
		消防设施	小于1分钟
		测试台	几个周波
		高频炉	小于10分钟

从表 5-1 中可以看到，不同的客户类型，不同的保安负荷允许停电时间各不相同，自备应急电源启动时间如不能满足保安负荷允许停电时间要求，会造成客户保安负荷设备无法正常工作，给事故应急处理带来危害。供电企业检查客户配置自备应急电源时，要充分了解自备应急电源规格、型号、技术参数，确保客户所配备自备应急电源启动时间能够完全满足客户保安负荷的安全要求。

条文 5.2.4.3 重要客户自备应急电源与电网电源之间应装设可靠的电气或机械闭锁装置，防止倒送电。

条文 5.2.4.4 重要客户自备应急电源设备要符合国家有关安全、消防、节能、环保等技术规范和标准要求。

条文 5.2.4.5 重要客户新装自备应急电源投入切换装置技术方案要符合国家有关标准和所接入电力系统安全要求。

条文 5.2.4.6 重要电力客户应按照国家和电力行业有关规程、规范和标准的要求，对自备应急电源定期进行安全检查、预防性试验、启机试验和切换装置的切换试验。

条文 5.2.4.7 重要客户不应自行变更自备应急电源接线方式。

条文 5.2.4.8 重要客户不应自行拆除自备应急电源的闭锁装置或者使其失效。

条文 5.2.4.9 重要客户的自备应急电源发生故障后应尽快修复。

条文 5.2.4.10 重要客户不应擅自将自备应急电源转供其他客户。

条文 5.2.4.3～条文 5.2.4.10 针对重要客户自备应急电源运行维护提出了明确要求。供电企业对重要客户自备应急电源运行情况进行检查时应重点检查重要客户是否存在以下问题：

自行变更自备应急电源接线方式、自行拆除自备应急电源的闭锁装置或者使其失效、自备应急电源发生故障后长期不能修复并影响正常运行、擅自将自备应急电源引入，转供其他用户、其他可能发生自备应急电源向电网倒送电的。

对于有自备电厂的重要客户在其未与供电企业签订并网调度协议的自备发电机组严禁并入公共电网运行。已签订并网调度协议的应严格执行电力企业的调度安排和安全管理规定。

条文 5.2.5　督促重要客户整改安全隐患。

对属于客户责任的安全隐患，供电企业用电检查人员应以书面形式告知客户，积极督促客户整改，同时向政府主管部门沟通汇报，争取政府支持，做到"通知、报告、服务、督导"四到位，实现客户责任隐患治理"服务、通知、报告、督导"到位率100%，建立政府主导、客户落实整改、供电企业提供技术服务的长效工作机制。

供电企业要加强对重要客户设备安全运行隐患排查工作及督促重要客户整改其存在的安全运行隐患。

6 防止输电线路事故

2005 年发布的《国家电网公司十八项电网重大反事故措施》(国家电网生技〔2005〕400 号),与输电线路相关的内容相对较少,主要集中在 "防止输电线路事故"章节内。但近年来,随着输电线路规模不断扩大,极端恶劣气候时有发生,输电线路外部环境日益复杂,导致输电线路出现新的故障形式、线路运维出现新特征,迫切需要结合新近出现的隐患、缺陷及故障形式,对原有内容进行扩充、修编,根据事故类型,从防止倒塔事故,防止断线事故,防止绝缘子和金具断裂事故,防止风偏闪络事故,防止覆冰、舞动事故,防止鸟害闪络事故,防止外力破坏事故六个方面提出措施和要求,同时将原反措中输电线路的"防止雷击闪络事故"内容归入"防止接地网和过电压事故"一章中。

条 文 说 明

条文为防止输电线路事故的发生,应严格执行《110kV~750kV 架空输电线路设计规范》(GB 50545—2010)、《110~500kV 架空送电线路施工及验收规范》(GB 50233—2005)、《架空输电线路运行规程》(DL/T 741—2010)、《重覆冰架空输电线路设计技术规程》(DL/T 5440—2009)及其他有关规定,并提出以下重点要求。

在防止输电线路事故的基本要求中,采用了最新的线路设计、施工、运行规范、规程,依据《110kV~750kV 架空输电线路设计规范》(GB 50545—2010)引入了有关差异化设计的内容,突出了加强战略性通道的设计等内容。《架空输电线路运行规程》(DL/T 741—2010)对原有的内容进行了修订,特别增加了输电线路状态管理及新技术应用等内容,对于防止输电线路事故具有重要意义。此外,基本要求中还增加了《重覆冰架空输电线路设计技术规程》(DL/T 5440—2009),是针对 2005 年、2008 年两次冰灾对电网造成的重大损失而提出的。

条文 6.1 防止倒塔事故

条文 6.1.1 设计阶段应注意的问题

条文 6.1.1.1 在特殊地形、极端恶劣气象环境条件下重要输电通道宜采取差异化设计,适当提高重要线路防冰、防洪、防风等设防水平。

本条文的提出是为防止在特殊地形、极端恶劣气象环境条件下重要输电通道完全中断,造成较大损失。这种差异化设计可以体现在同一通道多回线路之间,也可体现在一回线路的不同区段之间。

[案例 1] 某水电站 4 条 500kV 外送线路,东线和西线各两回线路。2011 年 1 月 5 日,

受全省大范围雨雪冰冻灾害天气影响，一、二线发生两处倒塔，三、四线架空地线断线，电厂2500MW负荷无法送出。灾情发生后，经紧急抢修，先行恢复三、四线，缓解供电燃眉之急。针对上述四回线路同期覆冰跳闸的实际情况，相关单位综合考虑投资、电网安全等因素，确定了差异化改造方案。

[**案例2**] 2012年3月西电东送重要通道之一的某500kV紧凑型双回线位于恶劣气象环境条件下的某微地形、微气象区段因严重覆冰雪反复跳闸，双回线被迫转入检修，送端电厂全停。在全面分析该故障的基础上，确定差异化改造方案如下：双回线中的故障区段一回采用常规的导线水平排列线路（杯型塔）；另一回线适当增加相间间隔棒数量，优化相间间隔棒的排列。如图6-1所示。

图6-1　图中右侧为运行环境相同、配置相同的双回紧凑型线路

条文6.1.1.2　线路设计时应预防不良地质条件引起的倒塔事故，应避让可能引起杆塔倾斜、沉陷的矿场采空区；不能避让的线路，应进行稳定性评估，并根据评估结果采取地基处理（如灌浆）、合理的杆塔和基础型式（如大板基础）、加长地脚螺栓等预防塌陷措施。

本条文针对不良地质条件的线路提出。架空线路要完全避让不良地质区域存在较大困难，针对难以完全避开踩空塌陷区的线路杆塔，采取必要的预防塌陷措施一定程度上可以减小或延缓杆塔倾斜造成的损失。

[**案例**] 山西省长治地区盛产煤炭，含煤面积约8500km²，占总面积的60%，近年来由于煤炭被大量开采，煤矿采空区塌陷引起的地面沉降已导致某供电公司数十基输电线路杆塔倾斜，220kV漳长线14号杆，2002年时塔头垂直线路方向倾斜2.1m，顺线路方向倾斜0.6m，导线对地距离仅4.8m；110kV侯襄I线24～25档地面沉降，杆塔倾斜，导线对地距离仅3.0m。

条文6.1.1.3　对于易发生水土流失、洪水冲刷、山体滑坡、泥石流等地段的杆塔，应采取加固基础、修筑挡土墙（桩）、截（排）水沟、改造上下边坡等措施，必要时改迁路径。分洪区和洪泛区的杆塔必要时应考虑冲刷作用及漂浮物的撞击影响，并采取相应防护措施。

本条文针对可能发生水土流失，基础遭受冲击的杆塔提出预防要求。

[案例] 2006 年 7 月，500kV 某直流线路 1557、1570 塔基础挡土墙、边坡垮塌，其中 1557 塔建在山体的斜坡位置，A 腿位于外侧，下边坡垮塌前距 A 腿基础较远，因此，下边坡原设计无挡土墙及护坡。该边坡垮塌后，A 腿基础距垮塌处仅约 6m，且土质为疏松、无黏性的沙质土，对 A 腿基础构成了威胁；1570 塔位于某市廖家湾乡，该塔也建在山体的斜坡位置，为高低腿结构，A、B 腿基础外侧原构筑有挡土墙，本次 A 腿外侧的挡土墙被冲垮长约 6m，且挡土墙其他部位出现贯穿性裂纹。A 腿基础距垮塌处不足 5m，对 A 腿基础构成威胁。此外，1570 塔的 D 腿上边坡部分垮塌，塌落土将 D 腿掩埋至接地引下线部位。如图 6-2 所示。

图 6-2 因水土流失被埋的塔脚

设计单位提出处理方案，针对两基塔的 A 腿外侧边坡、挡土墙的垮塌处理方案均为分两段向山坡下修筑护坡，两段护坡之间构筑一道挡土墙将两段护坡联结起来，第二段护坡下侧再构筑一道挡土墙，这样整个护坡及挡土墙一直从较陡峭的斜坡上延伸至沟底较平缓处，以确保 A 腿基础的安全。对于 1570 塔的 D 腿上边坡的垮塌，要求清理堆积在 D 腿处的垮塌土体，修整垮塌山坡，并在修整后的山坡上构筑护坡，以确保 D 腿安全。

条文 6.1.1.4 对于河网、沼泽、鱼塘等区域的杆塔，应慎重选择基础型式，基础顶面应高于 5 年一遇洪水位。

本条文针对位于水中的杆塔基础提出要求。关于基础顶面的高度设计存在性能价格比的问题，经综合考虑线路安全、造价等因素，最终采用了基础顶面高度高于 5 年一遇洪水位的标准。

条文 6.1.1.5 新建 110kV（66kV）及以上架空输电线路在农田、人口密集地区不宜采用拉线塔。

本条文针对位于农田、人口密集地区的杆塔提出不宜采用拉线塔要求。拉线塔以其节省钢材，有较好的承载能力，一度成为降低线路本体造价的首选塔型，且据运行单位反映在 2008 年华中冰灾期间，拉线杆塔表现出良好的防倒塔性能。但拉线塔实际占地面积较大，不利于农田机械化耕种作业，且随着小型剪切工具的普及，拉线被盗割、被损伤故障频繁出现，而拉线塔因自身无自立条件，需要靠拉线保持平衡，一旦拉线损伤或被盗，易失稳倾倒，新建线路应慎用拉线塔，已使用的拉线塔如果存在盗割、碰撞损伤风险应按轻重缓急分期分批改造。

[案例] 1996 年以来，某省电网因拉线塔 UT 型线夹被盗发生倒塔事故 5 起，倒塔 6 基，因锯断拉线棒造成严重隐患达 20 余起。

条文 6.1.2 基建阶段应注意的问题

条文 6.1.2.1 隐蔽工程应留有影像资料，并经监理单位和运行单位质量验收合格后方可掩埋。

本条文针对隐蔽工程的验收提出要求，隐蔽工程是线路施工的重要环节，掩埋并组立杆塔、放线后，检查不便，即使发现问题也很难采取补救措施。因此，竣工验收时应加强隐蔽工程的检查验收，必须留有影像资料。考虑到目前输变电设备建设的实际情况，由运行单位配合监理单位共同负责隐蔽工程验收工作。

［案例］ 某运行单位巡视一条架空线路时，发现拉线松弛，紧固无效后挖开拉线，发现拉线末端卷绕成圈埋在地下，拉线盘不能起到固定拉线的作用。

条文 6.1.2.2 新建线路在选用混凝土杆时，应采用在根部标有明显埋入深度标识的混凝土杆。

条文 6.1.3 运行阶段应注意的问题

条文 6.1.3.1 运行维护单位应结合本单位实际制订防止倒塔事故预案，并在材料、人员上予以落实；并应按照分级储备、集中使用的原则，储备一定数量的事故抢修塔。

条文 6.1.3.2 应对遭受恶劣天气后的线路进行特巡，当线路导、地线发生覆冰、舞动时应做好观测记录，并进行杆塔螺栓松动、金具磨损等专项检查及处理。

条文 6.1.3.3 加强铁塔基础的检查和维护，对取土、挖沙、采石等可能危及杆塔基础安全的行为，应及时制止并采取相应防范措施。

条文 6.1.3.4 应用可靠、有效的在线监测设备加强特殊区段的运行监测，积极推广直升机航巡。

本条文针对在线监测设备等新技术提出要求。随着电网规模的逐步扩大，对于气象条件相对恶劣的高山大岭等微地形、微气象区域以及外部环境复杂的外力破坏易发区域等，通过逐步完善的输变电设备状态监测系统，实现对线路本体或通道的状态实时监测，对于线路故障分析、线路改造及新建线路的合理设计具有重要意义。此外，根据目前直升机巡视技术的发展水平，积极开展直升机巡视，加强重要通道的巡视，对于发现地面巡视的死角，减轻重复劳动强度，提升输电线路运维效率，具有重要意义。

［案例］ 2006 年 12 月 21 日，直升机航巡发现华北某 500kV 线路 79 号杆塔 B 相复合绝缘子下端有发热现象，相对温升为 3℃。2007 年 1 月 13 日，跟踪监测时发现相对温升已达 17℃。更换后发现该绝缘子高压侧已有严重缺陷。

条文 6.1.3.5 开展金属件技术监督，加强杆塔构件、金具、导地线腐蚀状况的观测，必要时进行防腐处理；对于运行年限较长、出现腐蚀严重、有效截面损失较多、强度下降严重的，应及时更换。

条文 6.1.3.6 加强拉线塔的保护和维修。拉线下部应采取可靠的防盗、防割措施；应及时更换锈蚀严重的拉线和拉棒；对于易受撞击的杆塔和拉线，应采取防撞措施。

本条文针对拉线塔的保护和维修提出要求。由于农村机械化耕种作业的普及，小型剪切工具在社会上的流行，在农田、人口密集地区，拉线被盗割、被损伤故障频繁出现，而拉线塔因自身无自立条件，需要靠拉线保持平衡，一旦拉线损伤或被盗，易失稳倾倒，对于人身安全及架空线路构成较严重威胁，因此已使用的拉线塔在未更换为自立塔前，应采取可靠的防盗、防割、防撞措施。

条文 6.2　防止断线事故

条文 6.2.1　设计和基建阶段应注意的问题

条文 6.2.1.1　应采取有效的保护措施防止导地线放线、紧线、连接及安装附件时损伤。

条文 6.2.1.2　架空地线复合光缆（OPGW）外层线股 110kV 及以下线路应选取单丝直径 **2.8mm** 及以上的铝包钢线；　**220kV** 及以上线路应选取单丝直径 **3.0mm** 及以上的铝包钢线，并严格控制施工工艺。

本条文针对架空地线复合光缆（OPGW）的外层线股参数提出要求。近年来，雷击导致的架空地线复合光缆（OPGW）外层铝合金股熔断现象时有发生，对光缆（OPGW）及通信设施的安全运行造成影响，如某省电力公司多条 500kV 线路使用的 OPGW2 型光缆外层的 2.5mm 铝合金股因雷击导致熔断，而某省电力公司 500kV 线路使用的 OPGW 外层铝合金股外径普遍为 3mm，至今未出现雷击导致的熔断现象。试验及分析表明，部分 OPGW 断股原因为 OPGW 外层铝合金股直径偏小所致。为提升光缆耐雷击水平，结合试验数据、近年来 OPGW 运行经验、各电压等级导地线的参数配合以及可供选择的 OPGW 参数，提出了光缆外股的材料和线径参数要求。

条文 6.2.2　运行阶段应注意的问题

条文 6.2.2.1　加强对大跨越段线路的运行管理，按期进行导地线测振，发现动、弯应变值超标应及时分析、处理。

本条文针对大跨越线路的振动防治提出要求。一方面，大跨越线路往往运行环境相对复杂、恶劣，如：易形成垂直线路走向的风，易形成导线风振；另一方面，一旦大跨越线路发生断线、倒塔等故障，恢复难度远远高于常规线路，损失更为巨大。因此，加强大跨越线路的运行管理十分必要。

条文 6.2.2.2　在腐蚀严重地区，应根据导地线运行情况进行鉴定性试验；出现多处严重锈蚀、散股、断股、表面严重氧化时应考虑换线。

条文 6.2.2.3　运行线路的重要跨越档内接头应采用预绞式金具加固。

条文 6.3　防止绝缘子和金具断裂事故

条文 6.3.1　设计和基建阶段应注意的问题

条文 6.3.1.1　风振严重区域的导地线线夹、防振锤和间隔棒应选用加强型金具或预绞式金具。

本条文要求风振严重区域的导地线线夹、防振锤和子导线间隔棒应选用耐磨加强型金具或预绞式金具，以防止松动和损伤。运行经验表明预绞式金具是防止金具松脱的有效措施。

［案例］ 2011 年，华北位于海边风振多发区域的某 220kV 线路，部分与主导风向垂直的线路区段防振锤反复松动并沿导线跑位，复位后又再松动，线路巡视时可观察到明显的振动。改造方案中除加强抑制振动措施，还采用预绞式防松型防振锤，防止松动、跑位、损伤导线和金具。

条文 6.3.1.2 **按照承受静态拉伸载荷设计的绝缘子和金具，应避免在实际运行中承受弯曲、扭转载荷、压缩载荷和交变机械载荷而导致断裂故障。**

一般情况下，线路绝缘子及其配套金具是按承受静态拉伸载荷设计的，但复合绝缘子近年来出现一系列不同以往的线路故障，基本原因是适宜承受静态拉伸载荷、按照承受静态拉伸载荷设计的刚性复合绝缘子及配套金具在实际运行中的恶劣气象环境条件下经常性承受弯曲载荷、交变/冲击机械载荷而导致疲劳断裂。随着近年来极端恶劣气候的频繁出现，因承受弯曲载荷和交变/冲击载荷导致的刚性复合绝缘子及金具故障呈现上升趋势，如：V 串复合绝缘子疲劳断裂、复合相间间隔棒钢脚和安装支架断裂等。针对上述故障，仅依靠加强绝缘子及配套金具的拉伸机械强度仅能有所延长故障发生时间；应从避免弯曲载荷和交变机械载荷的角度以彻底解决问题，如采用环式连接金具替代以往普遍应用的球头（钢脚）/球窝式连接金具，以增大连接结构的自由度和灵活性，一定程度上避免弯曲载荷、应力集中；近年来出现的架空线路用柔性复合绝缘子原理也可作为治理高山大岭等运行环境恶劣区域线路绝缘子和金具弯曲/扭转破坏以及交变/冲击载荷下机械疲劳破坏的重要措施，利用其绝缘元件的柔软特性自然卸载弯曲和扭转载荷，利用其绝缘元件的弹性可有效吸收交变/冲击载荷对绝缘子和金具产生的冲击能量、自动调节/平衡双串绝缘子的受力，且不占用额外绝缘距离。

［案例 1］ 2009 年底某 500kV 紧凑型线路 V 串复合绝缘子断串，主要原因是刚性芯棒承受了设计上未予考虑的弯曲载荷、特别是长期承受拉–压（弯）交变应力从而导致的疲劳断裂。目前大量应用各种复杂承力方式的复合绝缘材料产品一定程度上构成电网安全运行的威胁。如图 6-3～图 6-6 所示。

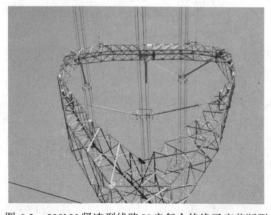

图 6-3　500kV 紧凑型线路 V 串复合绝缘子疲劳断裂

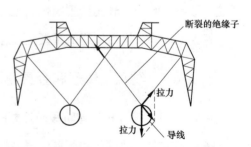

图 6-4　无风情况下 V 串复合绝缘子的受力

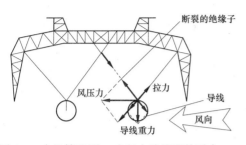

图 6-5 大风情况下 V 串复合绝缘子的受力

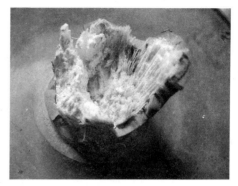

图 6-6 2009 年某 500kV 紧凑型线路 V 串复合
绝缘子疲劳断裂断口

[**案例2**] 某 500kV 紧凑型线路在易舞动区安装刚性复合相间间隔棒，2009～2010 年期间的舞动导致 6 支相间间隔棒钢脚断裂，2 支安装支架断裂，其中包括替代铝合金支架的加强型钢支架，而弯曲载荷和交变载荷是金具断裂的重要因素。如图 6-7～图 6-11 所示。

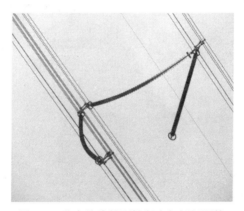

图 6-7 发生故障的刚性复合相间间隔棒

图 6-8 断裂的钢脚

图 6-9　弯曲的钢脚

图 6-10　断裂的相间间隔棒安装支架

图 6-11　断裂的相间间隔棒安装支架

条文 6.3.1.3　在复合绝缘子安装和检修作业时应避免损坏伞裙、护套及端部密封，不得脚踏复合绝缘子。在安装复合绝缘子时，不得反装均压环。

本条文针对复合绝缘子的安装及检修作业提出要求，以避免绝缘子硅橡胶材料损伤。复合绝缘子的伞裙护套与芯棒的连接界面相对窄小，一旦人员直接沿复合绝缘子上下，人体重量及伞裙护套重量将全部由界面承受，可能导致界面出现缺陷；复合绝缘子反装均压环时，不仅不能降低绝缘子根部的场强，甚至导致该处场强畸变、增大，可导致该部位硅橡胶较快老化，影响绝缘子长期运行效果，甚至导致脆断等事故。

［**案例 1**］　2006 年华北接连发生三起 500kV 线路复合绝缘子断串掉线事故。分析表明：端部密封破坏是影响复合绝缘子脆断的主要原因。如图 6-12 所示。

[案例 2] 华东某 500kV 线路复合绝缘子脆断。经反复分析，是因为该批复合绝缘子的均压环反装，导致该均压环不仅不能有效降低端部硅橡胶护套处的场强，还对该处场强起畸变作用，导致该处更易出现电晕放电，护套老化，端部密封破坏，最终导致绝缘子芯棒脆断。

图 6-12　2006 年某 500kV 线路复合绝缘子脆断断口

条文 6.3.2　运行阶段应注意的问题

条文 6.3.2.1　积极应用红外测温技术监测直线接续管、耐张线夹等引流连接金具的发热情况，高温大负荷期间应增加夜巡，发现缺陷及时处理。

本条文针对线路金具应用红外测温技术的条件提出要求。在负荷较低条件下，即使接续金具存在接触不良问题，温升可能也不明显，红外设备难以检出缺陷。因此充分利用大负荷时机积极开展红外检测接续金具。

[案例]　2007 年 7 月夏季大负荷期间，运行单位对某 500kV 双回线路进行红外测温时发现一线 730 号、二线 673 号引流板发热，与正常温度相比，温差达 60℃，属危急缺陷。

条文 6.3.2.2　加强对导、地线悬垂线夹承重轴磨损情况的检查，导地线振动严重区段应按 2 年周期打开检查，磨损严重的应予更换。

条文 6.3.2.3　应认真检查锁紧销的运行状况，锈蚀严重及失去弹性的应及时更换；特别应加强 V 型串复合绝缘子锁紧销的检查，防止因锁紧销受压变形失效而导致掉线事故。

本条文针对锁紧销的运行状况提出要求。锁紧销作为配套金具，尺寸小价格低，但其对线路安全运行的作用不可忽视，应用不当可导致掉串、掉线等事故。如图 6-13、图 6-14 所示。因此要求使用前加强验收，确保材质、尺寸符合要求，运行中加强检查，确保无变形、脱出、丢失。

图 6-13　某 500kV 紧凑型线路 V 型串复合绝缘子球头脱出

图 6-14　V 串复合绝缘子锁紧销受压变形

[案例]　2004 年 7 月某 500kV 紧凑型线路 N761 塔 C 相导线 V 串绝缘子掉串，2005 年 10 月某 500kV 紧凑型线路 93 塔 C 相导线 V 串绝缘子掉串，2007 年 8 月某 500kV 紧凑型线路 531 塔 C 相 V 串绝缘子掉串，此外某 750kV 紧凑型线路均曾发生 V 串绝缘子掉串故障，

均属于复合绝缘子和连接金具承受压缩/弯曲载荷，锁紧销受挤压变形失去限位功能，导致球头从碗头脱出并掉串。

条文 6.3.2.4　对于直线型重要交叉跨越塔，包括跨越 110kV 及以上线路，铁路和高速公路，一级公路，一、二级通航河流等，应采用双悬垂绝缘子串结构，且宜采用双独立挂点；无法设置双挂点的窄横担杆塔可采用单挂点双联绝缘子串结构。

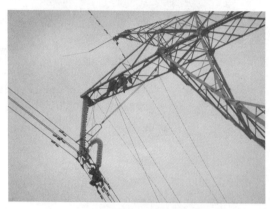

图 6-15　某 500kV 架空输电线路球头
挂环断裂（双串绝缘子断一串）

本条文对于直线型重要交叉跨越塔的绝缘子串提出要求。对于重要的交叉跨越，一旦发生掉线可能导致重大损失，如对线下线路、道路、房屋、建筑、居民等造成伤害。直线塔一般为单串设计，以双串绝缘子替代单串绝缘子可有效提高安全性，避免导线落地，在实际运行中已多次获得验证。

［案例］　2007 年 3 月 31 日，某 500kV 线路 301 号左相双串绝缘子的大号侧玻璃绝缘子串球头挂环断裂，如图 6-15 所示，导致该串绝缘子倒挂在下挂点金具上，未造成导线落地。

条文 6.3.2.5　加强瓷、玻璃绝缘子的检查，及时更换零值、低值及破损绝缘子。

零值、低值绝缘子指内绝缘性能已劣化，处于击穿或半击穿状态的瓷绝缘子。一旦包含零值、低值绝缘子的瓷绝缘子串发生闪络，短路电流将通过零值、低值绝缘子内部，导致绝缘子头部瞬间发热、膨胀、炸裂，并可能造成掉串、掉线事故。

条文 6.3.2.6　加强复合绝缘子护套和端部金具连接部位的检查，端部密封破损及护套严重损坏的复合绝缘子应及时更换。

条文 6.4　防止风偏闪络事故

条文 6.4.1　设计和基建阶段应注意的问题

条文 6.4.1.1　新建线路设计时应结合已有的运行经验确定设计风速。

条文 6.4.1.2　500kV 及以上架空线路 45° 及以上转角塔的外角侧跳线串宜使用双串绝缘子并可加装重锤；15° 以内的转角内外侧均应加装跳线绝缘子串。

本条文对转角塔的跳线绝缘子串的防风偏性能提出要求。输电线路杆塔位于风口等微地形、微气象区域时，45° 及以上的大角度耐张转角塔外角侧的跳线易对塔身风偏放电，应采取防风偏措施；15° 以内的小角度耐张转角塔的内/外角侧跳线均存在对塔身风偏放电风险，因此，本次修订增加了针对 15° 以内的小角度耐张转角塔的防风偏要求。

条文 6.4.1.3　沿海台风地区，跳线应按设计风压的 1.2 倍校核。

本条文针对沿海台风地区跳线风偏的校核提出要求，关于跳线设计风压的取值存在性能价格比的问题。经综合考虑线路安全、造价等因素，最终采用了 1.2 倍的跳线设计风压。

条文 6.4.2　运行阶段应注意的问题

条文 6.4.2.1　运行单位应加强山区线路大档距的边坡及新增交叉跨越的排查，对影响线路安全运行的隐患及时治理。

条文 6.4.2.2　线路风偏故障后，应检查导线、金具、杆塔等受损情况并及时处理。

条文 6.4.2.3　更换不同型式的悬垂绝缘子串后，应对导线风偏角重新校核。

本条文针对悬垂绝缘子串的风偏校核提出要求，特别是重量相对较轻的复合绝缘子应重点校核。复合绝缘子具有优良防污闪性能，但因绝缘长度、电位分布、重量、芯棒耐老化性能等问题，复合绝缘子的防雷、防风偏、防鸟害（鸟啄）等性能相对于瓷、玻璃绝缘子串有所偏低，在选用时应做综合考虑。

条文 6.5　防止覆冰、舞动事故

条文 6.5.1　设计和基建阶段应注意的问题

条文 6.5.1.1　线路路径选择应以冰区分布图、舞动区分布图为依据，宜避开重冰区及易发生导线舞动的区域。

条文 6.5.1.2　新建架空输电线因路径选择困难无法避开重冰区及易发生导线舞动的局部区段应提高抗冰设计及采取有效的防舞措施，如采用线夹回转式间隔棒、相间间隔棒等，并逐步总结、完善防舞动产品的布置原则。

随着极端恶劣气候的频繁出现，线路覆冰故障和舞动故障时有发生，严重威胁电网安全，而输电走廊日益紧缺，使线路完全避开重冰区及舞动易发区极其困难，只能通过提高线路抗冰设计及采取有效的防舞措施加以解决。

[**案例 1**]　2008 年 1 月 11 日～2 月 6 日，华中地区出现历史罕见的持续低温、雨雪、冰冻天气，特别是湖南、江西和湖北三省最为严重，为 50 年一遇的极端灾害天气，造成大量输电线路覆冰、舞动，最大覆冰厚度达 50～80mm，远远超过杆塔和导线、地线的受力强度；造成了大量和大范围的倒塔断线，以致冰灾期间电网结构多次发生变化。据统计，华中 500kV 电网共有 319 基倒塔，104 基杆塔受损，断线 717 处；220kV 电网共有 777 基倒塔，209 基杆塔受损，断线 1246 处；110kV 电网共有 1945 基倒塔，432 基杆塔受损，断线 2823 处；35kV 电网共有 1870 基倒塔，受损 1009 基，断线 3646 处。针对该冰灾，相关单位迅速颁布了《重覆冰架空输电线路设计技术规程》（DL/T 5440—2009），以有效规范重冰区架空线路的设计工作。

[**案例 2**]　某 500kV 紧凑型双回线自投运以来，截至 2011 年底，共发生 7 条次因导地线覆冰造成的线路跳闸：2007 年 2 月 7 日，一线因导地线覆冰雪造成导线对地线放电；2007 年 3 月 4 日，一、二线多处因导线覆冰雪造成线路大范围舞动，双回线停运达 15 个小时；2007 年 4 月 30 日，二线因导线覆冰雪造成多处相间放电；2008 年 4 月 22 日，因导线覆冰雪舞动

造成一、二线多处相间放电，双回线停运达 30h；2011 年 12 月 5 日，大雪导致一线单相接地故障。针对故障情况，相关单位对该紧凑型双回线进行分批分期防舞改造，2008 年 12 月、2009 年 10 月、2011 年 10 月，安装相间间隔棒、回转式子导线间隔棒等，有效提高了线路的防舞动性能。

此外，覆冰故障和舞动故障的防治措施不尽相同，因此对于覆冰故障和舞动故障的分析判断应严谨、深入、准确，避免误判，以免后续采取的改造措施缺乏针对性。

[案例 3] 2012 年 3 月蒙电东送重要通道某 500kV 紧凑型双回线位于恶劣气象环境条件下的某区段因严重覆冰雪反复跳闸，双回线被迫转入检修，送端电厂 2 台机组停运。

该故障区域线路 2008 年已进行防舞改造，因本次故障持续时间长且启动应急预案及时，首次跳闸当日上午 9 时已有抢修人员抵达现场，当日中午和下午二线两次试送跳闸时，现场均未发现导线舞动迹象。此外，运检人员掌握现场气象条件也不支持舞动结论，因此可确定该次故障不属于舞动故障。

经深入分析，相邻档导地线不均匀覆冰雪导致相间、相地距离大幅度缩小是该次故障的主要原因。在上述分析基础上，国家电网公司批复了更具针对性的、且与该线路以往多次采取的防舞措施不同的改造措施。

条文 6.5.1.3 为减少或防止脱冰跳跃、舞动对导线造成的损伤，宜采用预绞丝护线条保护导线。

条文 6.5.1.4 舞动易发区的导地线线夹、防振锤和间隔棒应选用加强型金具或预绞式金具。

本条文要求舞动易发区的导地线线夹、防振锤和子导线间隔棒应选用耐磨加强型金具或预绞式金具，以防止松动和损伤。运行经验表明预绞式金具是防止金具松脱的有效措施。

条文 6.5.2 运行阶段应注意的问题

条文 6.5.2.1 应加强沿线气象环境资料的调研收集，加强导地线覆冰、舞动的观测，对覆冰及舞动易发区段，安装覆冰、舞动在线监测装置，全面掌握特殊地形、特殊气候区域的资料，充分考虑特殊地形、气象条件的影响，合理绘制舞动区分布图及冰区分布图，为预防和治理线路冰害提供依据。

本条文要求全面掌握沿线气象环境资料，绘制舞动区分布图及冰区分布图是合理设计架空线路，有效预防和治理线路冰害的有效措施。

条文 6.5.2.2 对设计冰厚取值偏低、且未采取必要防覆冰措施的重冰区线路应逐步改造，提高抗冰能力。

条文 6.5.2.3 防舞治理应综合考虑线路防微风振动性能，避免因采取防舞动措施而造成导地线微风振动时动弯应变超标，从而导致疲劳断股、损伤；同时应加强防舞效果的观测和防舞装置的维护。

在导线上安装防舞装置的同时也在导线上形成应力集中点，易造成微风振动时安装点动弯应变超标，从而可能在长期运行条件下导致导线疲劳损伤、断股。因此，在满足防舞动需求条件下应将防舞装置的应用量降至最低。

条文 6.5.2.4 覆冰季节前应对线路做全面检查，落实除冰、融冰和防舞动措施。

条文 6.5.2.5 线路覆冰后，应根据覆冰厚度和天气情况，对导地线采取交流短路融冰、直流融冰等措施以减少导地线覆冰。对已发生倾斜的杆塔应加强监测，可根据需要在直线杆塔上设立临时拉线以加强杆塔的抗纵向不平衡张力能力。

本条文强调在架空线路提高"抗冰"设计的同时，还应积极采取有效的"融冰"等措施，以降低覆冰事故率，减少损失。自 20 世纪 80 年代开始，国内电网开始积极研究应用导线融冰措施，包括早期的"高电压交流短路融冰法"，近年来采用的"低压交流短路融冰法"、"移动式直流融冰法"、"固定式直流融冰法"等，在 2010 年、2011 年防冻融冰期间发挥了重要作用。

条文 6.5.2.6 线路发生覆冰、舞动后，应根据实际情况安排停电检修，对线路覆冰、舞动重点区段的导地线线夹出口处、绝缘子锁紧销及相关金具进行检查和消缺；及时校核和调整因覆冰、舞动造成的导地线滑移引起的弧垂变化缺陷。

条文 6.6 防止鸟害闪络事故

条文 6.6.1 设计和基建阶段应注意的问题

条文 6.6.1.1 鸟害多发区的新建线路应设计、安装必要的防鸟装置。110（66）、220、330、500kV 悬垂绝缘子的鸟粪闪络基本防护范围为以绝缘子悬挂点为圆心，半径分别为 0.25、0.55、0.85、1.2m 的圆。

上述鸟害防护范围参数源于华北电科院模拟鸟粪闪络实验的结果和多年来的电网运行经验。

条文 6.6.1.2 基建阶段应做好复合绝缘子防鸟啄工作，在线路投运前应对复合绝缘子伞裙、护套进行检查。

部分鸟类在复合绝缘子不带电条件下有啄硅橡胶护套伞裙的习性，而一旦啄破护套，绝缘子芯棒外露，则复合绝缘子有脆断、内绝缘击穿的隐患。因此，要求新建线路投运前及运行线路停电检修等情况下，应避免复合绝缘子长时间不带电；如果不带电时间较长，带电前应做检查，有护套严重受损的应予以更换。

条文 6.6.2 运行阶段应注意的问题

条文 6.6.2.1 鸟害多发区线路应及时安装防鸟装置，如防鸟刺、防鸟挡板、悬垂串第一片绝缘子采用大盘径绝缘子、复合绝缘子横担侧采用防鸟型均压环等。对已安装的防鸟装置应加强检查和维护，及时更换失效防鸟装置。

本条文针对架空线路的防鸟害装置提出要求，即鸟害多发区线路应及时安装防鸟害装置并加强检查、维护。此外，特别强调在选用防鸟害装置时，应全面调研、分析装置的材质、有效性、持久性等，确保装置的防鸟害效果。

条文 6.6.2.2 及时拆除线路绝缘子上方的鸟巢，并及时清扫鸟粪污染的绝缘子。

条文 6.7 防止外力破坏事故

条文 6.7.1 设计和基建阶段应注意的问题

条文 6.7.1.1 新建线路设计时应采取必要的防外力破坏措施，验收时应检查防外力破坏措施是否落实到位。

近年来各地基建工程的增加，一定程度上导致架空线路的外力破坏事故频繁发生，已对架空线路的安全运行构成严重威胁，因此从设计阶段采取防外力破坏措施十分必要。

此外，偷盗塔材是近年来常见现象，近地面的塔材是偷盗重灾区，因此近地面的塔材连接、紧固应采用防盗措施，一定程度上可减少偷盗损失。根据安全性、经济性等因素综合考虑，近地面的高度最终确定为 8m，即仍然维持 2005 年版《十八项反措》的要求，铁塔 8m 以下采用防盗螺栓等防盗措施，8m 以上也需采用双螺母等防松措施。

条文 6.7.1.2 架空线路跨越森林、防风林、固沙林、河流坝堤的防护林、高等级公路绿化带、经济园林等，宜根据树种的自然生长高度采用高跨设计。

《110kV～750kV 架空输电线路设计规范》（GB 50545—2010）规定对于防护林带、经济作物林等不应砍伐出通道，而应采用高跨设计。根据安全性、经济性等因素综合考虑，确定按森林、防风林、固沙林、河流坝堤的防护林、高等级公路绿化带、经济园林树种的自然生长高度以确定高跨杆塔的呼称高度。

条文 6.7.2 运行阶段应注意的问题

条文 6.7.2.1 应建立完善的群众护线制度，积极配合当地公安机关及司法部门严厉打击破坏、盗窃、收购线路器材的违法犯罪活动。

条文 6.7.2.2 加强巡视和宣传，及时制止线路附近的烧荒、烧秸秆、放风筝、开山炸石、爆破作业等行为。

近年来，输电线路通道环境有复杂、恶化趋势，其中有自然环境因素，也有众多人为因素，因此即使线路本体健康状况良好，也难以完全避免因外部因素导致的线路故障。线路运行维护单位应通过加强巡视和宣传，最大限度地抑制山火等外部因素导致的线路故障。

[案例] 2011 年某运行单位所维护的 500kV 线路发生 3 起山火引起的线路跳闸，故障点所在线路区段均为林木茂密的山区，林区树木不能清理、发生火灾难以控制。针对上述事故，运维单位建立健全防山火的应急预案，深入开展火灾隐患排查、梳理火灾隐患点，组织易燃物处理，充分发挥群众护线员力量，提高防火意识和信息上报速度，以及时准确掌握山火等级；同时确保人员、车辆、设备落实到位，明确人员出发前现场情况掌握流程、明确事中不同灾情程度的处置方法和措施，明确事后查线和处置的关键点。

条文 6.7.2.3 应在线路保护区或附近的公路、铁路、水利、市政施工现场等可能引起误碰线的区段设立限高警示牌或采取其他有效措施，防止吊车等施工机械碰线。

条文 **6.7.2.4** 及时清理线路通道内的树障、堆积物等，严防因树木、堆积物与电力线路距离不够而引起放电事故。

条文 **6.7.2.5** 对易遭外力碰撞的线路杆塔，应设置防撞墩、并涂刷醒目标志漆。

7 防止输变电设备污闪事故

本次修订的"防止输变电设备污闪事故"一章在总体结构上与 2005 年版《十八项反措》保持一致。但随着防污闪技术的日益成熟，本次修订的内容适当加强了"采用硅橡胶类防污闪产品"及防污闪配置"一步到位"的要求。

条 文 说 明

条文为防止发生输变电设备污闪事故，应严格执行《污秽条件下使用的高压绝缘子的选择和尺寸确定》（GB/T 26218.1～3）、《电力系统污区分级与外绝缘选择标准》（Q/GDW 152—2006），并提出以下重点要求。

在防止输变电设备污闪事故的基本要求中，采用了近年来最新发布实施的防止输变电设备污闪相关标准。

条文 7.1 设计和基建阶段应注意的问题

条文 7.1.1 新建和扩建输变电设备应依据最新版污区分布图进行外绝缘配置。中重污区的外绝缘配置宜采用硅橡胶类防污闪产品，包括线路复合绝缘子、支柱复合绝缘子、复合套管、瓷绝缘子（含悬式绝缘子、支柱绝缘子及套管）和玻璃绝缘子表面喷涂防污闪涂料等。选站时应避让 d、e 级污区；如不能避让，变电站宜采用 GIS、HGIS 设备或全户内变电站。

本条文重点强调中重污区的外绝缘配置优先采用硅橡胶类防污闪产品。硅橡胶表面的憎水性及憎水迁移性可大幅度提高绝缘子的污闪放电电压，与瓷、玻璃表面相比，憎水性良好状态下可提高一倍甚至二倍（即达到原放电电压的二倍甚至三倍），一定程度上实现防污闪配置的"一步到位"，避免随环境污染加剧而反复调爬，浪费人力物力，该措施已在国家电网公司系统获得实质性验证。

条文 7.1.2 污秽严重的覆冰地区外绝缘设计应采用加强绝缘、V 型串、不同盘径绝缘子组合等形式，通过增加绝缘子串长、阻碍冰棱桥接及改善融冰状况下导电水帘形成条件，防止冰闪事故。

本条文针对绝缘子覆冰（雪）闪络、大（暴）雨闪络提出要求。由于覆冰（雪）、大（暴）雨可直接桥接绝缘子伞裙，相当于绝缘子爬距大幅度缩小，易导致绝缘子闪络，与常规的大雾中的污闪具有较大差异，防治措施也不尽相同，即使是硅橡胶材料在该条件下也难以有效发挥防污闪作用，一般是从改善绝缘子串外形及放置方式上采取措施，以阻碍冰棱桥接及改善连续水帘形成条件，从而达到防止闪络效果。如图 7-1、图 7-2 所示。

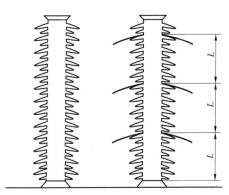

图 7-1　支柱瓷绝缘子和硅橡胶伞裙支柱
绝缘子覆冰雪闪络对比试验

图 7-2　无伞裙支柱瓷绝缘子闪络，
硅橡胶伞裙绝缘子无明显放电

[案例]　2005 年 4 月某电厂 500kV 升压站 2 台设备套管闪络，该闪络属于严重的降水降雪型快速积污伴随快速受潮导致的污闪掉闸。长时间无降水条件下，大气中的污染物日益增多，随后的第一场降水降雪将空气中的污染物大量带落，使原本洁净的雨雪尚未落地已成为夹带大量污秽的脏雨脏雪；虽然上述绝缘子配置（三级的基本爬距喷涂防污闪涂料）能够轻松防治四级以上污区的雾中污闪，但脏雨脏雪落下时导致绝缘子表面短时间内快速积污且严重受潮，特别是在风力作用下沿绝缘子迎风侧形成桥接伞裙的连续积雪，仍可导致污闪。

输变电设备污闪须具备两大要素：污秽条件与潮湿条件。IEC 标准将污秽类型分为 A 类和 B 类。A 类一般为固态污秽，包括自然污秽（如沙漠型污秽）和人类活动导致的污秽（如工业型污秽），该类污秽一般对应于常规的"缓慢积污"；B 类一般为高导电性的液态污秽，目前主要指海雾型等自然污秽，该类污秽一般对应于沿海区域的"快速积污"。我国电力系统广泛采用的防污闪标准均主要基于缓慢积污概念制订，相应的防污闪措施也主要针对缓慢积污形式设计。所谓"缓慢积污"指绝缘子表面污秽是经过一个相对较长的积累过程逐步形成的，如《污秽条件下使用的高压绝缘子的选择和尺寸确定　第一部分：定义、信息和一般原则》（GB/T 26218.1—2010）及《电力系统污区分级与外绝缘选择标准》（Q/GDW 152—2006）规定的三年积污期；而绝缘子污闪所需的潮湿条件由降水（雾、雨、露、冰、雪等）提供，通常认为降水由地面水蒸发形成，因此其污秽含量较低。总体认为：缓慢积污型污闪的污秽条件和潮湿条件是分先后具备的；针对缓慢积污闪络的最有效防治措施是采用硅橡胶类防污闪产品（包括复合绝缘子、防污闪涂料等）。由于污秽是缓慢积累所得，因此硅橡胶材料可在潮湿条件到来之前使污秽具备憎水性，即通过改变表面性能使绝缘子具备优良的抵御缓慢积污型污闪的能力。与"缓慢积污"相对应的"快速积污"通常指沿海的、自然的、海雾型污秽，但近年来内陆重污区频繁发生快速积污特别是快速积污伴随快速受潮导致的严重污闪掉闸，这些可出现于内陆地区的、降水降雪型"快速积污"虽然与海雾型"快速积污"具有相似特征——均为高导电性液体，但却是环境污染严重国家和地区的特有现象，一定程度上比海雾型"快速积污"更具危害性。在环境不能有效改善的较长一段时期内，该快速积污型污闪有增长趋势，应予以重视。

条文 7.1.3　中性点不接地系统的设备外绝缘配置至少应比中性点接地系统配置高一级，直至达到 e 级污秽等级的配置要求。

本条文针对中性点不接地系统的设备外绝缘配置提出要求。当中性点不接地系统单相接地后，允许继续运行一段时间，另两相绝缘子将承受线电压，因此要求中性点不接地系统的设备外绝缘配置应比中性点接地系统配置适当提高。

条文 7.1.4　加强绝缘子全过程管理，全面规范绝缘子选型、招标、监造、验收及安装等环节，确保使用伞形合理、运行经验成熟、质量稳定的绝缘子。

本条文针对绝缘子全过程管理提出要求。虽然一般情况下产品在正式应用前需通过全面的型式试验、入网试验等，即制造企业具备生产合格产品的能力，但因具体批次产品的原材料进货渠道不同，生产人员不同，批次产品之间的质量存在一定的甚至较大的差异，因此需通过抽检或监造以确保每批产品质量。

条文 7.2　运行阶段应注意的问题

条文 7.2.1　电力系统污区分布图的绘制、修订应以现场污秽度为主要依据之一，并充分考虑污区图修订周期内的环境、气象变化因素，包括在建或计划建设的潜在污源，极端气候条件下连续无降水日的大幅度延长等。

本条文要求防污闪工作应适当考虑气候环境的变化。

［案例］　某 500kV 变电站在规划设计阶段属于 c 级污区，建设阶段站址周边大量上马小水泥厂，导致该区域污秽等级大幅度上升至 e 级，原有外绝缘配置已不能满足防污闪需求，因此仅投运约一年进行了全站调爬。

条文 7.2.2　外绝缘配置不满足污区分布图要求及防覆冰（雪）闪络、大（暴）雨闪络要求的输变电设备应予以改造，中重污区的防污闪改造应优先采用硅橡胶类防污闪产品。

条文 7.2.3　应避免局部防污闪漏洞或防污闪死角，如具有多种绝缘配置的线路中相对薄弱的区段，配置薄弱的耐张绝缘子，输、变电结合部等。

本条文针对防污闪漏洞或防污闪死角提出要求。

［案例］　某电网曾经发生过多起因存在防污漏洞或死角而导致的污闪事故，如整条线路均为复合绝缘子，仅交叉跨越使用双串瓷绝缘子；变电设备的阻波器放置在出线第一基塔上，变电与线路运行、检修人员均忽略了该设备的维护；更换设备后未及时补涂防污闪涂料等。此外，应关注 35kV 及以下电压等级设备及用户设备的防污闪问题，避免因低电压等级设备及用户设备污闪影响主网安全稳定运行。

条文 7.2.4　清扫作为辅助性防污闪措施，可用于暂不满足防污闪配置要求的输变电设备及污染特殊严重区域（如硅橡胶类防污闪产品已不能有效适应的粉尘特殊严重区域）的输变电设备。重点关注自洁性能较差的绝缘子，出现快速积污、长期干旱导致绝缘子的现场污秽度可能达到或超过设计标准时，应采取必要的清扫措施。

本条文针对绝缘子清扫措施提出要求。清扫曾经是输变电设备防污闪的主要措施，但设备大量增加、运维人员增加有限、环境污染加剧以及硅橡胶外绝缘产品的成熟应用，清扫从主要防污闪措施退居为辅助措施。

条文 7.2.5 加强零值、低值瓷绝缘子的检测，及时更换自爆玻璃绝缘子及零值、低值瓷绝缘子。

条文 7.2.6 防污闪涂料与防污闪辅助伞裙。

条文 7.2.6.1 绝缘子表面涂覆"防污闪涂料"和加装"防污闪辅助伞裙"是防止变电设备污闪的重要措施，其中避雷器不宜单独加装辅助伞裙，宜将防污闪辅助伞裙与防污闪涂料结合使用。

条文 7.2.6.2 宜优先选用加强 RTV-Ⅱ型防污闪涂料，防污闪辅助伞裙的材料性能与复合绝缘子的高温硫化硅橡胶一致。

条文 7.2.6.3 加强防污闪涂料和防污闪辅助伞裙的施工和验收环节，防污闪涂料宜采用喷涂施工工艺，防污闪辅助伞裙与相应的绝缘子伞裙尺寸应吻合良好。

条文 7.2.6.1～条文 7.2.6.3 针对防污闪涂料与防污闪辅助伞裙的应用提出要求。

防污闪涂料通过将瓷、玻璃绝缘子表面由亲水性变为憎水性，大幅度提高绝缘子污闪电压，可有效防止大雾、毛毛雨等气象条件下的污闪；防污闪辅助伞裙通过改善绝缘子外形，可有效防止严重覆冰、覆雪及大雨、暴雨等气象条件下沿绝缘子串形成连续导电通道，避免冰闪、雪闪、雨闪。虽然二者十分适合我国电网防污闪实际状况，尤其适合变电设备绝缘子应用，但其发展过程十分曲折，受认可程度大大落后于线路复合绝缘子等产品，主要原因是其从研发应用之初就被定位为临时性、补救性防污闪产品，长期以来产品的生产、检验、应用等环节不规范，质量良莠不齐，且必须经过现场施工环节才能形成完整产品，这些特点严重限制了产品的发展。近年来上述产品在产品性能、产品检测、标准制订等各方面已取得很大进步，特别是部分防污闪涂料在综合性能上已达到复合绝缘子所用高温硫化硅橡胶的要求，且在防污闪领域已发挥巨大，且一定程度上不可替代的作用，因此适当提高其产品定位，作为防止变电设备污闪的重要措施是必然的结果。

如上所述，目前部分防污闪涂料在综合性能上已达到复合绝缘子所用高温硫化硅橡胶的要求，即符合持久性产品的性能指标，该部分产品被《绝缘子用常温固化硅橡胶防污闪涂料》（DL/T 627）定义为 RTV-Ⅱ型防污闪涂料，因此为确保防污闪涂料的持久作用，条文 7.2.7.2 提出"宜优先选用 RTV-Ⅱ型防污闪涂料"；"防污闪辅助伞裙的材料性能与复合绝缘子的高温硫化硅橡胶一致"的提出也是出于相同目的，即要求产品质量向正式性、持久性产品看齐。

条文 7.2.6.3 针对防污闪涂料和防污闪辅助伞裙的施工和验收环节提出要求。防污闪涂料和防污闪辅助伞裙必须通过现场施工环节才能形成完整产品、发挥优良的防污闪作用，但由于现场条件相对复杂，施工质量是一个相对较难控制，但必须严格控制的环节。防污闪辅助伞裙与相应的瓷伞裙尺寸不符时，易导致防污闪辅助伞裙变形、粘接不牢固，影响防污闪效果及使用寿命。综上所述，提出"防污闪涂料宜采用喷涂施工工艺，防污闪辅助伞裙与相应的绝缘子伞裙尺寸应吻合良好"的要求。

条文 7.2.7　户内绝缘子防污闪要求

条文户内非密封设备外绝缘与户外设备外绝缘的防污闪配置级差不宜大于一级。

2005 年版《十八项反措》7.2.5 条要求户内非密封设备外绝缘按照《户内绝缘子运行条件 电气部分》（DL/T 729—2000）的要求配置，但该标准主要强调配置与户内实际条件相适应，如通风情况、防潮条件、防尘条件等，具体实施人员如果不具备较强的专业水平，一定程度上难以实际操作。本条文明确了户内非密封设备外绝缘配置要求，使条文更具可操作性，便于设计单位和运行单位应用。

8 防止直流换流站设备损坏和单双极强迫停运事故

总体情况说明

直流输电系统输送容量大，停运后对两侧电网影响很大。既要防止设备损坏，还要防止单双极强迫停运，所以将本反措题目由"防止直流输电和换流设备事故"修改为"防止直流输电系统设备损坏和单双极强迫停运事故"，根据近年来公司有关要求和事故情况，增加了相关重点反措要求。

换流站对站用电的要求很高，若全站失去站用电时间超过 10s，就会引起双极闭锁，损失数千兆瓦的功率。因此本反措增加了"防止失去站用电事故"一节。

由于直流开关与单相交流断路器类似，2005 年版《十八项反措》中"防止直流开关故障"与第 11 项"防止开关设备事故"内容重复，删除了这部分内容。合并了 2005 年版《十八项反措》中"防止直流穿墙套管事故"和"防止绝缘子放电事故"相关条款，统称为"防止外绝缘事故"。

条 文 说 明

条文 8.1 防止换流阀损坏事故

条文 8.1.1 设计与基建阶段反事故措施

条文 8.1.1.1 加强换流阀及阀控系统设计、制造、安装、投运的全过程管理，明确专责人员及其职责。

为确保工程的安全、质量以及投运后换流阀的安全可靠运行，有必要在换流阀的设计、制造、安装、试验、现场调试到投运等方面实施全过程管理。目前国内主要换流阀厂家已掌握了换流阀的设计、制造、安装、调试等方面的技术，但对阀控系统的设计制造技术的掌握程度还有待深入，特别是不同厂家的换流阀与不同厂家的控制保护系统配合时，阀控系统接口问题较多。在高岭、灵宝、复奉特高压直流、宁东、林枫等工程的阀控系统设计和制造上都或多或少存在一些问题。因此将 2005 年版《十八项反措》中"加强换流阀设计、制造、安装到投运的全过程管理"修改为"加强换流阀及阀控系统设计、制造、安装到投运的全过程管理"。

[案例 1] 2009 年某直流换流站在系统调试期间，50Hz 保护动作，闭锁直流。检查发现其阀控系统监视信号设计不完善，存在频繁丢失触发脉冲的现象。

[案例 2] 2010 年某特高压直流工程系统调试和试运行期间，不定期发生直流电流忽然跌落到零然后迅速恢复的情况。分析检查发现其阀控系统某参数设置不当，导致偶尔丢失触

发脉冲。

条文 8.1.1.2 对于高压直流系统换流阀及阀控系统，应进行赴厂监造和验收。监造验收工作结束后，赴厂人员应提交监造报告，并作为设备原始资料分别交建设运行单位存档。

换流阀是直流输电系统中的主要设备，因此要加强对换流阀的全过程监督管理。在监造验收工作结束后，赴厂人员应提交监造报告，所有在监理过程中出现的异常情况以及整改的措施和结果均应作为监造验收报告附件列出，并作为设备原始资料存档。应向制造厂收集有关换流阀设备的资料包括：

（1）换流阀的重要原材料的物理、化学特性和型号及必要出厂检验报告；

（2）换流阀的重要零部件和附件的验收试验报告及全部出厂试验报告；

（3）换流阀的出厂试验报告；

（4）换流阀的型式试验报告；

（5）换流阀的产品改进和完善的技术报告；

（6）制造厂与分包者的技术协议和分包合同副本；

（7）换流阀设备的组装图、引线布置图、装配图及其他技术文件；

（8）换流阀设备的生产进度表；

（9）换流阀设备制造过程中出现的质量问题的备忘录。

监造报告作为重要的设备原始资料，也应交运行单位存档，以方便设备全寿命管理和故障分析处理。

［案例］ 2011 年某运行单位在对所辖各换流站进行的阀塔防火隐患排查过程中，发现多个厂家未提供换流阀型式试验报告和阀元件阻燃特性报告。

条文 8.1.1.3 各阀冗余晶闸管级数应不小于 12 个月运行周期内损坏的晶闸管级数的期望值的 2.5 倍，最少不少于 2～3 个晶闸管级。

晶闸管阀通过一定数量晶闸管级的串联达到规定的电压承受能力。为了提高换流阀的可靠性，单阀必须配置一定数量的冗余晶闸管，作为两次计划检修之间损坏元件的备用。

［案例］ 某换流站一个单阀由 6 个阀段组成，含33 个晶闸管。其晶闸管冗余保护配置了2 套保护。一套的判据为"单阀超过 2 个晶闸管故障则闭锁"，另一套的判据为"单个阀段超过 1 个晶闸管故障则闭锁"，2 套保护配置自相矛盾。现场取消了阀段无冗余晶闸管判据。

条文 8.1.1.4 在换流阀的设计和制造中应采用阻燃材料，并消除火灾在换流阀内蔓延的可能性。阀厅应安装响应时间快、灵敏度高的火情早期检测报警装置。

换流阀由大量合成材料和非导电体组成，长期运行于高电压和大电流下，任何元部件的故障或电气连接不良，都可能导致局部过热，绝缘损坏，从而产生电弧并引起失火。因此换流阀的设计和制造中应采用阻燃材料，并消除火灾在换流阀内蔓延的可能性。阀厅应安装响应时间快、灵敏度高的火情早期检测报警装置，一旦发生个别元器件起火，报警装置应尽早提醒运行人员尽快处理，避免火势蔓延。

［案例］ 2011 年某换流站在调试期间发生部分阀塔烧损事件，事件原因为：① 阻尼电容

元件内部材料阻燃性能不满足要求；② 未采取隔离措施阻止火势横向纵向蔓延；③ 阀厅烟雾报警系统反应不灵敏，C相阀塔有明火后约 3min 后 VESDA 才报警。

条文 8.1.1.5 换流阀安装期间，阀塔内部各水管接头应用力矩扳手紧固，并做好标记。换流阀及阀冷系统安装完毕后应进行冷却水管道压力试验。

换流阀漏水是引起换流阀故障停运的主要因素之一，标准化水管安装工艺要求，可以减少类似问题的发生。

〔案例1〕 2003 年某换流站极 II C 相左半层的第 7 层的电抗器的冷却水管接头处漏水，申请将极 II 手动停运。

〔案例2〕 2006 年某站极 II C 相阀塔大量漏水，C 相 VBE 柜内"漏水告警/跳闸灯亮"，极 2 紧急停运。

〔案例3〕 2007 年某站 220kV 侧 LTT 阀冷却系统水管接口脱落漏水，导致膨胀罐液位低保护动作跳闸、直流系统闭锁。

〔案例4〕 2010 年某站极 II 低端阀组 Y/Y A 相接头大量漏水，导致部分光纤、TFM 板卡及卡槽严重烧毁，直流系统闭锁。

条文 8.1.1.6 换流阀冷却控制保护系统至少应双重化配置，并具备完善的自检和防误动措施。当阀冷保护检测到严重泄漏、主水流量过低或者进阀水温过高时，应自动闭锁换流器以防止换流阀损坏。

换流阀冷却系统控制保护故障是引起换流阀故障停运的另一主要因素。冗余配置、完善的自检、正确配置阀冷系统保护、保护防误动措施是提高换流阀冷却系统控制保护可靠性的有效措施。

〔案例1〕 2005 年某站冷却水电导率高造成闭锁。换流阀内冷系统是一个封闭系统，在正常维护下电导率不会急剧变化，为避免电导率传感器故障引起电导率保护误动，经专家评审后现场取消了电导率跳闸功能，电导率异常仅投报警。

〔案例2〕 2005 年某站主泵切换过程中两台主泵均过载跳闸，造成单元停运。故障原因为增加的过滤网使主泵启动电流变大。事后取消了过滤网并重新整定主泵过流保护定值。

〔案例3〕 2007 年两台主泵先后故障，引起单极闭锁。故障原因为 1 台主泵变频器故障，另一台主泵过热保护误动。

〔案例4〕 2009 年某站阀冷系统泄漏保护误动，故障原因为泄漏保护过于灵敏。之后优化了泄漏保护算法并重新整定了定值。

〔案例5〕 2009 年某站极 2MCC 切换开关故障，造成极 2 外冷全停，内冷进水温度开高，保护动作闭锁极 2。经分析故障原因为切换开关故障，备自投配合时间不当。

〔案例6〕 2010 年某站主泵切换期间进线断路器相继跳闸，其原因为主泵变频启动后转工频运行，主泵电流达到额定电流的 14 倍，对于采用变频器启动的主泵，禁止启动后退出变频器转工频运行。

[案例 7] 2011 年某站冷却塔 M12 风机安全开关接线盒进水，5QF26 空气断路器跳开，两套控制系统 24V 信号电源丢失，造成极 1 冷却塔喷淋泵全停，进阀温度高保护动作，闭锁极 1。

[案例 8] 2011 年某站水冷 B 系统输入板卡故障，处理期间主泵切换不成功，流量保护动作，闭锁该阀组。故障原因为阀冷控保系统板卡工作电源和主泵信号电源共用，流量保护定值偏低。

条文 8.1.1.7 换流阀内冷系统主泵切换延时引起的流量变化应满足换流阀对水冷系统最小流量的要求。

站用电、阀冷系统主泵异常或者在主泵定期切换时，换流阀内水冷系统的主水流量都会发生一定的扰动。要求换流阀及阀冷系统应能承受该扰动，避免最小流量不满足而闭锁直流。

[案例] 2011 年某换流站厂家提供的阀冷系统流量保护定值如下：

额定流量：72L/s；

慢速跳闸：70L/s，延时 11s；

快速跳闸：35L/s，延时 0.5s。

即流量达到额定流量的 97% 时延时 11s 跳闸，达到额定流量的 49% 时立即跳闸。而实测主泵切换过程中最低流量为 30l/s，流量保护在主泵切换期间会闭锁相应阀组。

条文 8.1.1.8 对于阀外风冷系统，设计阶段应充分考虑环境温度、安装位置等的影响，保证具备足够的冷却裕度。

位于北方干旱地区的换流站一般通过外风冷系统对内冷水进行冷却。外风冷系统通过空气冷却，其冷却效率受环境影响较大。在迎峰度夏期间，输电容量大换流阀产热大，环境温度高外风冷系统散热慢，容易出现外风冷系统容量不足的问题。

[案例 1] 2009 年 8 月某换流站外风冷设备区域环境温度超过 40°（外风冷系统设计最高环温为 39.8°），外冷系统全部投入运行，冷却水进阀温度仍超过 40°，其中单元 1 进阀温度逼近跳闸值 50°，现场不得不采用水喷淋的辅助降温措施。

[案例 2] 2011 年 8 月某换流站外风冷系统满负荷运行，冷却水进阀温度频繁报警，实测进阀温度逼近进阀温度保护跳闸值。

条文 8.1.1.9 冷却系统管道不允许在现场切割焊接。现场安装前及水冷分系统试验后，应充分清洗直至换流阀冷却水满足水质要求。

条文 8.1.1.10 阀控系统应双重化冗余配置，并具有完善的晶闸管触发、保护和监视功能，准确反映晶闸管、光纤、阀控系统板卡的故障位置和故障信息。阀控系统应全程参与直流控制保护系统联调试验。当直流控制系统接收到阀控系统的跳闸命令后，应先进行系统切换。

阀控系统的可靠性和可维护性对换流阀的状态监测和运行维护至关重要。阀控系统全程参与直流控制保护系统联调有助于提前发现并解决阀控系统的问题。极控收到阀控系统的跳闸命令后先切换再跳闸，可以有效防止阀控系统单一元件故障错误闭锁换流阀。

[案例1] 2009 年某厂家在阀控系统配置了"热字保护"使其在换相失败、阀短路等情况下闭锁换流阀，该保护与直流系统保护中的相关保护设置重复，且无抗干扰措施，在系统调试期间多次误动。

[案例2] 2011 年某厂家生产的换流阀阀控系统在三个直流工程中，均发生了漏报误报事件的现象，不能准确反映晶闸管、光纤和阀控系统的故障信息，严重影响换流阀的运行维护。后发现其事件报文存在断帧丢帧的情况。

[案例3] 2011 年某站阀控系统自检正常，但阀控 B 系统在无任何故障报文的情况下，其跳闸继电器励磁，发出了跳闸令。后改为阀控系统的跳闸指令先送极控主机，由极控主机视极控阀控可用情况，进行切换或执行跳闸。

条文 8.1.1.11 同一极相互备用的两台内冷水泵电源应取自不同母线。阀外冷水系统喷淋泵、冷却风扇的两路电源应取自不同母线，且相互独立，不得有共用元件。禁止将外风冷系统的全部风扇电源设计在一条母线上，外风冷系统风扇电源应分散布置在不同母线上。

条文 8.1.1.12 换流阀外冷水水池应配置两套水位监测装置，并设置高低水位报警。

外冷平衡水池为外水冷喷淋泵提供水源。若外冷水水池水位过低，则阀外冷水系统即使正常工作也不能起到冷却换流阀的作用。

[案例] 2009 年某换流站检修期间，平衡水池被排干，水位监视未报警直流系统启动后由进阀温度高保护闭锁直流。

条文 8.1.1.13 换流阀外风冷电动机、换流阀外水冷塔风扇电动机及其接线盒应采取防潮防锈措施。

阀外冷系统尤其是外风冷系统，风扇电动机长期在户外运行，运行环境较为严酷，所以本条增加了阀外冷系统电动机防潮防锈方面的要求。

[案例] 2007 年某站发现所有 18 台外风冷电机存在轴封老化开裂、轴承锈蚀、电动机绝缘下降等现象，造成电动机频繁故障。后加装了防雨伞裙，更换了电机轴封，并将轴承检查、电动机加油等列入外风冷系统常规检修项目。

条文 8.1.1.14 高寒地区阀外冷系统应考虑采取保温、加热措施，避免在直流停运期间外冷管道冻结。

条文 8.1.1.15 阀厅设计应根据当地历史气候记录，适当提高阀厅屋顶的设计与施工标准，防止大风掀翻屋顶。阀厅设计及施工中应保证阀厅的密闭性。

目前国内使用的换流阀均为户内阀，其对阀厅的清洁程度、温湿度等都有一定要求。若阀厅建筑存在问题，则会对换流阀的绝缘或者冷却造成不利影响。

[案例1] 2011 年某站调试期间，发现其阀厅压型钢板内密封薄膜未搭接，自攻螺丝数量及等级不足，阀厅密封不良、阀厅空调出口风压低，造成阀厅积灰较多，严重影响阀厅安

全运行。

[案例 2] 2008 年 6 月 6 日某站主楼顶部波纹板被大风吹起，控制设备室、通讯设备室屋顶漏水，极 2 阀厅有轻微渗漏点。

条文 8.1.1.16 阀厅屋顶设计应考虑可靠的安全措施，避免运维人员检查屋顶时跌落。

条文 8.1.2 运行阶段的反事故措施

条文 8.1.2.1 运行阶段应记录和分析阀控系统的报警信息，掌握晶闸管、光纤、板卡的运行状况。当单阀内仅剩余 1 个冗余晶闸管时，或者短时内发生多个晶闸管连续损坏时，应及时申请停运直流系统，避免发生雪崩击穿导致整阀损坏。

条文 8.1.2.2 应定期对换流阀设备进行红外测温，建立红外图谱档案，进行纵、横向温差比较，便于及时发现隐患并处理。

条文 8.1.2.3 检修期间应对内冷水系统水管进行检查，发现水管接头松动、磨损、渗漏等异常要及时分析处理。

条文 8.1.2.4 晶闸管换流阀运行 15 年后，每 3 年应随机抽取部分晶闸管进行全面检测和状态评估。

老旧换流阀的晶闸管等主要元件可能会出现一定程度的老化，其性能会有所下降。对于这样的换流阀，有必要定期进行抽检和状态评估，及时采取措施，避免晶闸管大量损坏。

[案例] 2008 年某投运 20 年的换流站在长时间停运后重新解锁时，桥差保护动作闭锁直流，检查发现 C 相阀塔 120 只晶闸管均被击穿。

条文 8.2 防止换流变压器（平波电抗器）事故

条文 8.2.1 设计和基建阶段应注意的问题

条文 8.2.1.1 换流变压器及平波电抗器阀侧套管不宜采用充油套管。换流变压器及平波电抗器的穿墙套管的封堵应使用非导磁材料。换流变压器及平波电抗器阀侧套管类新产品应充分试验后再在直流工程中使用。

换流变压器阀侧套管和平波电抗器直流套管曾在多个工程中出现故障。为保证直流套管的质量，应加强监造和试验，建议换流变压器及平波电抗器阀侧套管类新产品应充分试验后再在直流工程中使用。

[案例 1] 2007 年 4 月 29 日，某站 022B 换流变压器 C 相套管故障，接地过流保护闭锁直流。检查发现于套管应力锥端部、末屏屏蔽铜线、套管与法兰交接部位三处放电，套管下部电容锥插入屏蔽筒处破裂，且屏蔽筒内有放电痕迹。

[案例 2] 2009 年 12 月 1 日，某站在试运行期间，平波电抗器套管爆炸。故障原因为产品设计及材料使用不当。

[案例 3] 2010 年 4 月 23 日某站 10 支换流变压器阀侧套管均有漏油鼓包现象，分析确

认漏油原因为将军帽与支撑铝管上部法兰间密封结构存在设计缺陷，鼓包原因为环氧树脂与硅橡胶之间粘接不良。经试验发现温局放等多项数据不合格。后整批次更换。

［案例4］ 2010年12月至2011年6月期间，多站平抗极母线侧套管距顶部1/3处发生间歇性放电，停运后检查在绝缘子柱面和伞裙间发现多处放电点。经返厂解剖发现同批次的套管存在严重的设计隐患，对该批次的套管进行了更换。

条文 8.2.1.2 换流变压器应配置带气囊的储油柜，储油柜容积应不小于本体油量的 **8%** 至 **10%**。换流变压器应配置两套基于不同原理的储油柜油位监测装置。

换流变压器储油柜内应配置起油气隔离作用的合成橡胶气囊，应配有油位计并附高低油位报警。现场曾发生储油柜内气囊破裂，破裂的气囊影响油位计使其不能正确反映油位，造成油位过低气体保护动作。若换流变压器配置两套基于不同原理的储油柜油位监测装置，则运行人员可以及时发现油位异常。

［案例］ 2011年5月2日某站极2高端Y/YC相换流变压器轻瓦斯报警，10min后重瓦斯动作，闭锁该阀组。检查发现该变压器因油枕气囊破裂储油柜漏油导致重瓦斯动作。

条文 8.2.1.3 换流变压器 **TA**、**TV** 二次绕组应满足保护冗余配置的要求。换流变压器非电量保护跳闸触点应满足非电量保护三取二配置的要求，按照"三取二"原则出口。

条文 8.2.1.4 换流变压器和平波电抗器的非电量保护继电器及表计应安装防雨罩。换流变压器分接开关不应配置浮球式的油流继电器。

为防止换流变压器非电气保护误动，要求作用于跳闸的换流变压器非电量保护继电器应配置三个跳闸触点，按三取二逻辑出口。要注意换流变压器非电量保护继电器的选型，换流变压器分接开关应采用流速继电器或压力继电器，不应配置浮球式的油流继电器。要给继电器加装防雨罩，避免触点受潮造成继电器误动。

［案例1］ 2004年5月25日某站极2Y/YC相换流变压器有载分接开关压力继电器误动，导致极闭锁。检查发现该继电器接线盒内存在大量水珠，误动由继电器触点受潮引起。

［案例2］ 2009年2月21日某站单元2换流变压器C相有载分接开关重瓦斯保护动作，单元2闭锁。其原因为有载分接开关选型不当，使用了双浮球带挡板的气体继电器。

［案例3］ 2010年12月9日某站极1Y/DA相换流变压器有载分接开关油流继电器误动导致极1闭锁。检查发现该油流继电器干簧触点与吸合磁铁的安全距离偏小，其传动螺丝上有磨损缺口，振动加大导致触点误动。

［案例4］ 2011年3月13日某站极1换流变压器C相重瓦斯误动闭锁极1。检查发现气体继电器浮球存在微小缝隙，变压器油逐渐渗入浮球内，浮球下沉造成气体继电器触点接通。3月20日因同样原因气体保护再次误动。

条文 8.2.1.5 换流变压器保护应采用三重化或双重化配置。采用三重化配置的换流变压器保护按"三取二"逻辑出口，采用双重化配置的换流变压器保护，每套保护装置中应采用"启动+动作"逻辑。

为防止换流变压器电气量保护误动，换流变压器保护一般按三重化或者双重化配置，且要求每套保护的电流测量值取自独立的二次绕组，所以换流变压器 TA 应配置足够的二次绕组，且绕组特性应满足保护要求。

［案例］ 某站换流变压器阀侧套管电流互感器有 4 个绕组，但仅有一个为 TPY 级，两套直流保护使用的是两个 0.5FS5 型绕组。2008 年 8 月 13 日该站发生交流侧出线单相故障时，FS 型绕组传变特性变差，测量电流严重畸变，引起桥差保护误动，闭锁极 1。2006 年 6 月 21 日同样原因曾造成双极闭锁。

条文 8.2.1.6 采用 SF_6 气体绝缘的换流变压器及平波电抗器套管、穿墙套管、直流分压器等应配置 SF_6 气体密度监视装置，监视装置的跳闸接点应不少于三对，并按"三取二"逻辑跳闸。

换流变压器及平波电抗器套管、穿墙套管、直流分压器等应配置 SF_6 气体密度监视装置，实时监视 SF_6 气体密度，及时发现气体泄露，避免设备损坏。

［案例 1］ 2008 年 5 月 27 日某站极 1Y/Y C 相换流变压器套管 SF_6 压力监测装置误动闭锁极 1。现场检查套管实际压力正常，该 SF_6 压力监测装置采用交流 220V 供电，在交流系统出现瞬时扰动时工作异常，跳闸触点闭合。

［案例 2］ 2011 年 5 月 7 日某站极 1 高端 Y/D B 相阀侧套管 SF_6 压力低报警，及时发现套管漏气问题。因该套管位于阀厅内，无法进行在线补气，申请停运后处理。

条文 8.2.1.7 换流变压器和平波电抗器内部故障跳闸后，宜自动切除潜油泵。

防止潜油泵将变压器内部故障形成的碎屑带入绕组及铁芯内部，给故障处理造成困难。

条文 8.2.1.8 应确保换流变压器和平波电抗器就地控制柜的温湿度满足电子元器件对工作环境的要求。

换流变压器和平波电抗器就地控制柜位于户外高温灰尘环境中，不利于柜内板卡及元件的可靠运行，设计时应注意采取必要的措施，改善柜内温湿度。

［案例］ 三常三广工程的换流变压器和平波电抗器就地控制柜 ETCS，ERCS 板卡故障率较高，加盖保温小室并安装空调后，故障明显减少。

条文 8.2.1.9 换流变压器铁芯及夹件引下线采用不同标识，并引出至运行中便于测量的位置。

条文 8.2.1.10 换流变压器应配置成熟可靠的在线监测装置，并将在线监测信息送至后台集中分析。

为了满足状态检修的要求，换流变压器和平波电抗器应配置成熟可靠的在线监测装置，并将在线监测信息送至后台集中分析，以实时掌握设备状态，在实时连续检测过程中若观察到并非瞬间发生的故障先兆，则可及时处理，从而设备损坏。

［案例］ 2010 年 6 月 6 日，某换流站 O10B 换流变压器 B 相本体气体在线监测装置报气

体含量超高告警。后经确认发现对应换流变压器网侧线圈外表面有大面积发黑现象。该案例证明在线监测装置能及时监测出故障征兆，有效地保障了换流站核心设备运行的稳定性。

条文 **8.2.2** 运行阶段应注意的问题

条文 **8.2.2.1** 运行阶段，换流变压器和平波电抗器的重瓦斯保护，以及换流变压器有载分接开关油流保护应投跳闸。

条文 **8.2.2.2** 当换流变压器和平波电抗器在线监测装置报警、轻瓦斯报警或出现异常工况时，应立即进行油色谱分析并缩短油色谱分析周期，跟踪监测变化趋势，查明原因及时处理。

条文 **8.2.2.3** 监视换流变压器和平波电抗器本体及套管油位。若油位有异常变动，应结合红外测温、渗油等情况及时判断处理。

条文 **8.2.2.4** 应定期对换流变压器套管进行红外测温，并进行横向比较，确认有无异常。

条文 **8.2.2.5** 当换流变压器有载调压开关位置不一致时应暂停功率调整，并检查有载调压开关拒动原因，采取相应措施进行处理。

当换流变压器有载调压开关位置不一致时，如果继续大幅调整输送功率，可能引起换流变压器零序保护动作，闭锁直流，所以应暂停功率调整，并检查有载调压开关拒动原因，采取相应措施进行处理。

[案例1] 2010 年 9 月 23 日某站极 I Y/D B 相换流变压器分接开关调整到 29 档，其他相换流变压器分接头位置在 26 档，造成三相不一致，变压器零序保护动作闭锁极 I。

[案例2] 2011 年 4 月 14 日某站 020B 换流变压器分接开关调整过程中，故障录波频繁启动，录波显示角侧零序电流较大。检查发现 020B 换流变压器 B 相分接开关传动轴固定螺帽、螺杆脱落。

条文 **8.2.2.6** 换流变压器（平波电抗器）投运前应检查套管末屏接地良好。

条文 **8.3** 防止失去站用电事故

条文 **8.3.1** 设计和基建阶段应注意的问题

条文 **8.3.1.1** 换流站的站用电源设计应配置 **3 路独立、可靠电源，其中 1 路电源应取自站内变压器或直降变压器，1 路取自站外电源，另 1 路根据实际情况确定。**

换流阀内冷却系统的主泵，外冷系统的电机和风扇都通过站用电供电。若多路站用电源均故障，阀冷系统停运，则换流阀将在数秒内闭锁。因此换流站一般均应配置三路独立可靠的电源，其中一路电源应取自站内变压器或直降变压器，一路取自站外电源，另一路根据实际情况确定。

[案例] 2005 年 4 月 9 日某换流站站用电 4 路 10kV 进线全停，阀冷系统主泵停运，流量保护动作，闭锁双极。该站 4 路 10kV 进线取自同一个 220kV 变电站，该变电站失电就会

引起双极闭锁。为提高站用电的可靠性，加装了一台550kV/10kV直降变压器。

条文8.3.1.2 换流站站用电系统10kV母线和400V母线均应配置备用电源自动投切装置。

条文8.3.1.3 10kV及400V备自投、换流阀外冷却系统电源切换装置的动作时间应逐级配合，保证不因站用电源切换导致单双极闭锁。

合理配置换流站10kV及400V备用电源自动投切装置，可以在失去一路或者两路站用电电源的情况下，由剩余的站用电源为双极换流阀冷却系统供电，从而提高换流站的可靠性。

［案例］ 2009年8月16日，某站35kV站用电进线遭受雷击，10kV开关H103低压报警，1.05s后H103低压报警复归，但极Ⅱ阀外冷系统喷淋泵和冷却塔风扇故障未复归，8min后极Ⅱ由内冷水进阀温度高保护闭锁。检查发现该站换流阀外冷系统电源切换装置切换延时为1s，与10kV和400V备自投装置的动作时间配合不当，越级动作且切换不成功，从而使极Ⅱ换流阀失去冷却最终导致跳闸。

条文8.3.1.4 站用电系统及水冷系统应在系统调试前完成各级站用电源切换、定值检定、内冷水主泵切换试验。

系统调试前或阀冷系统设计变更后，应完成站用电切换试验，通过模拟站用电进线故障，检验各级备自投是否正确动作，阀冷系统主泵是否工作正常，阀冷系统流量温度是否满足要求。

条文8.3.1.5 直流换流站直流电源应采用3台充电、浮充电装置，2组蓄电池组、3条直流配电母线（直流A、B和C母线）的供电方式。A、B两条直流母线为电源双重化配置的设备提供工作电源，C母线为电源非双重化的设备提供工作电源。双重化配置的二次设备的信号电源应相互独立，分别取自直流母线A段或者B段。

条文8.3.2 运行阶段的反事故措施

条文8.3.2.1 换流站应加强站用电系统保护定值以及备自投定值管理。

条文8.3.2.2 当失去一路站用电源时应尽快恢复其供电。

条文8.4 防止外绝缘事故

条文8.4.1 设计和基建阶段应注意的问题

条文8.4.1.1 在设计阶段，设计单位应充分考虑当地污秽等级及环境污染发展情况，并结合直流设备易积污的特点，参考当地长期运行经验来设计直流场设备外绝缘强度。

直流设备外绝缘配置应充分考虑直流设备污秽吸附效应，选择直流设备外绝缘配置时应高于当地污秽等级的要求。

条文8.4.1.2 对于新电压等级的直流工程，应认真进行绝缘配合计算，合理选择避雷器参数。

条文 **8.4.2**　运行阶段应注意的问题

条文 **8.4.2.1**　密切跟踪换流站周围污染源及污秽度的变化情况,据此及时采取相应措施使设备爬电比距与所处地区的污秽等级相适应。

条文 **8.4.2.2**　每年应对喷涂了 **RTV** 的直流场设备绝缘子进行憎水性检查,及时对破损或失效的涂层进行重新喷涂。若复合绝缘子或喷涂了 **RTV** 的瓷绝缘子的憎水性下降到 **3** 级,宜考虑重新喷涂。

条文 **8.4.2.3**　定期对直流场设备进行红外测温,建立红外图谱档案,进行纵、横向温差比较,便于及时发现隐患并处理。

条文 **8.4.2.4**　恶劣天气下加强设备的巡视,检查跟踪设备放电情况。发现设备出现异常放电后,及时汇报,必要时申请降压运行或停电处理。

条文 **8.4.2.5**　应按照厂家要求,使用中性清洗剂定期对直流分压器绝缘子表面进行清洗。

每年应对直流场设备绝缘子,尤其是直流分压器,进行憎水性检查,并按照厂家要求定期清洗。恶劣天气下应加强设备的巡视,发现设备出现异常放电后,及时汇报,必要时申请降压运行或停电处理。

[案例1]　2004 年 11 月 6 日某站极 I 直流分压器在大雾天气下发生闪络,极母线差动保护动作,闭锁极 I。现场检查发现直流分压器底部有放电痕迹,均压环有两个电击穿小孔。

[案例2]　2009 年 2 月 26 日某站极 I 直流分压器在雨夹雪天气下发生闪络,极母线差动保护动作,闭锁极 I。现场检查发现直流分压器外绝缘表面有明显放电痕迹,均压环有三个电击穿小孔。

[案例3]　2010 年 1 月 18 日至 19 日,某站直流分压器在大雾天气下存在多处放电点,红外测温发现直流分压器表面多处温度异常,紫外放电监测发现放电量较大,申请降压运行后放电情况改善。

条文 **8.4.2.6**　恶劣天气条件下若发现交流滤波器开关有放电现象,应申请调度,暂停功率调整,减少交流滤波器开关分合操作。

恶劣天气条件下若发现交流滤波器开关有放电现象,应申请调度,暂停功率调整,避免功率升降过程引交流起滤波器投切,减少交流滤波器开关分合操作,降低交流滤波器开关断口放电的风险。

[案例]　2010 年 1 月 19 日,某站 5621A 相、5633C 相、5642B 相交流滤波器开关分别在浓雾条件下进行分闸操作时,发生均压电容外绝缘闪络,保护动作跳开 62 号母线、63 号母线和 64 号母线。

条文 8.5　防止直流控制保护设备事故

条文 **8.5.1**　设计和基建阶段应注意的问题

条文 8.5.1.1　直流系统控制保护应至少采用完全双重化配置，每套控制保护应有独立的硬件设备，包括专用电源、主机、输入/输出电路和保护功能软件。

条文 8.5.1.2　直流保护应采用分区重叠布置，每一区域或设备至少设置双重化的主、后备保护。

条文 8.5.1.3　直流控制保护系统的结构设计应避免单一元件的故障引起直流控制保护误动跳闸。采用双重化配置的保护装置，每套保护应采用"启动+动作"逻辑，启动和动作元件及回路应完全独立。采用三重化配置的保护装置，应按"三取二"逻辑后出口，任一"三取二"模块故障也不应导致保护误动和拒动。

为了保证直流保护装置任何单一元件故障不会引起保护的不正确动作，保护装置故障退出及检修时不影响直流系统的正常运行，直流保护一般采用完全双重化或者三重化的结构。双重化配置的保护，或者"启动加动作"的策略，或者采用系统切换来避免保护装置本身故障引起的误动。三重化配置的保护，采用"三取二"逻辑出口来避免保护装置本身故障引起的误动。

[案例 1]　2005 年 5 月 7 日某站极 1 换流变压器保护 B 测量板卡故障，保护 B 绕组差动保护动作，闭锁极 1。该站换流变压器保护按双重划配置，但保护装置既未采用"启动+动作"逻辑，也不通过保护切换避免误动，存在保护装置单一元件故障引起直流系统停运的风险。

[案例 2]　2009 年 10 月 24 日某站极 2 阀冷控制系统 CCPA 的 PS868 测量板卡故障，自检逻辑同时发出跳闸指令和系统切换指令，但由于阀冷控制保护系统的切换需要约 20ms 的延时，跳闸指令的执行时间远小于系统切换时间，因此首先执行了跳闸指令，闭锁极 2。事后修改了阀冷控制系统自检逻辑，当检测到测量板卡故障时，首先发出系统切换指令，延时 100ms 再发出跳闸指令。

条文 8.5.1.4　直流控制保护系统应具备完善、全面的自检功能，自检到主机、板卡、总线故障时，应根据故障级别进行报警、系统切换、退出运行、闭锁直流系统等操作，且给出准确的故障信息。

条文 8.5.1.5　每套控制保护系统要采用两套电源同时供电，各装置的两路电源应分别取自不同直流母线。

自诊断或者自检功能，是提高控制保护装置可靠性的有效措施之一。直流控制保护装置应在运行期间，持续检测装置各部位的状态，发现装置故障部位，根据故障严重程度和可能的后果，及时发出报警，并自动采取系统切换、闭锁部分功能、退出运行、闭锁直流等操作。

[案例]　2008 年 7 月 9 日某换流站极 I 控制保护主机 P1PCPB1 的 PCI 板卡故障，换流变压器大差保护动作，闭锁极 I。分析后认为本次保护误动由 DSP3、DSP4 之间的 LinkPort 故障引起，为此增加了对 DSP 之间通信通道 LinkPort 的自检，检测到 LinkPort 通讯故障时，闭锁相关保护，并将该主机退出运行。

条文 8.5.1.6　直流保护系统各保护的配置、算法、定值、测量回路、端子及压板等要按照直流保护标准化的要求设计。

直流保护国产化过程中，各厂家技术路线不同，对保护配置和功能的理解存在差异，逐渐在运行中暴露出一些问题。落实《换流站直流系统保护装置标准化规范》（Q/GDW 628—2011），推进直流保护的规范化标准化，是进一步提高直流保护的可靠性的有效措施。

[案例]　2010 年 3 月 30 日某换流站单元 1 换相失败期间，潮流反转保护误动，闭锁单元 1。后经检测发现该站潮流反转保护中直流电压的计算未按照标准的成熟算法设计。

条文 8.5.1.7　直流控制保护系统的参数应通过仿真计算给出建议值，经过控制保护联调试验验证。

直流保护的定值建议值应由控制保护厂家通过仿真计算给出，并经出厂试验校核。

条文 8.5.1.8　直流光电流互感器二次回路应简洁、可靠，光电流互感器输出的数字量信号宜直接输入直流控制保护系统，避免经多级数模、模数转化后接入。

直流电流的测量一般采用光电流互感器或者零磁通电流互感器。从历年的运行情况看，零磁通电流互感器比较可靠，光电流互感器故障率较高。直流光电流互感器二次回路的可靠性，包括远端模块、光纤、合并单元或者光接口板的可靠性，对直流保护的可靠性影响很大。因此设计期间应遵循光电流互感器通道冗余配置、光电流互感器通道自检异常闭锁相应保护等原则。目前还存在光电流互感器输出在合并单元由数字信号转换为模拟信号，再由控制保护系统再次进行模数转换的情况，这也大大降低了直流电流测量回路的可靠性。

[案例]　2008 年 11 月 26 日某换流站单元二阀短路保护动作闭锁了单元 2。本次保护误动是由光电流互感器通道关闭引起的。该站原设计方案中，直流电流光电流互感器配置两路测量通道，而保护按三重化配置，所以一路测量通道故障就会引起两路保护装置动作，进而闭锁换流单元。本次跳闸进一步证明了该站光电流互感器三重化改造的必要性和迫切性。

条文 8.5.1.9　换流站控制保护系统的安装、调试应在控制室、继电器小室土建工作完成、环境条件满足要求后方可进行，严禁边土建施工边安装控制保护设备。

条文 8.5.1.10　换流站所有跳闸出口触点均应采用常开触点。

所有可能引起直流系统闭锁的跳闸触点，应尽可能使用常开触点，其电源应使用站直流电源，防止常闭触点在电源故障或者继电器故障时发出跳闸指令。

[案例]　2008 年 5 月 27 日某站极 I 换流变 Y/Y C 相套管 SF_6 压力变送器误动导致极 I 闭锁。该压力变送器 220V 交流电源取自站用电 400V 交流母线 A 相，当时该站为雷雨天气，站用电进线电压有较大波动，而该 SF_6 压力检测装置在电源低于 108V 时不稳定时会工作异常，监测面板无显示，报警和跳闸触点均闭合。

条文 8.5.2　运行阶段应注意的问题

条文 8.5.2.1　现场注意控制直流控制保护系统运行环境，监视主机板卡的运行温度、清洁度，运行条件较差的控制保护设备可加装小室、空调或空气净化器。

条文 8.5.2.2　加强换流站直流控制保护系统软硬件管理，直流控制保护系统的软件、硬件及定值的修改须履行软硬件修改审批手续，经主管部门的同意后方可执行。

条文 **8.5.2.3** 直流系统一极运行一极检修时，检修极中性隔离开关应处于分闸状态，不允许对检修极的中性隔离开关进行检修工作。

条文 **8.5.2.4** 直流控制保护系统故障处理完毕后，应检查并确认无报警、无保护出口后才可切换到运行状态。

直流控制保护系统采用冗余配置，单系统故障时不影响直流系统的运行，但是单系统运行时若剩余系统再发生故障则会引起直流闭锁，所以直流控制保护系统的处理前应做好隔离，避免影响健康系统的运行，处理后应做好检查系统状态和出口信号，避免系统在不正常状态或者有跳闸信号的情况下投入运行。

［案例］ 2006 年 6 月 27 日某站处理主机故障后，由于现场 I/O 设备电源丢失，在将极 2 PPRA 由"测试"状态转到"运行"状态时，由于直流滤波器状态信号没有输入到 P2PCPA，P2PCPA 判断直流滤波器条件不满足，发出了快速停运命令。

条文 **8.5.2.5** 开展直流控制保护系统主机板卡故障率统计分析，对突出的问题要及时联系厂家分析处理。

条文 8.6 防止直流双极强迫停运事故

条文 8.6.1 设计和基建阶段应注意的问题

条文 **8.6.1.1** 高度重视单极中性线、双极中性线区域设备设计选型，适当提高设备绝缘设计裕度，选择高可靠性产品，防止该区域设备故障导致双极强迫停运。

在某些工况下中性线电压可能异常升高，若中性线设备绝缘设计裕度较小，将导致中性线设备击穿或闪络故障，进而导致换流站极中性线区域或双极区域相关保护动作，引起直流双极强迫停运。

［案例］ 2011 年 7 月 30 日某直流系统极 I 线路末端故障，导致逆变站极 II 中性线电位大幅升高，极 II 中性线冲击电容器发生击穿爆炸和鼓肚损坏，造成极中性线差动保护动作，极 II 相继停运。

条文 **8.6.1.2** 除双极中性线区域设备外，换流站两个极不得有共用设备，避免共用设备故障导致直流双极强迫停运。

若换流站两个极设计有共用设备（除双极中性线区域设备外），则该设备故障将双极系统产生影响，严重时会导致双极强迫停运。

［案例］ 某直流工程两端换流站极 I、极 II 中性线区域共用一个直流分压器，两极的中性线电压测量不独立。2009 年 8 月 12 日因该直流分压器两套系统的测量放大器均工作异常，导致极 I、极 I 直流保护相继动作，双极直流强迫停运。

条文 **8.6.1.3** 不同直流输电系统不得共用接地极线路及线路杆塔，不宜采用共用接地极方式，以防一点故障导致多个直流输电系统同时双极强迫停运。

条文 **8.6.1.4**　要按照差异化设计原则，提高接地极线路和杆塔设计标准，采取特殊措施提高防风偏、防雷击、防覆冰、防冰闪及防舞动能力。

条文 **8.6.1.5**　加强接地极极址地上设备安全防护，周围应设置围墙，并安装防盗窃、防破坏的技防物防措施。

条文 **8.6.1.6**　高度重视接地极地中电极材料选型，应选用与工程设计寿命相符合的高耐腐蚀材料。

条文 **8.6.1.7**　不宜设置独立的双极控制保护设备，避免该设备自身故障导致双极强迫停运。宜采用将双极控制保护功能分散到单极控制保护设备中的模式，以降低双极强迫停运风险。

部分工程中双极层设备从极层设备中独立出来，设计了独立的双极控制保护主机。若双极控制保护主机因故障误发闭锁命令，将导致直流双极强迫停运，增加了双极误闭锁的风险。后续工程宜采用龙泉、宜华等工程的设计，将双极控制保护功能集成到极控制保护主机中，减少环节，降低双极强迫停运风险。

条文 **8.6.1.8**　站内 **SCADA** 系统 **LAN** 网设计应尽量采用简洁的网络拓扑结构，避免物理环网过多，造成网络瘫痪进而导致直流双极强迫停运。

［案例］　2004 年 12 月 22 日，鹅城换流站由于控制保护系统物理环网过多，导致网络节点瞬时的数据吞吐量极为庞大，出现网络阻塞，控制保护系统瘫痪，双极强迫停运。

条文 **8.6.1.9**　换流站应至少配置 3 路以上独立的站用电，且 3 路站用电的控制保护系统应相互独立，不得共用元件，防止共用元件故障导致站用电全停。

换流站虽然设计了 3 路独立的站用电，但若仅配置了一套站用电控制保护设备（冗余设计），则当一台控制保护设备检修、另一套装置发生故障，或在某些极端情况下发生两套冗余系统均故障时，将导致 3 路站用电全部跳闸，继而水冷系统主泵停转，双极直流系统因水冷低流量保护动作停运。

［案例］　某站原 3 回站用电控制保护系统全部集成在 ACP71、ACP72 中（两台主机为相互冗余的控制保护系统），三回站用电保护不独立。2005 年 11 月 20 日该站两台站用电控制保护系统主机依次故障导致站用电全停，引起双极强迫停运。

条文 **8.6.1.10**　最后断路器保护设计应可靠，应尽量避免仅通过开关辅助触点位置作为最后断路器跳闸的判断依据，防止触点误动导致双极强迫停运。

逆变站交流侧在最后一台断路器方式下运行时，若仅通过该开关的辅助触点或 Early Make 触点来判断该开关已跳闸，则该触点发生抖动或触点回路受潮绝缘降低，可能导致控制系统误判最后一台断路器跳闸。由于无任何防误动措施，将直接导致双极强迫停运。

条文 **8.6.1.11**　交流滤波器设计应避免一组滤波器跳闸后引起其他滤波器过负荷保护动作，切除全部滤波器。

高压直流系统正常输送功率时会有若干小组交流滤波器投入运行，若在实际运行中交流滤波器的电抗器电流值偏大，特别是在投入下一组滤波器前的临界工况下电抗器电流与保护定值接近，此时系统谐波若突然扰动，会导致电抗器谐波过负荷保护动作，切除一组交流滤波器。在无功控制调节下交流滤波器投入一组新交流滤波器后仍然有滤波器电抗器过负荷，进而造成滤波器组的反复投切。由于交流滤波器在一段时间内一般都设有投切次数限制，最终会导致绝对最小滤波器不满足，双极强迫停运。

［案例］ 2011 年 7 月 1 日 15 时 49 分，某站 4 组在运交流滤波器由于 L2 电抗器谐波过负荷保护动作先后跳闸，控制系统新投入的滤波器也在数秒内由于相同原因跳闸，最终导致直流功率由 270 万降至 130 万，调度下令紧急停运单极。10 分钟内 8 组 HP12/24 滤波器每组都投切 10 次，导致 4 只滤波器低压电抗器受损。

条文 8.6.2 运行阶段应注意的问题

条文 8.6.2.1 应加强对中性线设备的状态检测和评估，每年进行必要试验，及时对绝缘状况劣化的设备进行更换。

条文 8.6.2.2 加强控制保护系统安全防护管理，防止感染病毒。

条文 8.6.2.3 应及时优化调整交流滤波器运行方式，将不同类型的小组滤波器分散投入不同大组下运行，避免集中在一个大组下运行时保护动作切除全部滤波器。

条文 8.6.2.4 直流系统输送功率的整定值不得小于最小输送功率。

由于目前在按计划进行功率调整时，仍由运行人员手动输入功率指令，若输入的功率整定值小于双极最小输送功率，可能由于控制程序的不完善，系统会误发双极直流闭锁指令。

［案例］ 2006 年 1 月 14 日某站在进行功率调整时，由于输入的功率定值低于 300MW（双极最小运行功率），造成双极停运。

条文 8.6.2.5 运维单位应制定接地极线路的专项运维规程，运维标准不得低于直流输电线路的相关要求。

条文 8.6.2.6 应认真开展接地极设备运维和状态检测，至少每季检测 1 次温升、电流分布和水位，每年测量 1 次接地电阻，2 年测量 1 次跨步电压，每 5 年或必要时开挖局部检查接地体腐蚀情况，针对发现的问题要及时进行处理。

9 防止大型变压器损坏事故

总体情况说明

为了加强变压器的专业管理，完善各项反事故措施，保障电网变压器的安全可靠运行，根据相关技术标准、规范、规定及《预防 110（66）kV～500kV 油浸式变压器（电抗器）事故措施》（国家电网生〔2004〕641 号）、《110（66）kV～500kV 油浸式变压器（电抗器）技术监督规定》（国家电网生技〔2005〕174 号），制订本反事故措施。在原《国家电网公司十八项电网重大反事故措施》（试行）（国家电网生技〔2005〕400 号）基础上进行了 64 处修改，其中增加了定期突发短路抽检、直流偏磁等 30 条新内容。

编写格式进行了较大调整，本次修订将变压器反事故措施分为 7 部分，内容包括：防止出口短路事故、防止绝缘事故、防止保护事故、防止分接开关事故、防止变压器套管事故、防止冷却系统事故、防止火灾事故，反事故措施尽量按照设计、基建、运行三个不同阶段分别提出。

条 文 说 明

条文 9.1 防止变压器出口短路事故

条文 9.1.1 加强变压器选型、订货、验收及投运的全过程管理。应选择具有良好运行业绩和成熟制造经验生产厂家的产品。240MVA 及以下容量变压器应选用通过突发短路试验验证的产品；500kV 变压器和 240MVA 以上容量变压器，制造厂应提供同类产品突发短路试验报告或抗短路能力计算报告，计算报告应有相关理论和模型试验的技术支持。

变压器类设备（包括电力变压器、电抗器、互感器等）是电力系统中的重要设备。为了不断提高变压器类设备的健康水平，保证设备安全经济运行，应加强变压器类设备从设备选型、招标、制造、安装、验收到运行的全过程管理。同时在生产技术部门配置变压器专责人，明确其职责，并应使其参与变压器类设备选型、招标、监造、验收等全过程管理工作中，落实好各反事故措施，从而提高变压器类设备运行管理水平。

对变压器、并联电抗器的选型，要从实际运行出发，按照《电力变压器选用导则》（GB/T 17468—2008），选择合适的类型。如变压器是选择油浸式还是干式、气体绝缘式；是选择带有载调压方式还是无励磁调压方式；是选择高阻抗还是选择常规阻抗。采购时，应选用通过国家权威部门的认定、型式试验和鉴定合格在有效期内以及有运行经验的设备，并且还要对制造厂的制造能力、设备质量、设备在电力系统的运行业绩等诸多方面进行考查，以保证质量好的产品进入系统。验收时，应严格按照国家标准、行业标准和合同中规定的技术条件对采购的设备进行验收。

长期以来，由于部分制造厂的设计和制造存在不少问题，导致部分变压器的抗短路能力严重不足，再加上电网发展较快，系统短路容量增大较多，变压器抗短路的问题更加突出。例如有的地区，很多 2000 年前投运的 220kV 变压器存在抗短路能力不足的问题。据有的原制造厂验算，只有耐受 40%以下规定短路电流的能力。图 9-1 所示为发生严重变形的变压器内线圈。在对这些抗短路能力不足的变压器进行技术改造的同时，要把好新变压器抗短路能力的关。

图 9-1　发生严重变形（失稳）的变压器内线圈

变压器短路耐受能力应满足以下几个条件：

1）变压器在任何分接头时应能承受三相对称短路电流，各部位无损坏和明显变形，短路后绕组的温度不应超过改变电磁线（如自粘性换位导线）机械性能的最高温度。

2）对并联运行的三绕组变压器，任何一侧绕组发生出口短路时应具有相应的短路耐受能力。

3）带有稳定（平衡）绕组的电力变压器，其稳定（平衡）绕组也应具有相应的短路耐受能力。

4）变压器在任何分接位置时应能承受近区单相短路电流的重合闸冲击。

240MVA 及以下容量变压器应选用通过突发短路试验验证的产品。短路试验应满足下列基本要求：

1）每个绕组应进行三次短路试验，试验间隔时间 5min。

2）每个绕组进行三次重合闸试验，每次重合闸的短路电流为 GB 1094.5 规定的 30%，每次重合闸的过程为"合—分—合—分"，重合闸重合时间间隔为 0.3s。

3）对三绕组变压器的中间绕组应在两侧绕组同时受电时最大短路电流下进行。

4）有分接绕组时三相应分别在最大、额定和最小分接位置时进行。

短路试验后应满足下列要求：

1）不应发生气体继电器、压力释放阀动作。

2）短路试验后的电抗测量应在 5min 内进行，其试验前后的每相电抗值偏差应不大于 1%。

3）100%规定试验电压下的绝缘试验应合格。

4）在规定的试验程序和电压下局部放电量不大于 100pC。

5）温升试验应合格。

6）变压器无渗漏油现象。

7）套管无裂缝或渗漏。

8）变压器内部无放电痕迹，无移位变形现象。

9）试验前后的空载损耗不应大于 4%的增量。

10）绝缘油色谱分析应无异常变化，不允许出现乙炔。

对于 500kV 变压器或 240MVA 以上容量变压器，由于目前国内不具备试验能力，因此要求制造厂应提供同类产品突发短路试验报告或抗短路能力计算报告，计算报告应有相关理论和模型试验的技术支持。在 DL/T 272 中要求制造厂进行等同设计验证，具体要求是：

1）如果变压器的短路耐受能力是通过设计来获证，则应以通过短路耐受能力试验的相似产品或有代表性的模型为基准，进行短路耐受能力的计算、设计和制造（工艺、工装和材料等）校核验证。

2）类似变压器是指其容量与合同变压器额定容量差在±30%范围内，短路时轴向力和绕组应力不应超过类似变压器的120%，且在设计、结构、用材和制造工艺上有很大的相似性。

3）有代表性的模型是指与合同变压器在设计、结构、用材和制造工艺等方面有足够相似性。大容量变压器由于受试验条件的限制，合同变压器可通过有代表性的模型试验来进行验证。

4）短路承受能力的理论评估按照 GB 1094.5 的规定进行。

条文 9.1.2 在变压器设计阶段，运行单位应取得所订购变压器的抗短路能力计算报告及抗短路能力计算所需详细参数，并自行进行校核工作。220kV 及以上电压等级的变压器都应进行抗振计算。

变压器发生突然短路故障时，在变压器绕组内流过很大的短路电流，在与漏磁场的互相作用下，产生很大的电动力，并且因电流较大，绕组的温度上升很快，在高温下，绕组导线机械强度下降。若变压器抗短路强度不够，尽管这种暂态持续时间很短，变压器也会遭到损坏。而随着我国电网容量日益增大，短路容量亦随之增大，因此保证变压器抗短路能力就显得特别重要。近年来，由于变压器结构上承受不了短路冲击而损坏变压器比较多。减少这方面的损坏事故重点应首先从设计出发来保证变压器抗短路冲击的能力。因此，要求制造厂提供抗短路能力计算报告和计算所需的详细参数，运行单位还应自行进行校核，以使这项反事故措施能落到实处。

条文 9.1.3 220kV 及以上电压等级变压器须进行驻厂监造，110（66）kV 电压等级的变压器应按照监造关键控制点的要求进行监造，有关监造关键控制点应在合同中予以明确。监造验收工作结束后，监造人员应提交监造报告，并作为设备原始资料存档。

由于变压器在制造过程中手工操作量大，工艺控制复杂困难，分散性较大，为保证产品质量，有必要派专业人员按照两部制定的监造大纲对大型变压器的制造过程进行监造，同时为使监造规范化、程序化，应对监造提出具体要求，并将监造报告作为设备原始资料存档。

220kV 及以上电压等级变压器不只是要求赴厂监造和验收，而是必须进行驻厂监造。同时提高对 110（66）kV 变压器的重视程度，监造和检验的重点，可根据变压器的电压等级、制造厂制造和运行业绩以及信用程度等予以区别对待。

［案例］ 某水电厂订购 1 台 220kV，300MVA 变压器，为保证变压器制造质量，电厂聘请了有经验的专家进行工厂监造，在监造过程中发现变压器空载损耗及温升超过合同规定值，经与制造厂共同分析，发现是由于制造厂疏忽导致的设计错误所造成的，随后制造厂重新进行了设计，并接受了监造人员的意见，选择了更高性能的导线，把事故隐患消除在制造过程中。

条文 9.1.4 变压器在制造阶段的质量抽检工作，应进行电磁线抽检；根据供应商生产批量情况，应抽样进行突发短路试验验证。

电磁线是线圈质量的保证，是构成变压器电气回路的动脉，因而电磁线质量至关重要。导线按材质分为铜、铝两种，按形状分为圆铜、铝线、扁铜铝线，按绝缘材料分为纸包线、漆包线、丝包线等，按组合方式分为单根导线、组合导线、换位导线。各个变压器在向其零部件分包商采购电磁线时，厂商多，类目多，批次多，质量可能存在差异，因此在制造阶段应该进行电磁线抽检，抽检的项目和方法可参照 GB/T 4074 自行规定。

突发短路试验是最能验证产品抗短路能力的试验。定期进行突发短路试验的抽检已有单位开展，效果良好，可以确保变压器抗突发短路的能力，因此要求根据供应商生产批量情况，抽样进行突发短路试验验证。

条文 9.1.5 为防止出口及近区短路，变压器 35kV 及以下低压母线应考虑绝缘化；10kV 的线路、变电站出口 2km 内宜考虑采用绝缘导线。

采用绝缘导线 2km 是比较粗略的要求，可能造成不能有效保护变压器，也可能造成不必要的浪费，因此建议根据系统阻抗、变压器阻抗、线路阻抗对变电站出口线路需要绝缘化的距离进行计算。一般认为将变压器短路电流限制在其能承受短路电流的 70%以下，对变压器运行就没有影响。

以一台 220kV、180MVA、高—低阻抗 23%的变压器为例（10kV 线路阻抗参数取为 $X_1=0.25\Omega/km$，$X_0=3.5X_1$，导线截面积为 120mm^2），2km 处短路单台变压器运行短路电流约减小 25%，两台变压器并列运行短路电流约减小 30%。

以一台 110kV、50MVA、高—低阻抗 17%的变压器为例（10kV 线路阻抗参数取为 $X_1=0.25\Omega/km$，$X_0=3.5X_1$），单台变压器运行时，0.5km 处短路电流约减小 23%，1km 处短路电流约减小 40%；两台变压器并列运行时，0.5km 处短路电流约减小 31%，1km 处短路电流约减小 49%。

条文 9.1.6 全电缆线路不应采用重合闸，对于含电缆的混合线路应采取相应措施，防止变压器连续遭受短路冲击。

电缆故障一般是永久性的，因此，要求全电缆线路不应采用重合闸。否则，在自动重合闸时，第一次短路电流的热效应将造成 2～3s 后二次短路时变压器绕组强度下降，对变压器危害尤其严重。

[案例] 某 110kV 变电站，313 线路 AB 相间短路，持续 633ms 后 313 断路器跳开，故障切除。3s 后 313 重合闸动作，持续约 647ms，313 速断动作，变压器内部故障持续约 133ms，差动保护动作，跳开三侧断路器。313 线路 A、B 相存在相间故障，短路电流约为 5.5kA。23 点 50 分，现场检查 313 设备间隔、差动、瓦斯保护范围内一、二次设备，发现 1 号主变压器气体继电器动作。

结合现场检查情况以及相关试验结果，综合分析认为，此台变压器产于 1998 年，抗短路设计裕量较小。故障的起因是出线电缆中间接头处发生放电，并且由于线路采用自投重合闸，加重了短路冲击，导致中压、低压绕组严重变形，变压器绕组内部发生放电。

条文 9.1.7 应开展变压器抗短路能力的校核工作，根据设备的实际情况有选择性地采取加装中性点小电抗、限流电抗器等措施，对不满足要求的变压器进行改造或更换。

变压器设备寿命周期内，系统容量的增加、方式的改变、变压器短路故障的累积效应等都可能增加变压器短路事故的风险，因此新增了运行单位应对在运变压器开展抗短路能力校核的要求。对在运变压器进行抗短路能力的校核，存在的难点包括：

（1）目前各单位获得的变压器抗短路能力水平数据来源均是变压器制造商根据各自的计算方法和软件获得的，而不同生产厂家的计算方法、安全裕度、评价标准也各不相同，并无统一标准和规范可依，也没有合理的检验其提供数据可靠性和准确性的手段和方法，故该数据来源存在很大的不确定性，将其作为判断变压器抗短路能力的标准也缺乏足够的说服力和针对性。

（2）网内变压器数量众多，每年还会新增，且系统方式经常改变，因此每隔一段时间就应进行重新核算，工作量较大。

（3）对于存在抗短路能力不足风险的变压器在治理措施的选择上需结合运行维护单位的实际情况，如计划资金、变电站场地、改造难度及成本等诸多因素，个别情况下还要考虑改变运行方式或接地点等问题，而这些都与电网及系统侧有着密切的关系。

因此，对在运的变压器进行校核，除了按照国家标准要求进行校核，还应从电网和系统实际角度出发，以系统最大运行方式下的短路电流作为考核标准。要建立可检验、可修正、可操作的变压器抗短路能力核算与治理方法，并形成动态管理系统。实际上，国家电网公司系统内不少单位都已经根据自身实际情况积极开展了抗短路能力校核及治理工作，各单位应相互学习，借鉴经验。

核算时应考虑变压器并联数量对低压侧短路电流的影响。如果变压器采用高中压侧并联运行、低压侧分裂运行的方式。在这种运行方式下可以将变电站外部系统进行等值，外部系统通过等值电势及阻抗表示，如图 9-2 所示。

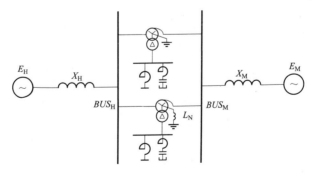

图 9-2　变电站系统等值

通过计算表明，在这种运行方式下变压器高、中压侧发生短路时流过变压器的短路电流受变压器并联数量的影响不大，而低压侧（三绕组变压器）发生短路时（中压侧没有电源的情况下）流过变压器的短路电流则与并联数量有明显的关系，如图 9-3 所示。

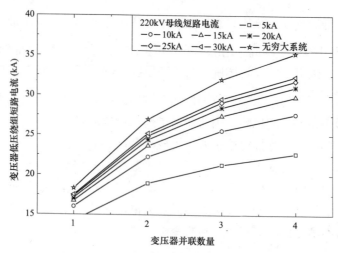

图 9-3　变压器并联数量对低压侧短路电流的影响

归纳起来，目前主要采用的限制短路电流的方法包括：改变中性点接地方式或加装小电抗抑制单相短路电流；大容量高速开关限流；出线加装固定串联电抗器；加装新型可控串联限抗（故障限流器）；变压器母线分段运行。这些方法各有优劣，如表 9-1 所示。

表 9-1　　　　　　　　　　　　限 流 措 施 的 比 较

方　　案	设备造价	施工工期	限制效果	易于实现程度	占地	自身安全性	运维
中性点电抗	较低	短	只对单相短路有效	容易	较小	好	简单
大容量高速开关限流	较低	短	较好	一般	较小	一般	动作后需更换部分元件
固定串抗	一般	短	一般	容易	较小	较好	简单
可控串抗	高	一般	好	较难	较小	一般	较难且成本高

除中性点加装小电抗为单一针对单相短路电流的限流措施，其他几种方法都是主要针对三相短路情况的。而实际 110kV 及以上中压侧发生三相短路故障的概率较小，因此限制单相短路电流可以在很大程度上降低变压器短路故障的风险。同时其他几种方法，特别是一些新兴的可控限流措施无论从经济性、可靠性、运行维护经验和产品的成熟度而言都不及传统方式。故针对中压侧单相短路电流超限的情况，建议优先考虑加装中性点小电抗措施。而对于小概率的三相短路风险，根据 220kV、500kV 变压器具体的情况可考虑更换绕组等措施。

对于低压侧故障，则可采用相对低成本、技术成熟的出线加装固定串抗的方式，亦可考虑加装高速开关等方式。

当然针对不同电压等级，不同短路风险问题的变压器，所适宜采取的措施也不相同，以上只是对普遍采用的方法做一概述和比较，各单位应根据自身实际情况研究制定具体措施。

条文 9.1.8　当有并联运行要求的三绕组变压器的低压侧短路电流超出断路器开断电流时，应增设限流电抗器。

并联运行的三绕组变压器发生短路时，低压侧短路电流可能超过断路器的开断电流，此时应增设限流电抗器，避免断路器无法开断，造成设备损坏。

条文 9.2 防止变压器绝缘事故

条文 9.2.1 设计阶段应注意的问题

条文 9.2.1.1 工厂试验时应将供货的套管安装在变压器上进行试验；所有附件在出厂时均应按实际使用方式经过整体预装。

套管是变压器上承受高电压的组部件，有些制造厂在工厂试验时采用专用的试验套管，使订货套管在试验中考核不到，如有问题难以发现。因此，强调将供货套管安装在变压器上进行试验既考核了套管本身的质量，又考核了套管与变压器的安装配合（电气和机械两个方面的配合），具有重要意义。

条文 9.2.1.2 出厂局部放电试验测量电压为 $1.5U_m/\sqrt{3}$ 时，220kV 及以上变压器高、中压端的局部放电量不大于 100pC。110（66）kV 变压器高压侧的局部放电量不大于 100pC。330kV 及以上电压等级强迫油循环变压器应在潜油泵全部开启时（除备用潜油泵）进行局部放电试验。

局部放电虽是一种非贯穿电极的放电，但对变压器内部的油纸绝缘危害很大，因此不允许绝缘存在局部放电，也就是说，变压器应该是无局部放电的。不仅要求测试 220kV 及以上变压器的局部放电量，而且还要求测试 110kV 变压器的局部放电量。

由于变压器在制造过程中的种种不良因素，有时在接地部位（如铁芯或夹件）还会存在低强度的局部放电，这些局部放电通常不会给变压器的安全运行带来直接危害，但在局部放电测试中有时难于区别。另外，在变压器局部放电的测试中，往往不能完全消除或识别来自周围环境的各种干扰。

虽然如此，仍然提出了比国家标准更严格的变压器局部放电量指标。目前我国变压器制造厂的设计制造水平、组部件和材料的性能都有一定的提高，因此国内正规制造厂的制造工艺完全可以满足放电量不大于 100pC 的要求，同时兼顾 330kV，而且严格试验标准也利于提高变压器制造质量。国内开展局部放电试验检验多年，发现质量问题的事例并不罕见。

［案例 1］ 某变电站主变压器，出厂试验调压绕组在感应耐压时击穿，更换绕组后局放试验又通不过，最后交货期延误 9 个月，给基建、生产带来了很大不便。

［案例 2］ 某地区曾向某变压器厂订购 9 台主变压器，其中有 7 台因局放不合格而迟迟出不了厂，给用户造成巨大的经济损失。

严格变压器局放出厂试验标准，能够及时发现变压器在制造过程中的缺陷，虽然延误了交货期，但能在制造厂里消除事故隐患，保障设备的安全运行。因此有必要予以强调，并提高试验标准。

条文 9.2.1.3 生产厂家首次设计、新型号或有运行特殊要求的 220kV 及以上变压器在首批次生产系列中应进行例行试验、型式试验和特殊试验（承受短路能力的试验视实际情况而定），当一批供货达到 6 台时，应抽 1 台进行短时感应耐压试验（ACSD）和操作冲击试验（SI）。

按照国家标准要求 220kV 变压器出厂试验进行短时感应耐压试验（ACSD）或操作冲击试验（SI），本反措要求当一批供货达到 6 台时，对从中抽取的 1 台变压器，短时感应耐压试验（ACSD）和操作冲击试验（SI）都要求进行。

条文 9.2.1.4　500kV 及以上并联电抗器的中性点电抗器出厂试验应进行短时感应耐压试验（ACSD）。

以往由于试验能力不足，短时感应耐压试验由雷电冲击试验代替，目前制造厂已具备短时感应耐压试验能力。《电力变压器　第 3 部分：绝缘水平、绝缘试验和外绝缘空气间隙》（GB 1094.3—2003）中规定，短时感应耐压试验（ACSD）用来验证每个线端和它们连接的绕组对地及其他绕组的耐受强度以及相间和被试绕组纵绝缘的耐受强度。

条文 9.2.1.5　500kV 变压器，特别是在接地极 50km 内的单相自耦变压器，应在规划阶段提出直流偏磁抑制需求，重点关注 220kV 系统与 500kV 系统间的直流分布。

考虑到直流输电单极运行对交流电网带来的地中直流，造成交流变压器直流偏磁现象，对变压器安全运行（表现在抗短路能力降低、局部过热等）造成影响，因此需要提出变压器具备相应的耐受直流偏磁要求。

条文 9.2.2　基建阶段应注意的问题

条文 9.2.2.1　新安装和大修后的变压器应严格按照有关标准或厂家规定进行抽真空、真空注油和热油循环，真空度、抽真空时间、注油速度及热油循环时间、温度均应达到要求。对采用有载分接开关的变压器油箱应同时按要求抽真空，但应注意抽真空前应用连通管接通本体与开关油室。为防止真空度计水银倒灌进设备中，禁止使用麦氏真空计。

新安装和大修后的真空注油和热油循环的目的是消除安装和大修过程中吸入的水分和空气，对于恢复变压器的绝缘性能是十分重要的。测试数据表明，在 30℃、80%相对湿度下，暴露空气 24h，绝缘 0.5mm 深度的含水量为 5%，1mm 深度的含水量为 2%，3mm 以上深度的含水量保持原来水平 0.3%不变。变压器身暴露在空气中受潮，必须通过注油前的抽真空和热油循环进行处理。

有载分接开关的切换开关绝缘筒承受不住全真空状态，只有将其与主油箱联通，一起抽真空才能确保该绝缘筒的安全，还能去除绝缘中的水分和空气。

为防止真空计水银倒灌进设备中，禁止使用麦氏真空计，防止由此引起绝缘事故。

条文 9.2.2.2　对于分体运输、现场组装的变压器有条件时宜进行真空煤油气相干燥。

电力变压器可能会在现场组装时器身受潮，受潮后绝缘性能大幅下降。热风法、热油法、变压法等传统现场干燥技术均无法达到理想效果，而制造厂内采用的真空煤油汽相干燥方法因体积庞大、工艺复杂等诸多因素而尚未广泛应用于现场作业。近期，有些制造厂和运行单位已经研究掌握了现场真空煤油汽相干燥技术，并已有成功应用的案例，可以大大提高变压器绝缘状况，缩短停电时间，节省返厂运输费用，保证电网安全、可靠灵活地运行，具有客观的经济效益和社会效益。因此，本反措提出宜在有条件时进行该项目，保证变压器绝缘质量。

[案例]　某超高压公司变电站的 500kV 变压器备用相，型号为 ZBYQ-AOДЦTH-267000/500，由乌克兰扎布罗什变压器厂于 1985 年生产，额定容量 267MVA，绝缘重量为 6～8t。该变压器绝缘状况较为一般，极化指数不合格，因此在现场进行了真空煤油汽相干燥工艺处理。处理前，变压器绝缘状况较为一般，极化指数不合格；处理后高压绕组绝缘电阻 R_{600} 由 5500MΩ 提高到了 48 000MΩ，极化指数转为合格，绕组连同套管的介损 $\tan\delta$ 从 0.279% 降低至 0.172%，绝缘含水量由 2.1% 下降至 0.8%，变压器身洁净程度提高。

条文 9.2.2.3　装有密封胶囊、隔膜或波纹管式储油柜的变压器，必须严格按照制造厂说明书规定的工艺要求进行注油，防止空气进入或漏油，并结合大修或停电对胶囊、隔膜或波纹管式储油柜的完好性进行检查。

变压器（电抗器）储油柜内的油位，随油温高低而上下波动，油面上的胶囊必须呼吸畅通。胶囊呼吸不畅，会引起变压器内部压力上升，导致压力释放装置动作和喷油的故障。胶囊呼吸不畅多是因储油柜内残存空气，胶囊底部将其呼吸孔堵塞造成。变压器安装后期调整储油柜油位的方法不当，可能使储油柜进入空气。如从储油柜底部阀门注油，注油管的空气进入储油柜是常见的疏漏之一。胶囊悬挂在储油柜顶部，通过呼吸器与大气连通，适应变压器油体积膨胀和收缩的要求，如图 9-4 所示。

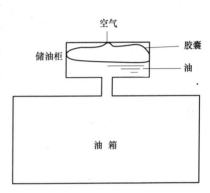

图 9-4　变压器油箱和储油柜

储油柜内存有空气时，空气随变压器油温升高而急剧膨胀，压迫胶囊外沿下降（因胶囊顶部固定在储油柜上部，胶囊顶部不会下降），且膨胀的油使胶囊底部升高，胶囊呈蘑菇状。变压器温度继续上升，当胶囊底部升高至其呼吸出口时，呼吸出口被堵塞，胶囊失去呼吸功能，导致变压器内压力升高，压力释放装置动作。

在注油要求中加入了波纹管式储油柜类型的变压器。将"防止空气进入"修改为"防止空气进入或漏油"。

条文 9.2.2.4　充气运输的变压器运到现场后，必须密切监视气体压力，压力过低时（低于 0.01MPa）要补干燥气体，现场放置时间超过 3 个月的变压器应注油保存，并装上储油柜和胶囊，严防进水受潮。注油前，必须测定密封气体的压力，核查密封状况，必要时应进行检漏试验。为防止变压器在安装和运行中进水受潮，套管顶部将军帽、储油柜顶部、套管升高座及其连管等处必须密封良好。必要时应测露点。如已发现绝缘受潮，应及时采取相应措施。

在气体压力表与油箱联通管阀门打开的情况下测量变压器箱体内的气体压力，当气压低于 0.01MPa 时，潮气、水分进入变压器内部的概率将增大，对变压器的绝缘可能造成不利影响，因此应按制造厂要求或运行经验及时补气，并重视变压器运行及放置过程中的密封问题。

条文 9.2.2.5　变压器新油应由厂家提供新油无腐蚀性硫、结构簇、糠醛及油中颗粒度报告。

绝缘油是变压器的重要组成部分，其质量直接影响变压器性能。这几年，国内外发现有的变压器油含硫较高，在变压器中生成硫化亚铜，对变压器绝缘构成危害。

条文 9.2.2.6 110（66）kV 及以上变压器在运输过程中，应按照相应规范安装具有时标且有合适量程的三维冲击记录仪。主变压器就位后，制造厂、运输部门、用户三方人员应共同验收，记录纸和押运记录应提供用户留存。

为了监测变压器在运输中发生冲撞而对变压器造成损伤的程度，要求安装三维记录仪。允许的加速度指标，应在订货合同中予以明确，以便验收时检查。对 2005 年版《十八项反措》进行的修改有："大型变压器在运输过程中"修改为"110（66）kV 及以上变压器在运输过程中"，"到达目的地后"修改为"主变压器就位后"，明确大型变压器为 110（66）kV 及以上变压器，并防止在主变压器就位过程中因发生冲击造成损坏。

已发生多次大型变压器因运输过程中的严重冲撞而发生故障。如果发现冲撞记录超标，应会同制造厂进行仔细检查分析，必要时应返回制造厂进行详细检查和检验。在检查受到严重冲撞变压器时，除重点检查各绝缘部件（包括线圈和绝缘零件）的损伤和位移外，还应注意各机械部件连接的损伤位移，包括磁屏蔽等部件的损伤位移。

［案例］ 一台 360MVA、220kV 变压器在铁路运输时因急刹车，导致紧固铁丝断裂。返厂后仅检查发现导向油管路破裂，修复后，器身经干燥处理并通过耐压试验。在后来的多年的运行中虽未出现电气击穿故障，但油中色谱始终有少量乙炔，且总烃含量达 500μL/L 以上，导致多次吊罩检查和处理。最终发现的故障是油箱铝屏蔽板与油箱间放电，原因是那次强烈冲撞导致的铝屏蔽板位移和紧固螺栓松动。这个铝屏蔽板的位移和螺栓松动，正是返厂检查所忽略了的。

条文 9.2.2.7 110（66）kV 及以上变压器在出厂和投产前，应用频响法和低电压短路阻抗测试绕组变形以留原始记录；110（66）kV 及以上的变压器在新安装时应进行现场局部放电试验；对 110（66）kV 变压器在新安装时应抽样进行额定电压下空载损耗试验和负载损耗试验；如有条件时，500kV 并联电抗器在新安装时可进行现场局部放电试验。现场局部放电试验验收，应在所有额定运行液压泵（如有）启动以及工厂试验电压和时间下，220kV 及以上变压器放电量不大于 100pC。

（1）绕组变形诊断新要求。2005 年版《十八项反措》仅要求采用频响法或者低电压短路阻抗法测试均可，两种方法都有很多成功的经验，也有不足的地方。因此，本次修改将频响法和低电压短路阻抗测试都被规定为必须进行的项目，两者应同时开展，以分析得到更为准确的诊断结果。

低电压短路阻抗法建议采用三相短路，单相测量的方法。

频响法绕组变形测试的外界影响因素较多，仪器差异、测试时的引线布置差异都可能对测试结果有影响，应注意测试方法一致性。

［案例 1］ 对某 110kV 双绕组变压器进行了两种变形试验测试，频响曲线可见高、低压线圈都有明显变形，高压线圈相关系数为：$R_{AB}=1.0$，$R_{BC}=0.8$，$R_{CA}=0.7$；低压线圈相关系数为：$R_{ab}=1.5$，$R_{bc}=1.1$，$R_{ca}=1.0$。电抗法的测量数据结果为相间不超过 2%，最大为 1.66%，最小为 0.2%。解体检查发现 A、B 两相有局部变形，上部 5 饼线圈受力呈波浪状，线圈上部因轴向力作用致上压板断裂，压钉弯曲变形。其中 B 相铁芯柱超出上铁扼近 1cm，是一例典型

的线圈严重变形。

[案例2] 某 220kV 变压器在突发短路试验前后进行了低电压短路阻抗测试和频响法绕组变形测试。从表 9-2 可以看到，高压—低压的电抗最大变化 1.21%，高压—中压的电抗最大变化 3.3%，均发生一定变化，但根据《电力变压器绕组变形的电抗法检测判断导则》（DL/T 1093—2008）中的规定，高—低电抗未超注意值，高—中电抗超过注意值。从表 9-3 可以看到，短路前后的频响法绕组变形结果也有一定变化，但根据《电力变压器绕组变形的频率响应分析法》（DL/T 911—2004）中的规定，并不能判断为绕组变形。然而，解体后发现，高压线圈完好，中压线圈发生了明显的凹陷，低压线圈发生明显的扭曲。如图 9-5 所示。

表 9-2 　　　　　　　　　　　突发短路试验前后的低电压短路阻抗变化率

测试对象	高压—低压			高压—中压		
	A 相	B 相	C 相	A 相	B 相	C 相
突发短路前（Ω）	94.33	94.11	94.25	52.18	52.18	—
突发短路后（Ω）	94.59	95.25	94.94	52.06	53.90	—
低电压短路阻抗变化率（%）	0.28	1.21	0.73	−0.23	3.30	—

表 9-3 　　　　　　　　　　　突发短路试验前后的绕组变形情况对比表

判据对比相	相间差值（短路前/短路后）	相间相关系数（短路前/短路后）		
		低频	中频	高频
OA&OB	0.48/0.65	2.40/1.92	3.56/2.50	1.22/0.30
OB&OC	0.70/0.67	2.10/2.12	3.12/3.14	0.73/0.91
OC&OA	0.49/0.91	2.55/2.31	3.12/2.37	0.53/0.36
OmAm&OmBm	0.84/1.41	2.16/1.55	2.09/1.61	0.84/0.89
OmBm&OmCm	0.63/1.60	2.13/1.73	2.30/1.66	1.06/0.35
OmCm&OmAm	0.73/2.00	3.58/2.72	2.20/1.38	1.18/0.24
ab&bc	0.48/1.77	2.51/2.14	2.50/1.38	1.98/1.64
bc&ca	0.69/1.61	3.36/2.93	2.14/1.42	1.94/1.72
ca&ab	0.64/1.44	2.67/2.15	2.22/1.56	1.74/1.60

（a） 　　　　　　　　　　　　（b） 　　　　　　　　　　　　（c）

图 9-5 　某 220kV 变压器解体后各绕组图片

（a）高压绕组；（b）中压绕组；（c）低压绕组

以上两个实例说明，低电压短路阻抗测试和频响法绕组变形测试均具有一定的有效性，同时也有局限性，因此两者应同时开展，综合判断。

（2）局部放电、空负载试验新要求。新安装变压器的现场局部放电试验对检验变压器经过运输和安装后的质量，有重要意义。实践表明，凡是现场局部放电性能优良的变压器，运行的安全可靠性也较高。110（66）kV 及以上变压器现场局部放电试验由"有条件时"改为"在新安装时应进行"，实际上目前已有很多单位执行的是更为严格的"在新安装时应进行"。并且对 500kV 并联电抗器在新安装时，如果具备现场局部放电试验的条件，可进行试验。

大型变压器的空载损耗和负载损耗是反映其用料和工艺品质的重要参数，个别厂家偷工减料，用户承担了这种变压器长期运行的能耗和寿命损失。因此对 110（66）kV 变压器，新增额定电压下的空载损耗试验和负载损耗试验要求。

［案例］ 2010 年，某站 220kV 站 3 号主变压器，在新购产品交接试验时，查出存在空载损耗偏大超出规定值问题。按照协议进行相应处理之后，2011 年期间，该地区未出现空载损耗不符合协议要求的问题。

条文 9.2.3　运行阶段应注意的问题

条文 9.2.3.1　加强变压器运行巡视，应特别注意变压器冷却器潜油泵负压区出现的渗漏油。

变压器冷却器油泵的入口属于负压区，该负压区包括油泵窥视孔、入口管路及法兰、冷却器和油箱顶部等部位。这些部位在油泵不运行时有渗漏油，在油泵运行时可能吸入空气或水分，危害变压器的绝缘。特别要注意油箱顶部的渗漏油现象，该部位处于变压器储油柜正压和油泵运行时负压的联合作用，如遇突然下雨等降温作用，容易吸入水分。

GB/T 6451、DL 272 中规定新装变压器不允许出现负压，对已运行的变压器，按照国网公司的运行和检修规程规定，一旦出现负压，应进行改造。负压的检查方法可参照 GB/T 6451。

［案例 1］ 一台 240MVA、220kV 变压器油箱顶部的联管油几处渗漏油，预防性试验的绕组介质损耗因数已达 2.1%。在变压器吊罩大修时经常发现油箱底部有水锈痕迹，大多也是从油箱顶部漏入的。

此外，变压器冷却器油泵负压区渗漏严重时，还会吸入大量空气，导致气体继电器轻瓦斯频繁导致。

［案例 2］ 一台 120MVA、220kV 强油循环变压器轻瓦斯频繁动作，24h 排出气体超过达 20 000ml，油和瓦斯气的色谱分析无明显异常，仅氢气的组分稍增。经反复复查找发现系油泵窥视孔渗漏，油泵密封处理后，变压器经排油和重新真空注油才解决了轻瓦斯频繁动作的问题。由于处理较及时，未使大量空气进入绝缘导致的局部放电持续发展，变压器未发生绝缘故障。

条文 9.2.3.2　对运行年限超过 15 年储油柜的胶囊和隔膜应更换。

运行年限超过 15 年的胶囊和隔膜已经基本达到其寿命，应考虑及时进行更换。

条文 9.2.3.3　对运行超过 20 年的薄绝缘、铝线圈变压器，不宜对本体进行改造性大修，也不宜进行迁移安装，应加强技术监督工作并逐步安排更新改造。

20世纪七八十年代生产的220kV变压器高压线圈匝绝缘厚度小于1.95mm和110kV变压器高压线圈匝绝缘厚度小于1.35mm的老旧变压器称为薄绝缘变压器。30年前不少变压器线圈的导线是铝线。运行超过20年的变压器普遍存在绝缘强度、抗短路能力低下、损耗高、噪声高和负荷能力不强的问题。薄绝缘变压器是工艺质量较差的产品，绝缘已老化，如有严重缺陷，已没有进行改造性大修的价值。更换下来的薄绝缘变压器，若再迁移安装，将给系统带来安全隐患。因此，要求薄绝缘变压器，如发现严重缺陷不宜再进行改造性大修，也不宜进行迁移安装，应加强技术监督工作并逐步安排更新改造。

条文 9.2.3.4　220kV及以上变压器拆装套管或进人后，应进行现场局部放电试验。

明确大修后现场局部放电试验是否开展的前提条件，拆装套管或进人后，都应进行局放试验并合格，以保证变压器中无损伤、遗留杂质或物品。如果拆装套管仅放掉部分油，也不需要在油箱里面接线等工作，可视情况自行规定是否开展局放试验。如果吊罩大修或进人后，必须开展局放试验。

条文 9.2.3.5　按照《输变电设备状态检修试验规程》（DL/T 393—2010）开展红外检测，新建、改扩建或大修后的变压器（电抗器），应在投运带负荷后不超过 1 个月内（但至少在 24h 以后）进行一次精确检测。220kV及以上变压器（电抗器）每年在季节变化前后应至少各进行一次精确检测。在高温大负荷运行期间，对220kV及以上变压器（电抗器）应增加红外检测次数。精确检测的测量数据和图像应存入数据库。

目前，红外成像技术在电力系统中的运用已非常广泛，具有不停电、不取样、不接触、直观、准确、灵敏度高及应用范围广等优点，应在新投运后、大修后、大负荷时安排红外成像测温，运行期间每年应进行两次红外成像检测。红外成像测温不能局限于套管接头，对套管、油泵、风机、油箱、循环油的进出口温差也应纳入红外成像测温范围。红外成像测温记录要完整，包括环境温度、当时负荷、测点温度等。

红外检测可快速查出变压器各种缺陷，如直流电阻超标、套管缺油、套管介损超标、储油柜缺油或过满、油箱本体发热等，尤其是因绝缘劣化、受潮等引起的电压致热型缺陷，往往表现的温度变化仅有 1～3K，在运行中依靠其他手段难以发现，长期运行可能导致设备故障或事故，而正确地开展红外精确测温可以及时发现这种温度变化，从而采取处理措施。因此对红外检测提出了具体的要求，尤其强调红外精确检测。另外，红外检测还可以进行油位的校核和冷却器效率的检查。

图9-6所示为红外测温检测到的变压器缺陷图片：套管受潮、套管缺油、本体漏磁。

条文 9.2.3.6　铁芯、夹件通过小套管引出接地的变压器，应将接地引线引至适当位置，以便在运行中监测接地线中是否有环流，当运行中环流异常变化，应尽快查明原因，严重时应采取措施及时处理。

变压器运行中接地线中有环流的情况时有发生，因此提出变压器运行中注意环流的异常变化情况。

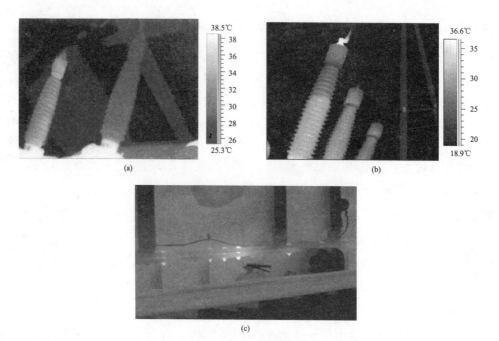

图9-6　变压器缺陷图片

（a）套管受潮后温度升高2K；（b）套管缺油及柱头发热；（c）漏磁引起油箱连接螺栓发热

条文9.2.3.7 **220kV及以上油浸式变压器（电抗器）和位置特别重要或存在绝缘缺陷的110（66）kV油浸式变压器宜配置多组分油中溶解气体在线监测装置，且每年应至少进行一次与离线检测数据的比对分析。**

目前电力行业中在运的变压器设备出现油色谱异常的情况并不少见。多组分油中溶解气体在线监测装置能够准确的反应和记录变压器的运行状况，对220kV及以上油浸式变压器（电抗器）和位置特别重要或存在绝缘缺陷的110（66）kV油浸式变压器，应重视油中溶解气体的监测，及时发现和处理异常现象。按照国家电网公司对智能电网建设的要求，油色谱在线监测将逐步普及应用，因此提出具体的要求。

由于油色谱在线监测装置的色谱柱有一定寿命，反复使用后，灵敏度、准确度会有所变化，因此每年应至少进行一次与离线检测数据的比对分析。

［案例］　某变压器安装的在线监测，可监测油中可燃性气体（H_2、C_2H_4、C_2H_2、CO的混合气），并设定了总量报警值。2003年6月2日发出报警，立即取油样进行色谱分析，结果发现与上次分析相比氢气含量从0L/L增长至42.7μL/L，总烃浓度从57.09μL/L增长至213.75μL/L，已超注意值，且总烃相对产气速率达到110%/月，严重超标。三比值法判断为裸金属中温过热性故障。后经停电检查，发现高压引线耳接触不良，线耳开叉，长期受力，负荷电流使引线过载而发热发黑。

条文9.2.3.8 **对地中直流偏磁严重的区域，在变压器中性点应采用相同的限流技术。**

直流偏磁现象对变压器的正常运行和使用寿命有着严重的影响，因此应加以重视。目前常用的限制变压器直流偏磁4种方法：小电阻限流法、电容隔直法、中性点注入反向电流法以及电位补偿法。同一区域限制变压器直流偏磁要统一规划，防止采用不同的限流技术产生相互影响。

条文 9.3　防止变压器保护事故

条文 9.3.1　基建阶段应注意的问题

条文 9.3.1.1　新安装的气体继电器必须经校验合格后方可使用；气体继电器应在真空注油完毕后再安装；瓦斯保护投运前必须对信号跳闸回路进行保护试验。

新安装的气体继电器、压力释放装置和温度计等非电量保护装置必须经运行部门校验合格后方可使用。运行中应结合检修（压力释放装置应结合大修）进行校验。为减少变压器的停电检修时间，压力释放装置、气体继电器宜备有经校验合格的备品。压力释放阀运行超过15年宜更换。气体继电器中的干簧管和浮球真空耐受能力低，在高真空下会损坏，因此气体继电器应在真空注油完毕后再安装，而不能带着气体继电器进行真空注油，以防真空注油过程中气体继电器损坏。

条文 9.3.1.2　变压器本体保护应加强防雨、防振措施，户外布置的压力释放阀、气体继电器和油流速动继电器应加装防雨罩。

条文 9.3.1.3　变压器本体保护宜采用就地跳闸方式，即将变压器本体保护通过较大启动功率中间继电器的两副触点分别直接接入断路器的两个跳闸回路，减少电缆迂回带来的直流接地、对微机保护引入干扰和二次回路断线等不可靠因素。

条文 9.3.2　运行阶段应注意的问题

条文 9.3.2.1　变压器本体、有载分接开关的重瓦斯保护应投跳闸。若需退出重瓦斯保护，应预先制订安全措施，并经总工程师批准，限期恢复。

条文 9.3.2.2　气体继电器应定期校验。当气体继电器发出轻瓦斯动作信号时，应立即检查气体继电器，及时取气样检验，以判明气体成分，同时取油样进行色谱分析，查明原因及时排除。

气体继电器的轻瓦斯气体即使是空气也是不能允许的，要迅速查明原因，及时处理。

条文 9.3.2.3　压力释放阀在交接和变压器大修时应进行校验。

根据对一些变压器压力释放装置的校验发现，不少产品质量存在问题，因此，必须加强对非电量保护装置的校验工作，同时要准备备品，发现不合格及时更换，以免影响停电时间。

条文 9.3.2.4　运行中的变压器的冷却器油回路或通向储油柜各阀门由关闭位置旋转至开启位置时，以及当油位计的油面异常升高或呼吸系统有异常现象，需要打开放油或放气阀门时，均应先将变压器重瓦斯保护停用。

条文 9.3.2.5　变压器运行中，若需将气体继电器集气室的气体排出时，为防止误碰探针，造成瓦斯保护跳闸可将变压器重瓦斯保护切换为信号方式；排气结束后，应将重瓦斯保护恢复为跳闸方式。

需将气体继电器集气室的气体排出时，应将变压器重瓦斯保护切换为信号方式；排气结束后，将重瓦斯保护恢复为跳闸方式，防止误碰探针使重瓦斯保护跳闸。

条文 9.4 防止分接开关事故

条文 9.4.1 无励磁分接开关在改变分接位置后，必须测量使用分接的直流电阻和变比；有载分接开关检修后，应测量全程的直流电阻和变比，合格后方可投运。

长期使用的无励磁分接开关，即使运行不要求改变分接位置，也应结合变压器停电，每1～2年主动转动分接开关，防止运行触点接触状态的劣化。

安装和检修时应检查无励磁分接开关的弹簧状况、触头表面镀层及接触情况、分接引线是否断裂及紧固件是否松动。为防止拨叉产生悬浮电位放电，应采取等电位连接措施。

检修后应测量全程的直流电阻和变比，合格后方可投运。测量直流电阻是为了检查触头接触情况，测量变比是为了防止分接切换错误。

条文 9.4.2 安装和检修时应检查无励磁分接开关的弹簧状况、触头表面镀层及接触情况、分接引线是否断裂及紧固件是否松动。

条文 9.4.3 新购有载分接开关的选择开关应有机械限位功能，束缚电阻应采用常接方式。

机械限位功能可以有效防止有载分接开关的越位发生，对于新购置设备应具备并使用此功能。

早期换流变压器的束缚电阻采用微动开关临时接入的方式，造成油色谱异常，为了彻底解决该现象，换流变压器的束缚电阻应采用常接方式。

条文 9.4.4 有载分接开关在安装时应按出厂说明书进行调试检查。要特别注意分接引线距离和固定状况、动静触头间的接触情况和操作机构指示位置的正确性。新安装的有载分接开关，应对切换程序与时间进行测试。

［案例］ 某换流站极1号换流变压器,1997年1月V相调压开关在操作中发生爆炸起火。其事故原因是调压开关换向齿轮、滚珠轴承进水受潮生锈长死，以致滚珠脱落，造成伞型齿轮啮合不良引起机械错位，在切换开关切换时，极电压高而不能消弧，最后引起爆炸烧坏。

条文 9.4.5 加强有载分接开关的运行维护管理。当开关动作次数或运行时间达到制造厂规定值时，应进行检修，并对开关的切换程序与时间进行测试。

有载分接开关在安装时及运行中，应按出厂说明书进行调试和定期检查。要特别注意分接引线距离和固定状况、动静触头间的接触情况和操作机构指示位置的正确性。

预试中测试有载分接开关动作特性时要注意变压器铁芯剩磁带来的影响，应在测试绕组直流电阻前进行该试验。

应掌握变压器有载分接开关（OLTC）带电切换次数。对调压频繁的 OLTC，为使开关灭弧室中的绝缘油保持良好状态，可考虑装设带电滤油装置。有带电滤油装置的 OLTC，在带电切换操作后，应自动或手动投入滤油装置。对于长期不切换的 OLTC，也应每半年启动带电滤油装置。无带电滤油装置的 OLTC，应结合主变压器小修安排滤油，必要时也可换油。由于 OLTC 切换开关油室与大气直接联通，绝缘油易发生劣化，油室底部会沉积杂质。滤油时要注意清除底部杂质，必要时可进行方向过滤，提高过滤效果。

有些变压器的有载分接开关长期不用，有的分接开关经常只在很少几个分接位置上运行，长期不使用的分接开关档位的触点会由于热和化学等因素的作用而产生氧化膜，使接触状态变差。

综上所述，对动作次数或运行时间达到制造厂规定值的有载分接开关都应进行检修。

条文 9.5　防止变压器套管事故

条文 9.5.1　新套管供应商应提供型式试验报告。

条文 9.5.2　检修时当套管水平存放，安装就位后，带电前必须进行静放，其中 500kV 套管静放时间应大于 36h，110～220kV 套管静放时间应大于 24h。

套管通常应采取垂直或斜放保存，按制造厂规定可以水平放置的套管，安装就位后须按要求静放再带电，防止气泡进入电容芯。

条文 9.5.3　如套管的伞裙间距低于规定标准，应采取加硅橡胶伞裙套等措施，防止污秽闪络。在严重污秽地区运行的变压器，可考虑在瓷套涂防污闪涂料等措施。

条文 9.5.4　作为备品的 110（66）kV 及以上套管，应竖直放置。如水平存放，其抬高角度应符合制造厂要求，以防止电容芯子露出油面受潮。对水平放置保存期超过一年的 110（66）kV 及以上套管，当不能确保电容芯子全部浸没在油面以下时，安装前应进行局部放电试验、额定电压下的介损试验和油色谱分析。

条文 9.5.5　油纸电容套管在最低环境温度下不应出现负压，应避免频繁取油样分析而造成其负压。运行人员正常巡视应检查记录套管油位情况，注意保持套管油位正常。套管渗漏油时，应及时处理，防止内部受潮损坏。

套管制造过程中，如果常温下破真空后密封会造成低温负压现象，一旦密封失效，外部气体和水分会进入套管引起受潮，因此应在套管设计和制造的源头上杜绝负压现象。另外，运维过程中取油样过多也会造成负压。

三相套管油位升降应基本一致，若套管油位有异常变动，应结合红外测温、渗油等情况判断套管是内漏或外漏，并进行补油。对渗漏油的套管应及时处理。在正常运行维护时，要着重防止套管内部受潮和绝缘事故的发生。

［案例］某 500kV 套管油位计已看不见油位，通过红外成像检查确认油位异常下降。在一段时间的跟踪检测中发现，套管油位随气温上升而下降，随气温下降而升高。该变压器储油柜的油位远低于套管的正常油位，当套管油漏入变压器本体后，套管底部的良好密封，使套管内部形成一定的真空，套管油位可稳定在高于变压器储油柜油位的位置。气温上升，套管内部气体膨胀，真空度下降，套管油位进一步下降，与储油柜油位形成一个新的平衡关系；气温下降，套管内部气体收缩，真空度上升，套管油位上升。这只套管在从变压器中吊出后

发现，下瓷套底部的金属法兰破裂，套管"内漏"，证实了上述油位变化的原因。

条文 9.5.6 加强套管末屏接地检测、检修及运行维护管理，每次拆接末屏后，应检查末屏接地状况，在变压器投运时和运行中开展套管末屏接地状况带电测量。

国家电网公司下发的《关于印发〈变压器套管末屏接地装置专项检查报告〉的通知》（生变电函〔2009〕3 号）指出"积极开展套管末屏状态检测技术的研究，在积极推广应用红外成像、紫外成像等检测手段的同时，探索开展套管末屏接地状况带电测量技术的研究。"。

高压电容型变压器套管是用来将高压电流引入或引出变压器，并起到电气绝缘和机械支撑作用的重要电力设备。它的结构是外绝缘为瓷套，内绝缘为在一铜导杆上绕制多层圆柱形电容屏组成的电容芯子。最内层电容屏（又称零屏）通过引线与铜导杆相连；最外层电容屏（又称末屏）通过引线引出，经绝缘小瓷套接地，也可与地断开用于出厂、交接、预试时的参数测量。

现场的一些试验，如套管介质损耗测量，电容量测量，局部放电试验中的信号检测等，都要利用末屏引出线来开展，因此末屏并非死接地，而是可以打开。往往由于弹簧弹力减小、尺寸配合不当、使用后恢复不当等原因，末屏接触不良，悬浮电位高达上万伏，从而产生轻微的末屏放电，持续发展会逐渐腐蚀电极，形成穿孔，腐蚀破坏零、末屏间绝缘层，使电场分布更不均匀，继续恶化下去将导致绝缘击穿事故。

每次拆接末屏后应使用万用表检查末屏接地状况。

目前，已有单位研究专门适用于电力巡检的便携式套管末屏放电带电检测仪，并已在变电站中进行了应用，效果良好。

条文 9.6 防止冷却系统事故

条文 9.6.1 设计阶段应注意的问题

条文 9.6.1.1 优先选用自然油循环风冷或自冷方式的变压器。

强油循环变压器的油泵故障率较高，也曾发生油泵故障导致的变压器事故，因此 240MVA 及以下的变压器可不采用强油循环冷却方式。

条文 9.6.1.2 潜油泵的轴承应采取 E 级或 D 级，禁止使用无铭牌、无级别的轴承。对强油导向的变压器潜油泵，应选用转速不大于 1500r/min 的低速潜油泵。

条文 9.6.1.3 对强油循环的变压器，在按规定程序开启所有潜油泵（包括备用）后，整个冷却装置上不应出现负压。

变压器冷却系统潜油泵的入口管段、出油管、冷却器进油口附近油流速度较大的管道以及变压器顶部等部位，虽然有储油柜油位的静压力，但由于潜油泵的吸力，在变压器温度剧烈变化时，可能会出现负压情况。检查负压的方法参照 GB/T 6451。

条文 9.6.1.4 强油循环的冷却系统必须配置两个相互独立的电源，并采用自动切换装置。

条文 9.6.1.5 新建或扩建变压器一般不采用水冷方式。对特殊场合必须采用水冷却系统的，应采用双层铜管冷却系统。

对于在役的水冷变压器，其水冷却器和潜油泵在安装前应逐台按照制造厂的安装使用说明书进行检漏试验，必要时解体检查。应结合检修对变压器水冷却器的油管进行检漏。为了减少因水冷却器泄漏而造成变压器的进水，要求新建或扩建变压器一般不采用水冷却方式。

条文 9.6.1.6 变压器冷却系统的工作电源应有三相电压监测，任一相故障失电时，应保证自动切换至备用电源供电。

条文 9.6.2 运行阶段应注意的问题

条文 9.6.2.1 强油循环冷却系统的两个独立电源的自动切换装置，应定期进行切换试验，有关信号装置应齐全可靠。

强油循环或自然循环风冷的冷却装置必须配置两个独立的电源，并能自动切换。要分别测取三相电压的异常情况，及时投入备用电源。如有一变电站的冷却装置电源仅失去一相电压，而备用自动投入的测取电压却在另一相，导致备用电源长时间不能投入，幸好运行人员从变压器顶层油温升异常升高发现了问题，险些酿成变压器故障。

条文 9.6.2.2 强油循环结构的潜油泵启动时应逐台启用，延时间隔应在 30 以上，以防止气体继电器误动。

强油循环结构，尤其是片式散热器的强油循环结构的潜油泵启动应逐台启用，自动控制的延时间隔应在 30s 以上，避免多台潜油泵同时投运，油流速度和油箱压力突变，造成重瓦斯保护动作。

条文 9.6.2.3 对于盘式电机潜油泵，应注意定子和转子的间隙调整，防止铁芯的平面摩擦。运行中如出现过热、振动、杂音及严重漏油等异常时，应安排停运检修。

运行中如出现过热、振动、杂音及严重渗漏油等异常时，应安排停运检修。各地应结合设备实际运行情况，合理安排潜油泵的定期检查修理。潜油泵的故障往往引起变压器本体油色谱异常，在变压器的故障诊断中，要注意潜油泵故障的影响。对于盘式电动机潜油泵，应注意定子和转子的间隙调整，防止铁芯的平面摩擦。强油导向的变压器油直接导入线圈，对潜油泵高速旋转造成的金属颗粒更为敏感，要选低速油泵。

条文 9.6.2.4 为保证冷却效果，管状结构变压器冷却器每年应进行 1～2 次冲洗，并宜安排在大负荷来临前进行。

注意检查冷却器进出口温差，避免因冷却器（散热器）外部脏污、潜油泵效率下降等原因，使冷却器（散热器）的散热效果降低并导致油温上升，否则要适当缩短允许过负荷时间。变压器冷却器通常每年应至少进行 1 次冲洗或根据实际情况多次冲洗。也可进行冷却器进出口的红外测温，对冷却器的冷却效率进行及时评价，当效率不足 80%时，也应进行冲洗。

冷却器的风扇叶片应校平衡并调整角度，注意定期维护，保证正常运行。对振动大、磨损严重的风扇应进行更换。

条文 9.6.2.5 对目前正在使用的单铜管水冷却变压器，应始终保持油压大于水压，并加强运行维护工作，同时应采取有效的运行监视方法，及时发现冷却系统泄漏故障。

对目前正在正常使用的单铜管水冷却的变压器，应始终要保持油压大于水压，并加强运行维护，定期检查出水有无油花（每台冷却器应装有监测出水中有无油花的放水阀门）。

条文 9.7 预防变压器火灾事故

条文 9.7.1 按照有关规定完善变压器的消防设施，并加强维护管理，重点防止变压器着火时的事故扩大。

大型主变压器火灾事故时有发生，造成的后果极其严重，因此，如何采取有效措施，防止大型变压器火灾事故及事故扩大带来的经济损失和社会影响，是十分重要的课题。

变压器发生火灾需具备燃烧的 3 个必备条件:可燃物、氧化剂和温度，即燃烧三要素。扑灭变压器火灾，采取的方法是抑制上述燃烧三要素之一或一个以上，所有消防灭火设备之灭火机理均依据于此。

（1）目前，变压器常用的四种消防装置有固定式水喷淋灭火方式、排油注氮保护方式和泡沫喷淋灭火方式、细水喷雾灭火方式。

1）固定式水喷淋灭火方式。水喷淋灭火设备喷出的水吸收热量，尤其是一部分水变为水蒸气，更能吸收大量的热，起到迅速降温的作用。另外，在变压器四周形成大量水蒸气，隔绝了空气，对火灾起到窒息作用，同时也隔离了火焰的辐射热，限制了火灾向外蔓延的势头。

2）排油注氮保护方式。当变压器内部发生故障，出现绝缘击穿时，高温电弧使变压器油裂解，产生大量可燃气体，变压器油箱压力会增大，当超过压力释放阀和压力继电器设定值时，启动防爆防火程序，打开快速排油阀，排掉油箱部分变压器油，卸去油箱压力，从而防止变压器爆炸起火。在油箱排油的同时，装在储油柜下方的断流阀自动关闭，自动切断储油柜到变压器箱体的补油油路，杜绝储油柜的"火上浇油"。然后，氮气从变压器箱体底部注氮孔注入，搅拌变压器油，强制冷却故障点油温，并形成氮气保护层隔绝氧气，防止变压器油着火。随后连续注氮气，大量氮气注入油箱，充分冷却变压器，可彻底灭火，并能防止复燃。

3）泡沫喷淋灭火方式。该方式和水喷雾灭火方式相似，可借助泡沫吸收热量，迅速降低温度。另外，泡沫灭火剂能在其喷射和流淌到的变压器四周产生一层阻燃层，隔绝空气，对火灾起到窒息作用，有效防止复燃，并隔离了火焰的辐射热。

4）细水喷雾灭火方式。细水喷雾灭火方式与固定式水喷淋灭火一样利用水吸收热量，起到迅速降温的作用，物理原理相同，不同的是细水喷雾的用水量小。细水喷雾系统在动作时可覆盖变压器整体，对于变压器各个部位的故障引起的火灾都有一定的效果，暂无成功扑灭的案例，误动时细水喷雾不影响变压器本体运行。

（2）几种灭火方式的比较如下。

1）排油注氮灭火方式具有防爆、防火功能的灭火方式，可以在变压器发生火灾以后起到灭火作用，也能在油浸变压器发生设备内部故障尚未引起火灾之前进行排油注氮，将变压器火灾事故消灭在爆炸起火之前。因此，该种消防装置必须具有非常高的可靠性，如果误动，造成的影响较大。这种消防灭火装置可直接安装于变压器旁，无需消防水泵房、雨淋阀室、压力储水罐室等专用建筑，占地面积小，相对于水喷淋系统，排油注氮灭火设备简单、投资省。

2）泡沫喷淋灭火方式需安装的喷头数量比水喷雾系统少，灭火剂需要量也比较少。灭火剂依靠氮气增压，不需要消防水泵和消防水池，因此，消防建筑占地面积少，初始投资比较小；灭火剂比较昂贵，因此灭火成本较高，灭火剂需要定期更换，日常维护费用比较高。

3）细水喷雾灭火方式是在水喷雾系统基础上加以改进的一种消防系统。由于用水量小，因此设备占地小，无需大容积的给水池，投资相对较小，是该灭火方式的优势。但是由于细水喷雾量相对较小，进行灭火时所需的时间相对较长，而且容易受到风的影响，因此仅适用于户内变压器。

4）速动油压继电器是一种新型变压器压力保护装置。当变压器内部有严重故障产生电弧，会使油分解产生大量气体，压力迅速升高。速动油压继电器测量油箱内动态压力增长，油压增长率越高，油压继电器动作越迅速。由于油压波在变压器油中的传播速度很快，因此，速动油压继电器反应灵敏、动作迅速，能迅速发出信号，并切断变压器电源。速动油压继电器能在变压器发生事故时，防止油箱爆炸，避免故障扩大。

大型变压器消防灭火系统的火灾检测和启动方式在不断完善，在以前的基础上引入了变压器的电气量保护和非电量保护动作信号，并进行各种逻辑组合。通过对各种组合启动方式的可靠性和响应时间进行详尽的分析比较，提出适用于大型变压器消防灭火系统的火灾检测和启动方式。

条文 9.7.2　采用排油注氮保护装置的变压器应采用具有联动功能的双浮球结构的气体继电器。

变压器使用的气体继电器型号很多。从早期的仿原苏联产品 NT-22，GR-3 到国产的 FJ-22、FJ3-80，到目前大量采用的 QJI-25，50，80，QJ2-80 等，同时也还有部分随变压器从国外进口的 EMB、COMEN 等公司的产品。

双浮球气体继电器是一种新型气体继电器，保护功能有 3 个:轻瓦斯动作（报信号）；重瓦斯动作（正常运行中投跳闸）；低油面动作（与重瓦斯共用触点，正常运行中投跳闸）。双浮球气体继电器的采用，使得注气和排油时均能动作。

条文 9.7.3　排油注氮保护装置应满足以下要求。

条文 9.7.3.1　排油注氮启动（触发）功率应大于 220V × 5A（DC）。

条文 9.7.3.2　注油阀动作线圈功率应大于 220V × 6A（DC）。

条文 9.7.3.3　注氮阀与排油阀间应设有机械连锁阀门。

条文 9.7.3.4　动作逻辑关系应满足本体重瓦斯保护、主变压器断路器开关跳闸、油箱超压开关同时动作时才能启动排油充氮保护。

大型变压器排油注氮消防系统的启动方式：非电量保护信号重瓦斯保护、速动油压继电器保护与断路器跳闸信号"与"逻辑后，启动消防灭火装置动作，起到防爆、防火作用。其误动率将降低，动作可靠性大幅提高。为了减少误动，目前采用的方式是增加排油注氮启动的触发功率，增加其他保护设备的关联度。

条文 9.7.4 水喷淋动作功率应大于 **8W**，其动作逻辑关系应满足变压器超温保护与变压器断路器开关跳闸同时动作。

条文 9.7.5 变压器本体储油柜与气体继电器间应增设断流阀，以防储油柜中的油下泄而造成火灾扩大。

大型变压器内部有大量的绝缘纸板和变压器油。变压器油在高温或电弧作用下，会分解出大量碳氢化合物等易燃性气体。这些易燃气体遇电弧放电就会发生爆炸，因而变压器油是变压器火灾事故的根源。

一旦变压器发生爆炸火灾事故，位于油箱顶部储油柜内的大量变压器油，会在自然油压的作用下，从箱体开裂处向外猛烈喷出，助长火势的蔓延，直至储油柜中的油全部泄放完。储油柜里的油起了"火上浇油"的作用，大大增加了变压器消防灭火的难度和扑灭火灾的时间。因而，变压器发生爆炸火灾事故时，采取措施及时切断储油柜中变压器油流向箱体，对防止变压器火灾事故的扩大和蔓延是非常有效的。因此变压器本体储油柜与气体继电器间应增设断流阀。

条文 9.7.6 现场进行变压器干燥时，应做好防火措施，防止加热系统故障或线圈过热烧损。

变压器的防火问题，不仅在干燥时要注意，在吊罩（或放油）检查和处理时也应注意，防止高压试验导致失火。国内已有过高压试验导致变压器失火的惨痛教训。

［案例1］ 某 220kV 变压器放油后进行绕组直流电阻测试，由于内部临时拆下的高压引线放置不当，在直流电阻测试结束切断直流电源时对铁芯放电，导致起火，致使变压器在油箱内全部烧损。

［案例2］ 某 220kV 变压器放油检查铁芯"多点接地"点，错误地采用加 220V 交流电观察冒烟的方法，致使 B 相线圈底部冒火，后虽经二氧化碳灭火，未酿成正台变压器烧毁，但 B 相底部绝缘烧损，进行了更换才恢复运行。

条文 9.7.7 应结合例行试验检修，定期对灭火装置进行维护和检查，以防止误动和拒动。

10 防止串联电容器补偿装置和并联电容器装置事故

总体情况说明

本章内容是《十八项反措》修订版新增加的章节，有针对性地对近年来串联电容器补偿装置和并联电容器装置运行中发现的主要问题提出相应的反事故措施，以及在设计、制造、调试、运行、检修等诸多环节需要重点关注的技术要点。由于串联电容器补偿装置和并联电容器装置所应用的场合不同，其技术条件、试验要求等内容存在较大差异，故针对这两类装置的防止事故措施进行了分别阐述及解释。

条文说明

条文　为防止串联电容器补偿装置（简称串补装置）事故，应严格执行《国家电网公司电力安全工作规程》（国家电网安监〔2009〕664号）、《串联电容器补偿装置通用技术要求》（Q/GDW 655—2011）、《串联电容器补偿装置交接试验规程》（Q/GDW 661—2011）、《串联电容器补偿装置运行规范》（Q/GDW 656—2011）及其他有关规定，并提出以下重点要求。

由于串补装置在我国投入大规模应用的时间不长，但随着串补装置应用的增多以及运行时间的增加，串补装置在设计、制造、调试、运行、检修等多个环节都暴露出了或大或小的问题，本次《十八项反措》修订时新增了"防止串联电容器补偿装置事故"，希望借此提高各相关单位对串补装置应用中问题的关注度。

本节的内容主要根据国家电网公司发布的《串联电容器补偿装置通用技术要求》（Q/GDW 655—2011）、《串联电容器补偿装置交接试验规程》（Q/GDW 661—2011）、《串联电容器补偿装置运行规范》（Q/GDW 656—2011）等多项有关规定，并参考国家电网公司特高压试验示范工程扩建工程中针对特高压串补装置编写的技术标准、运行规范等规定编写而成。

条文 10.1　防止串联电容器补偿装置事故

条文 10.1.1　设计和制造中应注意的问题

电力系统中应用串补装置，对于缩短电气距离提高系统稳定性、减小线路电抗提高送电能力等都有着显著的效果，而串补装置对电力系统中原有一、二次设备的影响以及串补装置对电网运行方式、系统稳定性等方面产生的影响，在设计阶段就应开展必要的仿真研究工作。设计阶段完成的相关技术分析报告将作为开展串补装置招标、采购、制造、安装、调试、运行、检修（含处缺）等环节的技术依据和参考资料。

条文 10.1.1.1　应进行串补装置接入对电力系统的潜供电流、恢复电压、工频过电压、操作过电压等系统特性的影响分析，确定串补装置的电气主接线、绝缘配合与过电压保护措施、

主设备规范与控制策略等。

本条文要求明确了串补装置设计阶段应针对一次设备应用开展的必要研究工作。

串补装置的投入会增加潜供电流的暂态分量，降低线路单相重合闸成功的概率。通过开展相关的电磁暂态特性分析，确定抑制潜供电流的技术措施，如采取线路断路器与串补旁路联动。

串补装置对线路两侧断路器暂态恢复电压（TRV）具有较大的影响，过高的 TRV 水平会导致线路断路器重击穿。当设计阶段验证 TRV 会超过断路器的开断能力时，应采取必要的措施适应 TRV（如更换断路器）或降低 TRV（如使用分闸电阻、使用避雷器等）。

输电线路加装串补装置后，沿线的电压应较加装串补装置前得到适当改善，且不致出现某些位置电压升高过快的情况。设计阶段应对带串补运行的线路工频过电压沿线分布进行分析，从而确定串补装置以及线路高压并联电抗器的最佳安装位置，以及采取其他必要的防止工频过电压的措施。

在超高压电网中，工频过电压的大小是绝缘配合的基础，直接影响系统的操作过电压水平。串补装置相对地电压分布高于系统正常电压，需要适当加强串补平台和其临近处的线路绝缘，如在紧邻串补平台处对地加装避雷器，可以有效限制雷电和操作所产生的过电压。

条文 10.1.1.2 应进行串补装置接入对线路继电保护、线路不平衡度、电网次同步振荡等的影响分析，应确定串补装置的控制和保护配置、与线路继电保护的配合方式等措施，避免出现系统感性电抗小于串补容性电抗等继电保护无法适应的串补装置接入方式。应确定抑制次同步振荡措施。

该条要求明确了串补装置设计阶段应针对控制保护设备应用开展的必要研究工作。

当输电线路上的串补装置正常投入时，线路阻抗会减小；当串补装置退出后，线路阻抗会变大；当串补装置的 MOV、火花间隙、旁路断路器在动作过程中时，线路阻抗的变化为非线性状态。当双回线路带串补装置运行后，线路互感的影响增加了线路保护判断的复杂性。因此，线路发生故障时，故障电流与故障电压的幅值以及两者之间的相位关系非常复杂，甚至会出现电流和电压反向的情况，方向过流保护和距离保护容易出现误判断。就是适应性很好的纵联电流差动保护，受到串补安装位置的影响，仍要考虑与串补控制及保护之间的配合关系。

输电线路或串补装置发生单相故障时，旁路断路器会单相旁路串补电容器，从而导致线路相间阻抗不平衡。带串补运行的线路不平衡度较不带串补的线路严重。因此需要研究并考验出现这种情况时，线路保护（尤其是零序电流保护）是否可以准确判断故障状态。

大容量电源点远距离外送时，应用串补装置可以提高输电能力，但串补电气系统中若存在一个或多个自然频率等于汽轮发电机的一个或多个轴系机械自然频率的同步补充频率，将会引发严重的次同步振荡问题。设计阶段必须针对其工程特点开展细致的仿真研究，并采取必要的抑制次同步振荡措施。

条文 10.1.1.3 应通过对电力系统区内外故障、暂态过载、短时过载和持续运行等顺序事件进行校核，以验证串补装置的耐受能力。

该条要求明确了串补装置设计阶段应针对电网运行开展的必要研究工作。

通过校核串补装置对区内、区外故障的耐受能力，验证电容器过电压保护性手段（如 MOV）能有效限制过电压水平、吸收短路电流能量而不致自身损坏，确定串补控制及保护的动作有效性（即区内故障动作，区外故障不动作）。

通过校核串补电容器组的过载能力，验证电容器的容量、耐压水平、耐爆能力等是否能满足暂态过载、短时过载和持续运行等不同工况下的运行要求，验证输电线路带串补运行后是否满足相应稳定极限的要求。

条文 10.1.1.4　电容器组。

条文 10.1.1.4.1　串补电容器应采用双套管结构。

如果采用单套管结构的串补电容器单元，其外壳作为电容器的一极，接外壳的引线与电容器单元靠底部的一端相连，套管的引线与电容器单元靠顶部的一端相连。由于受结构工艺所限，这两根引线通常会交叉。尽管电容器壳体内部经抽真空及注油浸渍，且两根引线外都加套绝缘套管，但这个交叉点仍是电容器单元的绝缘薄弱点。尤其在电容器单元承受系统故障电流时，引线交叉点瞬间局部场强过高，电压的陡度很大，易引起绝缘击穿，从而导致电容器单元两极间短路。

对单套管电容器单元进行绝缘检查时，只能做极间耐压试验，出厂试验值是工频电压耐受 $2.15U_n$、10s（如串补电容器采用 10kV 电压等级的单套管电容器，则其极间耐压值约为 21.5kV）。而双套管电容器单元的出厂极壳工频电压耐受值按照《高压并联电容器使用技术条件》（DL/T 840—2003）中第 5.6 项表 4 的规定，10kV 电压等级电容器的极壳耐压（出厂耐受，中性点不接地）为 42kV、1min。由此可见，双套管电容器单元的耐压能力明显强于单套管电容器单元。串补电容器单元示意图如图 10-1 所示。

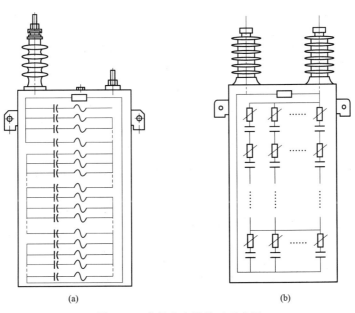

（a）　　　　　　　　　　（b）

图 10-1　串补电容器单元示意图

（a）单套管电容器单元；（b）双套管电容器单元

条文 10.1.1.4.2　电容器绝缘介质的平均电场强度不宜高于 57kV/mm。

通过综合考虑国家电网公司近年来电容器运行情况以及串补装置的制造成本等因素，确定电容器绝缘介质的平均电场强度不宜高于 57kV/mm，不高于 57kV/mm 场强的电容器单元平均故障率较低。

电容器单元场强高的好处是电容器单元的重量减轻，制造成本降低，串补平台载荷减轻，有利于对抗地震和大风等自然灾害；但电容器单元场强高会造成单元内部绝缘减弱，威胁串补装置的正常运行。例如，当电容器单元场强大于 59.5kV/mm 时，部分制造厂家就无法承诺完成单元耐受 U_{lim}（即过电压保护装置动作前瞬间和动作期间出现在电容器单元端子之间的极限电压）下 10s 的出厂试验，这种结果很容易在串补装置通过系统故障电流且火花间隙没有动作之前，电容器单元由于承受不了 U_{lim} 电压而损坏或内部元件受伤。尤其当火花间隙由于某些原因拒动时，容易造成电容器单元爆炸起火的严重故障。另外，电容器单元场强过高，很容易产生局部放电，加速电容器单元的老化。

条文 10.1.1.4.3　单只电容器的耐爆容量应不小于 18kJ，电容器的并联数量应考虑电容器的耐爆能力。

本条文规定的串联电容器的耐爆容量要比并联无功补偿用电容器的耐爆容量大于 15kJ 的要求要严，主要考虑到当串联电容器单元在出现内部故障时，不但要承受与其并联的电容器单元对其放电能量的冲击，而且还要承受系统电流甚至系统故障电流的冲击。此处提出的串联电容器的耐爆容量数值，仅是对串补所用电容器耐爆容量的最低要求，在实际工程应用中需要结合串联电容器组的设计结构对该条要求作出进一步的计算评估。

电容器单元故障后所吸收的能量主要由两部分组成：一部分是从发生故障开始到故障切除由电源提供的能量；另一部分是电容器组向故障电容器单元所释放的能量。从以往故障时序分析，故障电容器单元需首先承受来自并联电容器单元所释放的能量。

以 3 个电容器单元并联为例计算耐爆能力，计算电压 U=6.16kV，单台电容器单元电容量 C=65μF，极限电压 U_{lim}=2.3U，外部回路效率系数 η_1=0.7，其他串联段释放能量效率系数 η_2=0.64，则

单只电容能量 $E = \dfrac{1}{2}CU_{lim}^2 = 6.52$（kJ）；

并联段释放能量 $W_p = 3 \times \dfrac{1}{2}CU_{lim}^2 \times \eta_1 = 13.69$（kJ）；

其他串联段释放能量 $W_s = \eta_2 \times \dfrac{1}{2}CU_{lim}^2 \times \eta_1 = 2.92$（kJ）；

则总的由电容器组所吸收的能量　$W_T = W_p + W_s = 16.61$（kJ）。

从计算结果可见，多只电容器单元并联对电容器单元的耐爆能力会有很高的要求。

条文 10.1.1.4.4　串补电容器应满足《电力系统用串联电容器　第 1 部分：总则》（GB/T 6115.1—2008）中 5.13 放电电流试验要求。

在 GB/T 6115.1—2008《电力系统用串联电容器　第 1 部分：总则》第 5.13 项中，对放电电流试验提出的具体试验要求，主要是用于考核串联电容器单元耐受系统故障电流的能力。其具体描述如下：

该试验包括在两组不同参数下的放电试验。第一个试验是用来证明单元能耐受住在发生

闪络时将阻尼电路旁路这样少有的情况下产生的应力。第二个试验是用来证明单元能耐受住由间隙动作或旁路开关闭合所产生的放电电路。

对于第一个试验，电容器单元应充电到直流 $\sqrt{2}\,U_{lim}$ 的电压，然后通过一个具有尽可能低的阻抗的回路放电一次。放电回路可以用一个小熔丝或短路开关来构成。

对于第二个试验，同一个单元应接着被充电到 $1.6U_{lim}$ 的直流电压（即 $1.1 \times \sqrt{2}\,U_{lim}$），并通过能够满足下列条件的回路放电：

——放电电流的峰值应不低于由间隙导通或旁路开关闭合引起的电流的 110%；

——放电电流的 I^2t 应至少比由间隙导通或旁路开关闭合引起的 I^2t 大 10%。（参见 GB/T 6115.2—2002《电力系统用串联电容器 第 2 部分：串联电容器组用保护设备》）

这种放电应以小于 20s 的时间间隔重复 10 次，在最后一次放电之间后的 10min 内，单元应经受一次 GB/T 6115.1—2008 中第 5.5 项规定的"端子间的电压试验"（条文：当采用 K 型和 M 型过电压保护装置时，电容器单元应经受 $1.7U_{lim}$ 直流电压试验。试验电压值应不低于 $4.3U_N$。试验的持续时间为 10s。试验过程中应既不发生击穿也不发生闪络）。

在系统故障时，串联电容器装置内的单元，首先在点火间隙和旁路开关动作之前，与其并联的金属氧化物避雷器共同承受系统故障电流的冲击，当点火间隙动作和旁路开关合闸瞬间，要承受系统故障电流和串联电容器组自放电电流的叠加冲击。

条文 10.1.1.4.5　电容器组接线宜采用先串后并的接线方式。

本条文要求主要是从串补电容器组的结构特点考虑，以减少电容器单元故障时与其并联的电容器单元产生过大的放电能量冲击。采用先串后并的接线方式，会增加电容器组配平的难度，但可以有效降低串补电容器组的内部故障风险，建议此项工作尽量在电容器工厂内完成。

［案例 1］　某 500kV 串补装置，串联电容器单元内部两膜一箔、三串，平均场强 67kV/mm、单套管，单元一极联在单元外壳上，单元容量 760kvar。串联电容器组采用先 9 并或 10 并再 12 串接线形式。每一并联段容量为 6840kvar 或 7600kvar。额定电压 6kV，额定电流 127A。整套串补装置额定电流 2kA。图 10-2 所示为电容器组 10 并 12 串接线形式及故障放电路径。

与该串补装置相连接的 500kV 系统发生区外接地故障，故障电流不大于 4.9kA，共损毁电容器单元 26 台。经对故障电容器单元解体检查，判定由以下原因造成故障：

1）设计场强过高、单套管结构、内部两膜三串结构使绝缘裕度过低。

2）并联电容器过多，完好电容器对故障电容器放电能量过大，经计算，当电容器单元故障时，通过其冲击电流超过额定电流 1.2 倍时，冲击能量远远超过 15kJ。

另外，对未使用过的电容器元件备品进行 U_{lim} 耐压试验，被试品 5s 后出现元件击穿现象。

［案例 2］　某 500kV 串补装置，在投运前进行模拟单相接地故障，故障电流 23kA，点火间隙动作时，电容器组放电电流 63kA（峰值）。故障录波显示，当故障电流出现 3ms 时刻，有 1 台电容器单元损坏，电容器单元上、下盖体完全崩裂，与电容器单元完全分离飞出。与该电容器单元并联的其他 4 台并联的电容器单元，由于承受不了向爆壳电容器放电电流的冲击，出现套管断裂，套管内引下线断开现象。

通过对故障电容器外壳内小面积（两侧）解体，均发现闪络放电痕迹，说明电容器两只套管引下线在承受故障电流时，由于强大的电动力作用而摇摆，均对外壳放电，形成单元两极之间短路。

因此，串补电容器组，其每一并联段的电容器单元数量，不宜超过两台，可有效减小故障电流对电容器的冲击强度。图 10-3 所示为电容器组 3 并（/2 并）9 串接线形式及故障放电路径。

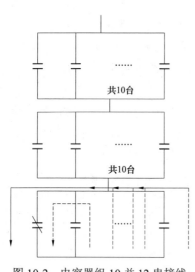

图 10-2　电容器组 10 并 12 串接线
形式及故障放电路径

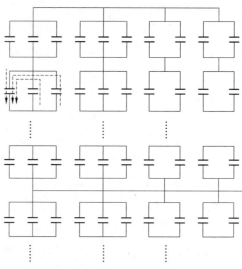

图 10-3　电容器组 3 并（/2 并）9 串接线
形式及故障放电路径

条文 10.1.1.5　金属氧化物限压器（MOV）的能耗计算应考虑系统发生区内和区外故障（包括单相接地故障、两相短路故障、两相接地故障和三相接地故障）以及故障后线路摇摆电流流过 MOV 过程中积累的能量，还应计及线路保护的动作时间与重合闸时间对 MOV 能量积累的影响。

MOV 是串补电容器组最重要的过电压保护性手段，串补装置配置的 MOV 限压值、总容量及数量应结合实际工程要求由厂家提供详细的 MOV 能耗计算报告，不仅要考虑区内和区外各种故障（包括单相接地故障、两相短路故障、两相接地故障和三相接地故障）情况下 MOV 的能量积累需满足运行要求，还要考虑 MOV 与触发间隙、旁路断路器、线路保护、线路重合闸之间的配合。通常要求 MOV 热备用的容量裕度应不少于 10%。

条文 10.1.1.6　火花间隙的强迫触发电压应不高于 **1.8p.u.**，无强迫触发命令时拉合串补相关隔离开关不应出现间隙误触发。火花间隙动作次数超过厂家规定值时应进行检查。

火花间隙是保障串补装置自身安全的最主要技术手段，在满足强迫触发条件下或自触发条件下火花间隙能够可靠、快速导通，从而有效避免串补电容器组和 MOV 产生过电压情况。而在不满足强迫触发条件或自触发条件时，火花间隙因受扰触发导通，将导致串补装置无故障退出。因此要求串补装置厂家在火花间隙设计阶段就要考虑串补平台杂散电容对火花间隙分布电压的影响，保证在设备出厂前进行必要的型式试验，在类似拉合串补相关隔离开关的试验条件下不应出现间隙误触发的情况。

火花间隙的强迫触发电压不高于 1.8p.u.：① 考虑确保区内故障时能成功触发火花间隙；② 避免强迫触发电压过高导致的火花间隙动作减缓，给电容器组带来更大的故障电流冲击。但如果强迫触发电压过低（如低于 0.3p.u.），火花间隙的自放电电压也将大幅降低，增加了区外故障火花间隙误击穿的可能性，也不利于火花间隙在流过故障电流后迅速去游离、恢复介质强度。

火花间隙在多次动作后，将出现灼痕和损伤，应依据厂家提供的规定动作次数，并综合判断间隙电流的大小，对间隙触头进行必要的处理或更换。

条文 10.1.1.7　电流互感器和平台取能设备。

条文 10.1.1.7.1　线路故障时，串补平台上的控制保护设备的供电应不受影响。

为串补平台上的测量及控制保护设备供电的电源单元应具有性能可靠的稳压模块，以保证在遇到线路故障、断路器操作等情况时，用于平台上控制保护设备供电的电流互感器或平台取能设备出现短时输出波动或异常时（如线路单相瞬时跳开时，该相上的电流值为 0A），控制保护的测量、动作不能受到任何影响。

条文 10.1.1.7.2　电流互感器宜安装在串补平台相对低压侧。

如图 10-4 所示，串补平台上一、二次设备以串补平台作为参考地，靠近或连接平台的一侧称为"平台相对低压侧"，另一侧称为"平台相对高压侧"。电流互感器安装在串补平台相对低压侧，可以改善电流互感器的绝缘外环境，减少受扰影响。

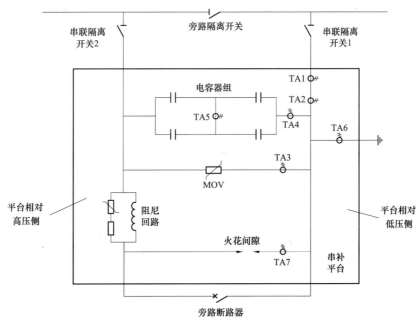

图 10-4　串补平台相对低压侧和高压侧示意图

条文 10.1.1.8　光纤柱中包含的信号光纤和激光供能光纤不宜采用光纤转接设备，并应有足够的备用芯数量。

串补装置实际投运前，由于光缆的铺设、光纤的熔接、光纤接头的连接会受到施工环境的影响，会增加额外的光纤衰耗，因此不建议在光纤柱中的光纤采用光纤转接设备，以免影响控制保护中数据传输的稳定性；同时要保留足够（建议不少于实际使用数量的1/3）的光纤备用芯。

条文 10.1.1.9 串补平台上测量及控制箱的箱体应采用密闭良好的金属壳体，箱门四边金属应与箱体可靠接触，避免外部电磁干扰辐射进入箱体内。

串补平台上具有恶劣的电磁环境，测量及控制保护设备均为弱电板卡，集中放置在测量及控制箱中，如箱门以及箱体不能密闭，外部电磁干扰将会辐射进入箱内，容易引起测量及控制板卡的逻辑异常或元器件损坏。

条文 10.1.1.10 控制保护系统。

条文 10.1.1.10.1 宜采用实时（数字）网络仿真工具验证控制保护系统的各种功能和操作的正确性。

串补装置是由串补电容器组、MOV、火花间隙、阻尼设备、旁路开关等一次设备以及测量及控制保护等二次设备组成的复杂设备群组，其控制保护逻辑的合理性和保护动作定值的准确性还受到外部电网结构及运行方式的影响。结合我国电网控制保护及安全自动装置的应用特点，采用实时仿真工具（如 RTDS）对串补控制保护系统进行检测，可以有效消除设备自身缺陷隐患，增加符合实际运行要求的功能，并可以检查串补设备与其他运行设备（如线路保护）之间的动作配合。

条文 10.1.1.10.2 控制保护系统应采取必要的电磁干扰防护措施，串补平台上的控制保护设备所采用的电磁干扰防护等级应高于控制室内的控制保护设备。

由于串补平台距离断路器、隔离开关、接地开关、母线、输电线很近，一次设备操作或故障时引起的电磁干扰更容易窜入平台上的二次设备中；平台上一、二次设备受到分布电容影响更为明显；由于操作顺序不同也会导致平台电位的异常波动。尽管目前尚未对串补平台上的电磁环境影响做出精确定量分析，但从大量工程实践现象可以确定的是串补平台上的电磁环境较控制室恶劣许多。作为防范措施，应要求串补平台上控制保护设备的电磁干扰防护等级至少高于控制室内的控制保护设备一个等级，或采用相应试验的最高要求。这项要求在特高压串补装置的研制和实际应用中得到了初步印证。

条文 10.1.1.10.3 在线路保护跳闸经长电缆联跳旁路断路器的回路中，应在串补控制保护开入量前一级采取防止直流接地或交直流混线时引起串补控制保护开入量误动作的措施。

因在线路保护跳闸经长电缆联跳旁路断路器的回路中，无电气量判据，故需要采取防止直流接地或交直流混线时引起串补控制保护开入量误动作的措施，通常采用加装大功率中间继电器的办法。对大功率中间继电器的要求是：110V 或 220V 直流启动，启动功率大于 5W，动作电压应在额定直流电源电压 55%～70%范围内，额定直流电源电压下动作时间为 10～35ms，应具有抗 220V 工频干扰电压的能力。

条文 10.1.2 基建调试和验收中应注意的问题

在调试验收阶段，应针对设计制造阶段提出的串补装置各种参数、指标以及串补装置对电网运行方式、系统稳定性等方面产生的影响开展必要的验证工作。当各制造厂商的新型号串补装置在正式并网运行前，建议将单相人工接地试验作为验证串补装置综合性能的一种重要手段。

条文 10.1.2.1　电容器组。

条文 10.1.2.1.1　电容器组不平衡电流应进行实测，且测量值应不大于电容器组不平衡电流告警定值的 20%。

由于串补电容器组各分支电容器单元在配平过程中，除了存在电容器个体差异引起的容抗值不平衡外，还存在电容器连接线产生的阻抗不平衡，因此有必要在串补装置投运前实测电容器组不平衡电流。

为了能在运行中敏锐发现电容器出现的异常情况，要求采用高精度电容器组不平衡电流 TA，有条件将电容器组不平衡电流初始值控制在较低范围内，对于预防、减少串补电容器故障具有重要作用。

条文 10.1.2.1.2　电容器之间的连接线应采用软连接。

当串补装置运行在气候冷热变化较大的环境中时，电容器连接线会产生明显的热胀冷缩，若采用硬连接线，其胀缩应力易导致绝缘套管损坏或密封损坏。此外，采用软连接线可有效降低电容器流过较大电流时连接线产生的电动力对电容器绝缘套管造成的破坏。

条文 10.1.2.2　光纤柱内光缆长度小于 250m 时，损耗不应超过 1dB；光缆长度为 250～500m 时，损耗不应超过 2dB；光缆长度为 500～1000m 时，损耗不应超过 3dB。

串补装置实际投运前，应对平台上下光纤收发设备的发送和接收电平进行实际测量，光纤柱内光缆长度与允许最大损耗的关系应满足规定要求。

条文 10.1.2.3　串补平台上各种电缆应采取有效的一、二次设备间的隔离和防护措施，如电磁式 TA 电缆应外穿与串补平台及所连接设备外壳可靠连接的金属屏蔽管；电缆头制作工艺应符合要求；应尽量减少电缆长度；串补平台上采用的电缆绝缘强度应高于控制室内控制保护设备采用的电缆强度；接入串补平台上测量及控制箱的电缆应增加防扰措施。

该条规定明确要求串补平台上各种电缆应采取有效的一、二次设备间的隔离和防护措施，并列举了几个重要的措施。

如要求"电磁式 TA 电缆外穿与串补平台及所连接设备外壳可靠连接的金属屏蔽管"，这是由于电磁式 TA 电缆通常是平行于串补平台安装布置，如电缆不采取有效的全屏蔽措施，串补平台带电后电缆会因分布电容影响以及两端"接地"（即接平台）不良等原因极易受扰，在以往的运行中多次出现串补平台附近拉合隔离开关而引起串补保护测量异常，造成串补误动作。

此外，在设计串补平台上各 TA 的安放位置时应尽量将其靠近测量及控制箱，这是因为电磁式 TA 的电缆越长，其分布电容带来的不良影响就越大。因此，在串补平台上采用电子式 TA 或纯光 TA，以光纤代替电缆传输电流数据，将会明显改善串补测量的抗干扰能力。

[案例]　某 500kV 串补站，其他线路出现区外故障，本线路串补旁路。通过对串补站及串补监控 SOE 进行动作时序分析，对线路及串补故障录波文件进行动作情况分析，串补装置

没有接收到远方触发信号，串补各保护均未达到其整定值，实际录波显示电容器不平衡电流出现异常数据导致串补电容器不平衡保护动作，造成火花间隙误触发。经分析判断，该故障多是由于平台上采用的常规电磁式 TA 二次电缆受到强电磁场干扰，记录了不真实的电流数据，引起串补保护误动。

条文 10.1.2.4 控制保护系统。

条文 10.1.2.4.1 串补平台上控制保护设备电源应能在激光电源供电、平台取能设备供电之间平滑切换。

串补装置通常要求串补有较大负荷电流流过时（如不低于线路额定电流的 5%），采用平台取能设备单独供电；而在串补轻载或处于检修状态时，采用激光电源单独供电；在处于边界工况时，激光电源和平台取能设备可以同时混合供电。运行要求这几种供电方式必须能进行平滑切换，且不能存在任何供电死区，以确保串补平台上测量及控制保护设备均能正常工作。

条文 10.1.2.4.2 控制保护设备产生、复归告警事件以及解除重投闭锁等功能应正确。

应采取必要的检测手段，验证控制保护设备采取的抗干扰措施能够有效防止在串补装置遇到区内外故障或拉合串补相关隔离开关时误动作或误发告警。

条文 10.1.2.4.3 串补故障录波设备应准确反映串补装置各模拟量和开关量状态，能够向故障信息子站及时、正确上送录波文件。

由于通常情况下，串补平台上无法安装故障录波设备，当串补运行中出现异常情况时，控制室内配备的串补故障录波设备会起到至关重要的分析作用，因此必须要求串补故障录波设备遵循相应的故障录波设备技术准则（DL/T 553—1994《220～500kV 电力系统故障动态记录技术准则》），并能将 Comtrade 格式的录波文件及时、正确传送到电网调度的故障信息子站。

条文 10.1.2.4.4 在串补装置遇到区内外故障或拉合串补相关隔离开关时，串补控制保护不应出现误动作或误发告警的情况。

在串补装置基建调试及验收阶段，应对串补平台上及串补控制小室内的各种串补控制保护设备进行必要的抗干扰验证检查，避免在区内外故障或拉合隔离开关等工况时串补保护出现误动作或误发告警的情况。

条文 10.1.2.4.5 具备串补保护联跳线路断路器功能时，动作应正确、信号准确。

当发生串补装置旁路断路器合失灵等紧急情况时，需要采取串补保护联跳线路断路器的紧急措施。串补装置安装在线路单侧时，模拟串补联跳线路功能试验联动信号，串补保护联动线路断路器的输出信号应正确；串补装置安装在线路中间时，模拟串补联跳线路功能试验联动信号，串补保护经通信接口设备联动线路两侧断路器的输出信号应正确。

条文 10.1.2.4.6 安装串补的线路区内故障时，线路保护联动串补旁路断路器和强制触发间隙功能正确、信号准确。

加装了串补装置的线路，在出现单相故障时，如不退出相应相的串补电容器组，在某些运行工况下当线路开关重合时可能引起暂态过电压（TRV），因此从运行安全出发，目前应用的串补装置通常都增加了线路保护联动串补旁路断路器和强制触发间隙功能。串补装置安装在线路单侧时，模拟线路保护联动串补信号，线路保护联动串补保护的输出信号应正确；串补装置安装在线路中间时，模拟线路保护联动串补信号，线路保护经通信接口设备联动串补保护的输出信号应正确。

条文 10.1.2.4.7 应检查串补保护触发火花间隙功能，验证间隙能可靠击穿。

通过串补保护强制触发火花间隙是保护串补电容器等平台上设备避免或减少故障冲击影响的重要手段。因此要求进行从串补保护至间隙可靠击穿的完整触发回路的检测。

条文 10.1.3 运行阶段应注意的问题

条文 10.1.3.1 串补运行方式操作。

条文 10.1.3.1.1 在串补装置从热备用运行方式向冷备用运行方式操作过程中，应先拉开平台相对高压侧串补隔离开关，后拉开平台相对低压侧串补隔离开关。

条文 10.1.3.1.2 在串补装置从冷备用运行方式向热备用运行方式操作过程中，应先合入平台相对低压侧串补隔离开关，后合入平台相对高压侧串补隔离开关。

串补运行方式通常分为正常、热备用、冷备用、检修等四种，其一、二次设备的运行状态应符合表 10-1 规定。

表 10-1 串补装置的四种运行方式

操作设备运行方式	旁路断路器（BCB）	旁路隔离开关（MBS）	串联隔离开关（DS）	串补接地开关（ES）	控制及保护设备
正常	断开	断开	合入	断开	投入
热备用	合入	断开	合入	断开	投入
冷备用	任意	任意	断开	断开	任意
检修	任意	任意	断开	合入	退出

串补装置的典型电气主接线如图 10-5 所示。

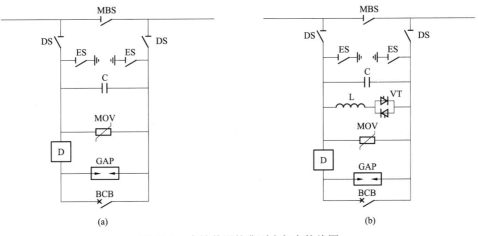

图 10-5 串补装置的典型电气主接线图

（a）固定串补装置；（b）可控串补装置

在串补装置从热备用运行方式向冷备用运行方式操作过程中，先拉开平台相对高压侧串补隔离开关，此时平台相对地面的电位无变化，因平台上所有测控设备的"接地"点都在平台上，故各种平台上的二次设备的绝缘水平不变；如先拉开平台相对低压侧串补隔离开关，平台相对高压侧与地面间的相对电位不变，但平台相对地面的电位会发生变化，施加在各种平台上二次设备的电位将出现变化，某些工况下将发生共模振荡，从而破坏二次设备的绝缘水平，引发绝缘材料过热、老化等。

在串补装置从冷备用运行方式向热备用运行方式操作过程中，先合入平台相对低压侧串补隔离开关，将平台上二次设备的电位钳制在与平台相对一致的水平上，再合入平台相对高压侧串补隔离开关，则平台上二次设备承受的电压水平不会发生变化。如先合入平台相对高压侧串补隔离开关，则会出现平台相对高压侧与地面间的相对电位不变，但平台相对地面的电位会发生变化，施加在各种平台上二次设备的电位将出现变化，某些工况下将发生共模振荡，从而破坏二次设备的绝缘水平，引发绝缘材料过热、老化等。

[案例] 某 500kV 串补站，多次出现串补装置在正常操作投入运行后不久，串补 A 和 B 套保护分别且无规律报出"平台通信故障"，经串补退出后对平台上设备进行检查发现，平台取能设备的隔离变压器绝缘涂层出现烧灼痕迹，个别隔离变压器严重烧损。经分析，在拉合隔离开关的过程中，平台上各种设备相对平台的电位会发生异常波动，加之隔离变设计的耐压等级不够，造成隔离变因绝缘强度不够而出现过热烧灼现象。

条文 10.1.3.1.3 串补装置停电检修时，运行人员应将二次操作电源断开，将相关联跳线路保护的压板断开。

该条规定是强调一、二次专业人员在检修时务必进行必要的沟通与配合。断开二次操作电源，目的是要防止二次人员传动串补保护时不会引起一次设备误动伤人；断开相关联跳本侧和对侧线路保护的压板，目的是要防止二次人员传动串补保护时不会引起相关线路保护误动。

条文 10.1.3.2 按照《输变电设备状态检修试验规程》（DL/T 393）开展红外检测，定期进行红外成像精确测温检查，应重点检查电容器组引线接头、电容器外壳、MOV 端部以及串补平台上电流流过的其他主要设备。

由于串补平台上设备发生过热或起火事件后，从串补停电到处缺时间较长，因此该条规定要强调应对串补装置会流过大电流的电容器组、MOV 等重点设备开展红外检测，以利于提早发现设备隐患或故障，及时采取预防性措施。

条文 10.1.3.3 运行中应特别关注电容器组不平衡电流值，当确认该值发生突变或越限告警时，应尽早安排串补装置检修。

运行中电容器组不平衡电流值发生突变或越限告警等情况，通常是发生了电容器熔丝熔断或电容器故障等情况，从以往出现的运行故障分析，单只电容器的损坏，容易引起其他正常运行的电容器出现过电压情况，会加速电容器的老化或故障速度，因此需要运行及检修人员对电容器组不平衡电流值发生突变或越限告警等情况予以高度重视，以利于提早发现设备隐患或故障。

条文 10.2 防止并联电容器装置事故

近年来，随着并联电容器装置容量不断加大，出现并联电容器故障时对变电站运行人员及相邻运行设备的威胁也不断增加，因此，特别在 2012 年版《十八项反措》中增加了针对并联电容器装置的相关反事故措施。实践证明，严格对并联电容器装置制造及应用环节的技术要求，可以有效降低并联电容器装置出现重大事故的风险。

条文 10.2.1 并联电容器装置用断路器部分

条文 10.2.1.1 加强电容器装置用断路器（包括负荷开关等其他投切装置）的选型管理工作。所选用断路器型式试验项目必须包含投切电容器组试验。断路器必须为适合频繁操作且开断时重燃率极低的产品。如选用真空断路器，则应在出厂前进行高压大电流老炼处理，厂家应提供断路器整体老炼试验报告。

该条规定主要是考核真空断路器投、切容性电流的能力，并消除真空泡内残存金属杂质，以避免由于残存金属杂质而产生开关分闸重燃。建议应强化对真空断路器出厂试验结果的检查。在大批量应用同型号真空断路器时，应开展设备抽检。

［案例］ 某 220kV 变电站，共 4 组 10kV 集合式电容器组，投运前，使用某型号真空断路器进行投、切电容器组试验时，因切除电容器组时出现过电压而造成 3 组电容器损坏，后经高压大电流老练试验处理，断路器恢复正常运行。

条文 10.2.1.2 交接和大修后应对真空断路器的合闸弹跳和分闸反弹进行检测。12kV 真空断路器合闸弹跳时间应小于 2ms，40.5kV 真空断路器小于 3ms；分闸反弹幅值应小于断口间距的 20%。一旦发现断路器弹跳、反弹过大，应及时调整。

真空断路器一般都采用弹簧操动结构，在调整不好的情况下，将极易产生复燃或重燃，其引起的过电压必然造成电容器损坏。

［案例 1］ 某 35kV 集合分相式电容器组，在合闸时，电容器有一相损坏减容。经检测，真空断路器合闸弹跳超过 2ms，经调整结构后恢复正常运行。

［案例 2］ 某新投运的 35kV 并联电容器组，真空断路器在一周时间内分开电容器组的多次操作过程中，分别连续出现 7 次重燃现象，造成电容器损毁。通过波形分析：两相复燃至两相或三相重燃，第一次复燃离真空断路器拉开电流灭弧不大于 3ms，这说明真空断路器还没有完全分闸到位就出现复燃，分析真空断路器真空泡内有残存杂物燃烧。后两次时间已大于 10ms，真空断路器出现反弹现象。

［案例 3］ 某 35kV 电容器组，出现真空断路器分闸时电容器损毁，经试验检测，此真空断路器反弹超过触头行程的 29%。

条文 10.2.2 并联电容器部分

条文 10.2.2.1 加强并联电容器工作场强控制，在压紧系数为 1（即 $K=1$）条件下，全膜电容器绝缘介质的平均场强不得大于 57kV/mm。

该条规定是根据国家电网公司集中规模采购招标，《国家电网公司物资采购标准（电力电容器卷框架式并联电容器成套装置册）》中的有关要求。根据近年来国家电网公司运行电容器的故障率统计，电容器采用 57kV/mm 的场强是一临界点，高于此值的电容器故障率相对较高，低于此值的电容器故障率相对较低。此外，电容器采用 57kV/mm 的场强，也是产品生产工艺复杂度与产品造价之间权衡的结果。

条文 10.2.2.2 电容器组每相每一并联段并联总容量不大于 3900kvar；单台电容器耐爆容量不低于 15kJ。

该条规定是 GB 50227—2008《并联电容器装置设计规范》中第 4.1.2 项第 3 条的规定，两项要求互相关联。

假设单台电容器容量为 417kvar，内部由 3 串元件构成，9 台并联，总容量为 3753kvar。当单台电容器承受 $1.3U_n$ 短时稳态允许过电压而造成内部有一串联段短路时，另外 8 台电容器所存能量对故障电容器放电，故障电容器的注入能量 E 可由下式近似得到

$$注入能量 \; E = \frac{1}{2}U^2C = \frac{Qk^2}{2\omega} = \frac{(3753-417)\times1.3^2}{2\times314} = 8.977 \;（kJ）$$

式中，过电压倍数 $k=1.3$，$\omega=314$。

因此，电容器组每一并联段总容量不超过 3900kvar 时，单台电容器发生故障时，其爆破能量不会超过 15kJ。

条文 10.2.2.3 同一型号产品必须提供耐久性试验报告。对每一批次产品，制造厂需提供能覆盖此批次产品的耐久性试验报告。有关耐久性试验的试验要求，按照《标称电压 1kV 以上交流电力系统用并联电容器 第 2 部分：耐久性试验》GB/T 11024.2 中的有关规定进行。

该条规定主要是考虑电容器产品长期运行的稳定性而针对电容器单元的制造工艺提出的型式试验要求，应按照 GB/T 11024.2《标称电压 1kV 以上交流电力系统用并联电容器 第 2 部分 耐久性试验》中有关规定开展过电压周期试验和老化试验。过电压周期试验是为了验证在从额定最低温度到室温的范围内，反复的过电压周期不致使介质击穿。老化试验是为了验证在提高的温度下，由增加电场强度所造成的加速老化不会引起介质过早击穿。

条文 10.2.2.4 加强电容器设备的交接验收工作。

条文 10.2.2.4.1 生产厂家应在出厂试验报告中提供每台电容器的脉冲电流法局部放电试验数据，放电量应不大于 50pC。

该条规定是保证电容器出厂时工艺质量的一项关键技术指标。现行国内电容器制造厂家的出厂局放试验（极间和极对外壳），通常采用超声波法测量局放。通过对超声波法试验结果与脉冲电流法试验结果进行对比，发现超声波法存在灵敏度低、难以发现隐藏的绝缘缺陷。

［案例 1］ 2008 年根据对国内 7 个主要电容器生产厂家的调研结果统计，出厂试验中对同一型号规格的电容器做超声波法极对壳（常温）局放试验，所测局放量不超过 10pC。通过对其中某厂家的电容器使用脉冲电流法抽查测量局放，试验环境不变的情况下，有的电容器局放量达到上百皮库。

[案例2] 某制造厂 2006 年的电容器产品运行不到两年，当差压保护动作后，经检查发现有 24%的电容器损坏。通过对故障电容器解体查看，电容器内部元件在场强分布较低的元件大面，出现击穿点。其主要原因是：元件卷绕工艺粗糙，有大量皱褶；这些元件在压紧后，抽真空及注油浸渍不良；内部气泡在运行中产生局部放电，很短时间就造成元件绝缘击穿。这些电容器在出厂试验中采用超声波法测量局放，未能在出厂环节有效检测出产品的重大质量隐患。

[案例3] 某制造厂某批次出厂的 140 台 334kvar 电容器，出厂的超声波局放试验报告都标为合格，但在交接验收试验时，采用脉冲电流法测量电容器的局放量，有 70 多台电容器局放超标。

条文 10.2.2.4.2 电容器例行试验要求定期进行电容器组单台电容器电容量的测量，应使用不拆连接线的测量方法，避免因拆装连接线条件下，导致套管受力而发生套管漏油的故障。对于内熔丝电容器，当电容量减少超过铭牌标注电容量的 3%时，应退出运行，避免电容器带故障运行而发展成扩大性故障。对用外熔断器保护的电容器，一旦发现电容量增大超过一个串段击穿所引起的电容量增大，应立即退出运行，避免电容器带故障运行而发展成扩大性故障。

采用内熔丝的电容器，当实际运行中减容超过 3%时，由于内部熔丝熔断，剩下完好的与其并联的电容元件会因容抗升高而承受过电压运行，很容易发生损坏。从 2008 年以来，通过在交接验收试验时要求采用脉冲电流法抽测电容器局放，在现场预试中将减容超过 3%的电容器退出运行这两项有效措施，至今尚未发生大量电容器损坏的现象。

[案例] 某制造厂的电容器产品，在现场预试中检查出有部分电容器减容超过 3%。再运行一个月后，电容器组主保护动作，电容器装置退出运行。经检查发现有 23 台电容器损坏。

条文 10.2.3 外熔断器部分

条文 10.2.3.1 应加强外熔断器的选型管理工作，要求厂家必须提供合格、有效的型式试验报告。型式试验有效期为 5 年。户内型熔断器不得用于户外电容器组。

条文 10.2.3.2 交接或更换后外熔断器的安装角度应符合产品安装说明书的要求。

条文 10.2.3.3 及时更换已锈蚀、松弛的外熔断器，避免因外熔断器开断性能变差而复燃导致扩大事故。

条文 10.2.3.4 安装 5 年以上的户外用外熔断器应及时更换。

目前，国内生产的外熔断器的性能、质量差别较大，甚至相同型号、不同批次的产品质量差别也较大，因此，要求通过每隔 5 年开展型式试验，对外熔丝的产品质量加强管理。

外熔断器的安装角度必须按制造厂的说明书来安装、运行。如角度安装不合适，当电容器发生故障时，外熔断器将不能可靠动作，从而引起电容器故障扩大，如出现套管折断、电容器爆壳等严重后果。户外型外熔断器，已运行 5 年以上，根据实际运行观测，由于受风雨、污秽侵蚀，已大批失效，必须进行更换。

［案例］　某 220kV 变电站 10kV 电容器组故障，由于外熔断器安装角度不满足厂家要求，出现熔丝管破裂，造成多台电容器套管断裂故障。

条文 10.2.4　串联电抗器部分

条文 10.2.4.1　电抗器的电抗率应根据系统谐波测试情况计算配置，必须避免同谐波发生谐振或谐波过度放大。运行中谐波电流应不超过标准要求。已配置抑制谐波用串联电抗器的电容器组，禁止减容量运行。

该条规定主要是避免带有串联电抗器的电容器组产生谐波谐振或谐波过度放大。

［案例］　某 110kV 变电站 10kV 电容器组，串联 5% 电抗，10kV 母线没有安装配 12% 串联电抗的电容器组，运行中出现串联电抗器（干式铁芯）过热烧损故障。经 48 小时连续监测，由于负荷存在谐波源，投入 5% 串联电抗的电容器组，在某一时段，存在对三次谐波电压严重放大的情况，造成串抗烧损。

条文 10.2.4.2　室内宜选用铁芯电抗器。

干式空芯电抗器的漏磁很大，如果安装在户内，会对安装在同一建筑物内的通信、继电保护设备产生很大的电磁干扰。

［案例］　某变电站内二楼装有一组空芯串抗，运行期间，安装在三楼的通信设备无法正常运行，监视器图像扭曲、模糊无法正常使用。

条文 10.2.4.3　新安装干式空芯电抗器时，不应采用叠装结构，避免电抗器单相事故发展为相间事故。

该条规定是由于叠装结构的空芯串抗相间距离较近，如小动物或较大的鸟类窜入电抗器内，会造成相间短路故障，严重时会引起主变压器跳闸，造成大面积停电。由于并联电容器组通常安装在主变压器的低压侧，与变电站的主电压等级无关，因此，这项规定适用于任何电压等级的变电站。

［案例 1］　某 500kV 变电站 35kV 电容器组，由于鸟类的窜入，导致多起相间短路故障，引起隔离开关瓷柱折断。

［案例 2］　多个 220kV 变电站 10kV 电容器组，当小动物窜入电抗器相间间隔内，引起相间短路故障。

条文 10.2.4.4　干式空芯电抗器应安装在电容器组首端，在系统短路电流大的安装点应校核其动稳定性。

该条规定是当电容器组（尤其是采用上下叠装结构的三相电容器）出现相间短路故障时，避免过大的短路电流对主变压器的冲击。因此，在设计时必须考虑电抗器动稳定特性，避免烧损电抗器。

条文 10.2.4.5　干式空芯电抗器出厂应进行匝间耐压试验，当设备交接时，具备条件时应进行匝间耐压试验。

电抗器匝间绝缘击穿短路是引起干式空芯电抗器损坏的重要原因。现有的电抗器保护无法提供快速有效的保护。实际运行中通常是运行人员发现电抗器着火后，由运行人员操作跳开断路器。因此，通过匝间耐压试验严把电抗器制造质量，是一项行之有效的质量保障措施。需要强调的是，进行匝间耐压试验的设备必须能提供足够的匝间耐压试验能量或足够大的电压陡度。目前通常利用雷电冲击法进行空芯电抗器匝间耐压试验，鼓励采用震荡波法或其他新方法进行空芯电抗器匝间耐压试验。

[案例]　某厂生产的为 35kV 电压等级、容量 60Mvar 的并联电容器组配套的串抗，在 2010 年连续发生两起串抗着火烧毁故障。事故调查过程中，对该厂生产的串抗进行雷电冲击试验，在施加 180kV 雷电冲击波时，串抗出现匝间击穿。

条文 10.2.5　放电线圈部分

条文 10.2.5.1　放电线圈首末端必须与电容器首末端相连接。

该条规定是为了避免放电线圈回路把串抗也包含进去的错误接线方式。

条文 10.2.5.2　新安装放电线圈应采用全密封结构。对已运行的非全密封放电线圈应加强绝缘监督，发现受潮现象应及时更换。

该条规定是为了逐步淘汰非全密封式放电线圈。

条文 10.2.6　避雷器部分

条文 10.2.6.1　电容器组过电压保护用金属氧化物避雷器接线方式应采用星形接线，中性点直接接地方式。

除了条文中要求采用的接线方式外，以往还常采用"3+1"的接线方式，即其中三只避雷器首端分别接电容器各相首端，尾端接在一起后，再通过另一只避雷器接地的方式。由于"3+1"的接线方式对通流容量要求较大，实际避雷器生产工艺难以满足要求。

条文 10.2.6.2　电容器组过电压保护用金属氧化物避雷器应安装在紧靠电容器组高压侧入口处位置。

只有按照该条规定要求安装金属氧化物避雷器，才能保证电容器组在有效的过电压保护范围之内。如果将金属氧化物避雷器接在电源到电容器组进线侧，串联电抗器布置在首端，则加在电抗和容抗上的电动势方向相反，电容器的电压比电源电压高，当出现过电压工况时，避雷器将难以起到限压保护作用。

条文 10.2.6.3　选用电容器组用金属氧化物避雷器时，应充分考虑其通流容量的要求。

电容器组用金属氧化物避雷器，主要是防止操作过电压对电容器的危害。考虑通流容量的要求，主要是指 2ms 方波的冲击电流容量。

条文 10.2.7　电容器组保护部分

条文 10.2.7.1　采用电容器成套装置及集合式电容器时，应要求厂家提供保护计算方法和保护整定值。

因为电容器组的主保护定值受电容器的内部结构、设计场强、膜的几何尺寸、元件串并数量等诸多因素相互影响，制造厂对电容器装置的设计参数掌握更准确，其计算提供的定值也较为合理。

条文 10.2.7.2 电容器组安装时应尽可能降低初始不平衡度，保护定值应根据电容器内部元件串并联情况进行计算确定。500kV 变电站电容器组各相差压保护定值不应超过 **0.8V**，保护整定时间不宜大于 **0.1s**。

该条规定是保障当电容器故障时，电容器保护装置能够及时动作，最大限度地减少电容器的损坏台数。

2007 年以前，由于受电容器制造工艺的影响，差压保护定值为躲避合闸瞬间在电容器组每相的上、下臂出现的不平衡过渡过程，其动作时间都 $\geq 0.2s$；为避免电容器组每相的上、下臂的原始不平衡，其动作电压都 $\geq 2V$。这种保护定值的设定原则具有不良后果：动作延时过长会导致电容器内部元件承受过电压时间过长；个别电容器内部多熔丝动作会因为保护灵敏度不够而不能及时发现。

目前，国内电容器的工艺水平已经能够保证，电容器组每相的上、下臂的原始不平衡电压值可以保证不大于 0.6V，电容器组投入合闸瞬间，不平衡超定值电压持续时间不超过 0.065s。

［**案例**］ 某 500kV 变电站配备 35kV 电压等级容量为 64.128Mvar/334kvar 的电容器组，差压保护定值为：动作时间 0.5s，动作电压 5V。当电容器故障导致差压保护动作时，一组电容器已有超过 12.4% 的电容器单元损坏。从 2007 年底，该变电站采用本条"500kV 变电站电容器组各相差压保护定值不应超过 0.8V，保护整定时间不宜大于 0.1s"的技术要求后，更换后的电容器未再出现大面积损坏。

11 防止互感器损坏事故

总体情况说明

本章主要根据国家电网公司《预防 110（66）kV～500kV 互感器事故措施》（国家电网生〔2004〕641 号）、《110（66）kV～500kV 互感器技术监督规定》（国家电网生技〔2005〕174 号）等有关规定，并参考了国家电网公司 2009 年发布的《预防倒立式 SF₆ 电流互感器事故措施》（国家电网生技〔2009〕80 号）和公司《预防油浸式电流互感器、套管设备故障补充措施》（国家电网生技〔2009〕819 号）对防止互感器事故措施进行了修编。

编写结构分为防止各类油浸式互感器事故和防止 110（66）～500kV SF₆ 绝缘电流互感器事故两部分。编制中对 2005 年版《十八项反措》中部分要求进行了细化，同时对 2005 年版《十八项反措》中与国家标准、行业标准及补充反措中有冲突的地方进行了修订。

在"防止各类油浸式互感器事故"方面，2005 年版《十八项反措》提出了 23 条反措，本次修订后提出了 24 条反措。在防止 110（66）～500kV SF₆ 绝缘电流互感器事故方面，2005 年版《十八项反措》提出了 15 条反措，本次修订后提出了 16 条反措。

条 文 说 明

条文 为防止互感器损坏事故，应严格执行国家电网公司《预防 110（66）kV～500kV 互感器事故措施》（国家电网生〔2004〕641 号）、《110（66）kV～500kV 互感器技术监督规定》（国家电网生技〔2005〕174 号）、《预防倒立式 SF₆ 电流互感器事故措施》（国家电网生技〔2009〕80 号）、《预防油浸式电流互感器、套管设备故障补充措施》（国家电网生技〔2009〕819 号）等有关规定，并提出以下重点要求。

条文 11.1 防止各类油浸式互感器事故

本反措中的各类"油浸式互感器"，包括油浸式电压互感器、电流互感器、油纸电容绝缘的电流互感器和电容式电压互感器等。

条文 11.1.1 设计阶段应注意的问题

条文 11.1.1.1 油浸式互感器应选用带金属膨胀器微正压结构型式。

互感器在设计时要求考虑基建阶段时因试验要求取油样后仍能保证互感器在最低环境温度下仍然处在微正压状态。

条文 11.1.1.2 所选用电流互感器的动热稳定性能应满足安装地点系统短路容量的要求，一次绕组串联时也应满足安装地点系统短路容量的要求。

电流互感器一次绕组在使用不同变比时可采用并联和串联的方式。在一次绕组使用串联方式时，动热稳定性能也应该满足短路容量的要求。

条文 11.1.1.3　电容式电压互感器的中间变压器高压侧不应装设 MOA。

正确方法是采用阻尼回路在源头上防止谐振过电压的产生，而不是采用加装 MOA 的方式限制过电压。

　　[案例]　某 500kV 变电站，某线线路 B 相 CVT，型号：TYD3500/$\sqrt{3}$–0.005H，2006 年 8 月 23 日，发现 CVT 的二次侧无电压信号，后经检查一次末端对地绝缘电阻为零，解体检查发现是 CVT 电磁单元装设的氧化锌避雷器损坏而导致。据统计同厂家同型号设备已多次出现过失压现象。

条文 11.1.2　基建阶段应注意的问题

条文 11.1.2.1　110（66）～500kV 互感器在出厂试验时，局部放电试验的测量时间延长到 5min。

由于东北电网主设备电压等级为 66～500kV，因此，将"110kV～500kV 互感器在出厂试验时进行局部放电试验……"修改为"110（66）～500kV 互感器在出厂试验时进行局部放电试验……"。

条文 11.1.2.2　对电容式电压互感器应要求制造厂在出厂时进行 $0.8U_{1n}$、$1.0U_{1n}$、$1.2U_{1n}$ 及 $1.5U_{1n}$ 的铁磁谐振试验（注：U_{1n} 指额定一次相电压，下同）。

在电容式电压互感器的现行国家标准中铁磁谐振试验是型式试验项目而不属于出厂例行试验项目，但国家电网公司《110（66）kV～500kV 电压互感器技术标准》规定为工厂的例行试验。

条文 11.1.2.3　电磁式电压互感器在交接试验和投运前，应进行 $1.5U_{m}/\sqrt{3}$（中性点有效接地系统）或 $1.9U_{m}/\sqrt{3}$（中性点非有效接地系统）电压下的空载电流测量。

进行电磁式电压互感器的空载电流测量意义与重要性在于：选用励磁特性饱和点较高的 TV，防止中性点非直接接地系统发生由于电磁式电压互感器饱和产生的铁磁谐振过电压；高限电压（$1.5U_{m}/\sqrt{3}$ 或 $1.9U_{m}/\sqrt{3}$）下空载电流的限制有助于控制 TV 在短时最高运行电压下的电流及温升；额定电压下及高限电压下空载电流值及其变化量有助于明确反映 TV 铁芯特性，从而对制造厂家的设计、制造进行约束；历次试验空载电流的变化又有助于判断匝间绝缘是否完好。

该项试验推荐的试验方法为：从二次绕组加压试验，测量该绕组工频电流，将该电流值折算到一次侧，这样做能提高测量准确性和重复性，降低对试验设备的要求，使试验容易进行。试验时应测量额定电压及高限电压下的空载电流，建议其增量一般情况下不应大于出厂试验值的 5%。

建议励磁特性的拐点电压应大于 $1.5U_{m}/\sqrt{3}$（中性点有效接地系统）或 $1.9U_{m}/\sqrt{3}$（中性点非有效接地系统）。拐点电压：电压加于被测二次绕组两端，其他绕组开路，测量励磁电流，当电压每增加 10% 时，励磁电流增加 50%。

条文 11.1.2.4 电流互感器的一次端子所受的机械力不应超过制造厂规定的允许值,其电气连接应接触良好,防止产生过热故障及电位悬浮。互感器的二次引线端子应有防转动措施,防止外部操作造成内部引线扭断。

防止互感器一次及二次端子在安装、检修时,进行拆接一次及二次引线工作时,对引线端子造成的损坏。互感器的二次引线端子应有防转动结构,同时避免因端子转动导致内部引线受损和断裂。

[案例] 某变电站母线 220kV 电流互感器进行检修后,投运时发生零序保护动作,造成严重后果。经检查发现是由于互感器检修工作时二次端子内部引线断裂引发事故。

条文 11.1.2.5 已安装完成的互感器若长期未带电运行(110kV 及以上大于半年;35kV及以下一年以上),在投运前应按照《输变电设备状态检修试验规程》(DL/T 393—2010)进行例行试验。

条文 11.1.2.6 在交接试验时,对 110(66)kV 及以上电压等级的油浸式电流互感器,应逐台进行交流耐受电压试验,交流耐受电压试验前后应进行油中溶解气体分析。油浸式设备在交流耐受电压试验前要保证静置时间,110(66)kV 设备静置时间不小于 24h、220kV设备静置时间不小于 48h、330kV 和 500kV 设备静置时间不小于 72h。

明确规定油浸式设备交流耐压试验前的静止时间要求,以保证在耐压试验时不会因为设备内部的气泡造成局部放电而对设备绝缘造成损坏。

条文 11.1.2.7 对于 220kV 及以上电压等级的电容式电压互感器,其耦合电容器部分是分成多节的,安装时必须按照出厂时的编号以及上下顺序进行安装,严禁互换。

运输和安装互感器时,应严格按照生产厂家安装说明书上的方法进行运输和安装。尤其是电容式电压互感器,进行下节吊装时必须吊在中间变压器下部的专用吊点上,严禁吊在电容器部分的上部吊点。

对于 220kV 以上电压等级的电容式电压互感器,其耦合电容器部分是分成多节的,安装时必须按照出厂时的编号以及上下顺序进行安装,严禁互换。

对于多节的电容式电压互感器,如其中一节电容器出现问题不能使用,应整套 CVT 返厂更换或修理,出厂时应进行全套出厂试验,一般不允许在现场调配单节或多节电容器。在特殊情况下必须现场更换其中的单节或多节电容器时,必须对该 CVT 进行角差、比差校验。

[案例] 2005 年某 500kV 变电站某线路出口 CVT 精度试验时,发现三相 CVT 的精度都不合格,检查后发现由于 500kV CVT 由三节组成,基建安装时未按照铭牌装配。

条文 11.1.2.8 电流互感器运输应严格遵照设备技术规范和制造厂要求,220kV 及以上电压等级互感器运输应在每台产品(或每辆运输车)上安装冲撞记录仪,设备运抵现场后应检查确认,记录数值超过 5g 的,应经评估确认互感器是否需要返厂检查。

根据《预防油浸式电流互感器、套管设备故障补充措施》(国家电网生技〔2009〕819 号)新增的有关要求,防止由于运输环节导致互感器内部出现缺陷。

条文 11.1.2.9 电流互感器一次直阻出厂值和设计值无明显差异，交接时测试值与出厂值也应无明显差异，且相间应无明显差异。

防止因一次端子引线内部工艺问题造成事故，需要特别注意负荷较大和负荷波动较大的线路上所使用的电流互感器。

[案例] 某供电公司风电接入的线路 B、C 两相 220kV 正立式电流互感器发生运行中喷油事故，解体后发现电流互感器一次导电杆与一次端子之间连接的铝排，成形工艺较差，不平整，且在铝排与导电杆连接的根部存在疑似高温导致变形的痕迹，见图 11-1。

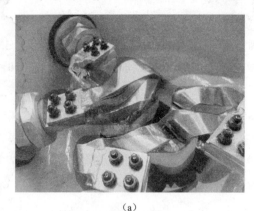

（a）   （b）

图 11-1　某 220kV 正立式电流互感器故障解体照片

（a）一次导电杆与一次端子间连接铝排照片；（b）一次导电杆与主体连接电流互感器处故障后照片

未解体前由接线端子上测量一次绕组直阻与解体后由铝排端子上测量的一次绕组直阻值存在差别，同时与设计值差别较大。B 相解体后的主绝缘处的铝箔纸上存在多处浅色黄斑。分析原因认为风电接入线路负荷波动较大，负荷也很重，一旦一次存在局部过热点，容易导致绝缘介质迅速劣化，引发事故。

条文 11.1.3　运行阶段应注意的问题

条文 11.1.3.1　事故抢修安装的油浸式互感器，应保证静放时间，其中 **500kV** 油浸式互感器静放时间应大于 **36h**，**110～220kV** 油浸式互感器静放时间应大于 **24h**。

条文 11.1.3.2　对新投运的 **220kV** 及以上电压等级电流互感器，**1～2** 年内应取油样进行油色谱、微水分析；对于厂家明确要求不取油样的产品，确需取样或补油时应由制造厂配合进行。

由于油净化工艺、绝缘件干燥不彻底等制造工艺造成的隐患，在电流互感器运行 1～2 年内发生问题的情况时有发生，因此，应在设备投运后 1～2 年内进行油色谱和微水的测试工作。互感器属于少油设备，倒立式电流互感器油更少，取油过多可能会影响微正压状态。因此，每次取油时应严密注意膨胀器油位，如需要补油，应由厂家补油或在厂家的指导下进行补油。

[案例] 某变电站内共有 18 台同类型 110kV 电流互感器，均为 2007 年 12 月投运，2

台 110kV 电流互感器在 2008 年 3 月 1 日和 2008 年 5 月 21 日发生喷油故障，油色谱试验判断该电流互感器内部可能存在局部放电。对站内其他同型号电流互感器进行色谱检验，发现其中 9 台色谱数据有不同程度的异常。经分析原因在于制造厂变压器油净化工艺存在问题，导致油中环己烷的含量超标，烷烃在裂化、脱氢的反应下，产生氢气。随着氢气的增加在膨胀器内产生压力，除了推动膨胀器升高外，同时加速氢气向互感器本体器身内扩散，氢气在电场的作用下，在油纸间产生局部放电。

条文 11.1.3.3 互感器的一次端子引线连接端要保证接触良好，并有足够的接触面积，以防止产生过热性故障。一次接线端子的等电位连接必须牢固可靠。其接线端子之间必须有足够的安全距离，防止引线线夹造成一次绕组短路。

互感器一次引线连接不良易引发过热性故障，造成互感器喷油乃至炸裂等故障。

[案例] 某站 101B 相电流互感器，型号：LCWB6-110W2，2007 年 4 月投运。2007 年 11 月在红外测试中发现其头部温度比其他两相高约 10℃。取油进行色谱分析，发现含有 0.4μL/L 的乙炔。分析其内部一次连接部分有缺陷。同型号产品同样的缺陷在其他变电站也发生过。

条文 11.1.3.4 老型带隔膜式及气垫式储油柜的互感器，应加装金属膨胀器进行密封改造。现场密封改造应在晴好天气进行。对尚未改造的互感器应每年检查顶部密封状况，对老化的胶垫与隔膜应予以更换。对隔膜上有积水的互感器，应对其本体和绝缘油进行有关试验，试验不合格的互感器应退出运行。绝缘性能有问题的老旧互感器，退出运行不再进行改造。

条文 11.1.3.5 对硅橡胶套管和加装硅橡胶伞裙的瓷套，应经常检查硅橡胶表面有无放电现象，如果有放电现象应及时处理。

条文 11.1.3.6 运行人员正常巡视应检查记录互感器油位情况。对运行中渗漏油的互感器，应根据情况限期处理，必要时进行油样分析，对于含水量异常的互感器要加强监视或进行油处理。油浸式互感器严重漏油及电容式电压互感器电容单元渗漏油的应立即停止运行。

渗漏油的互感器可能会导致外界水分的进入，引发事故。应重视倒立式油浸式互感器的巡视，少油设备发生渗漏油情况应及时处理，避免发生事故。

条文 11.1.3.7 应及时处理或更换已确认存在严重缺陷的互感器。对怀疑存在缺陷的互感器，应缩短试验周期并进行跟踪检查和分析查明原因。对于全密封型互感器，油中气体色谱分析仅 H_2 单项超过注意值时，应跟踪分析，注意其产气速率，并综合诊断：如产气速率增长较快，应加强监视；如监测数据稳定，则属非故障性氢超标，可安排脱气处理；当发现油中有乙炔时，按《输变电设备状态检修试验、规程》（DL/T 393—2010）规定执行。对绝缘状况有怀疑的互感器应运回试验室进行全面的电气绝缘性能试验，包括局部放电试验。

条文 11.1.3.8 如运行中互感器的膨胀器异常伸长顶起上盖，应立即退出运行。当互感器出现异常响声时应退出运行。当电压互感器二次电压异常时，应迅速查明原因并及时处理。

条文 11.1.3.9 当采用电磁单元为电源测量电容式电压互感器的电容分压器 C1 和 C2 的电容量和介质损耗时，必须严格按照制造厂说明书规定进行。

分节的 CVT 对于上节独立电容器应采用正接线测量 10kV 下的电容量和介质损耗；对于下节 C1 和 C2，采用自激法测量时，应控制电磁单元一次侧电压一般不超过 2.5kV，且加压绕组不得过流。

条文 11.1.3.10 根据电网发展情况，应注意验算电流互感器动热稳定电流是否满足要求。若互感器所在变电站短路电流超过互感器铭牌规定的动热稳定电流值时，应及时改变变比或安排更换。

条文 11.1.3.11 严格按照《带电设备红外诊断应用规范》（DL/T 664—2008）的规定，开展互感器的精确测温工作。新建、改扩建或大修后的互感器，应在投运后不超过 **1** 个月内（但至少在 **24h** 以后）进行一次精确检测。**220kV** 及以上电压等级的互感器每年在季节变化前后应至少各进行一次精确检测。在高温大负荷运行期间，对 **220kV** 及以上电压等级互感器应增加红外检测次数。精确检测的测量数据和图像应存入数据库。

型号规格相同的电压致热型设备，可根据其对应点温升值的差异来判断设备是否正常。电流致热型设备的缺陷宜用允许温升或同类允许温差的判断依据确定。对于 220kV 及以上电压等级的互感器，每年在迎峰度夏和迎峰度冬前后应进行精确测温。

条文 11.1.3.12 加强电流互感器末屏接地检测、检修及运行维护管理。对结构不合理、截面偏小、强度不够的末屏应进行改造；检修结束后应检查确认末屏接地是否良好。

互感器在投运前应注意检查各部位接地是否牢固可靠，如电流互感器的电容末屏接地、电磁式电压互感器高压绕组的接地端（X 或 N）接地、电容式电压互感器的电容分压器部分的低压端子（δ 或 N）的接地及互感器底座的接地等，严防出现内部悬空的假接地现象。

结构不合理、截面偏小、强度不够的末屏在运输、吊装、运行时容易发生破损、放电、断裂的情况，严重时会引发互感器爆炸的情况。因此，对于这种结构的末屏应进行改造。

[案例] 某电厂升压站某相倒立式电流互感器检修后运行中发生爆炸，对相邻相电流互感器进行油色谱分析，发现乙炔和总烃均严重超标，对邻相互感器解体后发现末屏连线较细，有磨损和放电的痕迹。事故原因：由于末屏结构不合理、截面偏小，在运输、吊装时发生破损，运行时引发放电，最终导致互感器爆炸。爆炸后电流互感器如图 11-2 所示。

图 11-2 某电厂升压站电流互感器爆炸后照片

条文 11.2 防止 110（66）～500kV SF₆ 绝缘电流互感器事故

条文 11.2.1 设计阶段应注意的问题

条文 11.2.1.1 应重视和规范气体绝缘的电流互感器的监造、验收工作。

近年来 SF_6 绝缘电流互感器已成为 220kV 及以上高压等级独立式电流互感器的主要产品，应用越来越多，进口产品、合资产品和国产设备均发生过事故，因此，应加强对气体绝缘的电流互感器的监造和验收工作。

条文 11.2.1.2 如具有电容屏结构，其电容屏连接筒应要求采用强度足够的铸铝合金制造，以防止因材质偏软导致电容屏连接筒移位。

气体绝缘对于场强的均匀性比较敏感，相同条件下，均匀电场和不均匀电场情况下气体的绝缘特性相差较大，不均匀电场气体的绝缘耐受电压较低，当连接筒移位和变形后对电场的均匀性影响较大。建议进行振动试验，验证产品设计强度。

[案例] 1999 年，某 500kV 变电站发生多起 SF_6 绝缘电流互感器运行中击穿，经解体分析认为其主要原因是该批产品的电容屏连接筒为铝板材压制，其强度不够，在运输、安装等环节中易发生移位或变形，后全部换成了强度高的铸铝合金材料。

条文 11.2.1.3 加强对绝缘支撑件的检验控制。

SF_6 绝缘电流互感器内部绝缘支撑件承受机械应力和电气绝缘作用，是 SF_6 绝缘电流互感器内的重要部件，应确保支撑件满足在全电压下 20h 无局部放电的要求。此外，装配时应保证绝缘支撑件的工艺清洁度，确保其沿面的绝缘性能可靠。

条文 11.2.2 基建阶段应注意的问题

条文 11.2.2.1 出厂试验时各项试验包括局部放电试验和耐压试验必须逐台进行。

条文 11.2.2.2 制造厂应采取有效措施，防止运输过程中内部构件振动移位。用户自行运输时应按制造厂规定执行。

条文 11.2.2.3 110kV 及以下互感器推荐直立安放运输，220kV 及以上互感器必须满足卧倒运输的要求。运输时 110（66）kV 产品每批次超过 10 台时，每车装 10g 振动子 2 个，低于 10 台时每车装 10g 振动子 1 个；220kV 产品每台安装 10g 振动子 1 个；330kV 及以上每台安装带时标的三维冲撞记录仪。到达目的地后检查振动记录装置的记录，若记录数值超过 10g 一次或 10g 振动子落下，则产品应返厂解体检查。

本条文提出了加强电流互感器运输的过程控制和保证的措施。国内有几次电流互感器（包括油浸倒置式电流互感器）的故障与运输中受到强烈冲撞有关，这些互感器虽然又回到制造厂通过了相关试验，但仍在运行中发生爆炸事故。例如，运输中汽车翻倒或包装箱主梁断裂时，应考虑将电流互感器的主绝缘重绕，避免存在工厂常规试验中发现不了局部缺陷（如绝缘局部裂纹或二次引线管的局部移位开裂）。

条文 11.2.2.4 运输时所充气压应严格控制在允许的范围内。

条文 11.2.2.5 进行安装时，密封检查合格后方可对互感器充 SF_6 气体至额定压力，静置 24h 后进行 SF_6 气体微水测量。气体密度表、继电器必须经校验合格。

由于气体设备内部绝缘部件中含有的水分的析出，设备内部水分分布达到平衡需要时间，因此，SF_6 气体微水测量应在充 SF_6 气体至额定压力、静置 24h 后进行，以保证测试的准确性。

[案例] 北京某变电站某相气体电流互感器安装时，气体充至额定压力后，立即进行微水试验，测试结果为 80μL/L，而第二天进行老炼试验前又进行微水测试，发现微水含量达到 550μL/L。

条文 11.2.2.6 气体绝缘的电流互感器安装后应进行现场老炼试验。老炼试验后进行耐压试验，试验电压为出厂试验值的 **80%**。条件具备且必要时还宜进行局部放电试验。

老炼试验程序如下预加 1.1 倍设备额定相对地电压 10min，然后下降至 0；施加 1.0 倍设备额定相对地电压 5min，接着升到 1.73 倍设备额定相对地电压 3min，然后下降至 0。老炼试验后应进行工频耐压试验，所加试验电压值为出厂试验值的 80%。

在安装后进行现场老炼试验和耐压试验以进行投运前最后的把关，排除运输、安装过程中可能造成的内部部件移位、变形和进入杂质等隐患。主要原因在于现场进行互感器类的局放测量，升压设备和现场干扰问题都不易解决，强制执行确有困难。同时局放和介损试验与电流互感器结构有关，如非电容屏结构可不进行介损试验。

条文 11.2.3 运行阶段应注意的问题

条文 11.2.3.1 运行中应巡视检查气体密度表，产品年漏气率应小于 **0.5%**。

2005 年版《十八项反措》规定"产品年漏气率应小于 1%"，本次修改为"产品年漏气率应小于 0.5%"，修改后与现行国家标准一致。

条文 11.2.3.2 若压力表偏出绿色正常压力区时，应引起注意，并及时按制造厂要求停电补充合格的 **SF₆** 新气。一般应停电补气，个别特殊情况需带电补气时，应在厂家指导下进行。

补充气体时需要注意充气管路的除潮干燥。为防止在补气时由于管路泄漏、接头漏气、逆止阀损坏而导致设备本体漏气，影响设备运行安全，一般情况下应停电补气。

条文 11.2.3.3 补气较多时（表压小于 **0.2MPa**），应进行工频耐压试验。

由于泄漏原因导致补气较多时，为防止设备内绝缘部件由于泄漏而受潮，投运前应对设备进行耐压试验。

条文 11.2.3.4 交接时 **SF₆** 气体含水量小于 **250μL/L**。运行中不应超过 **500μL/L**（换算至 **20℃**），若超标时应进行处理。

2005 年版《十八项反措》规定"运行中 SF_6 气体含水量不应超过 300μL/L，若超标时应尽快退出运行"，本次修订改为"运行中不应超过 500μL/L（换算至 20℃）"，修改后与国标、行业标准及状态检修试验规程一致。水分超过 300μL/L 退出运行，要求过于严格，同时含水量测试需要注意温度的换算。

条文 11.2.3.5 设备故障跳闸后，应进行 **SF₆** 气体分解产物检测，以确定内部有无放电，避免带故障强送再次放电。

设备故障跳闸后，应先使用 SF$_6$ 分解气体快速测试装置（分解产物测试仪、特征气体检气管或色谱分析仪均可），对设备内气体进行检测，以确定内部有无放电，避免带故障强送再次放电；带故障强送将对电网造成冲击，设备内再次放电将进一步破坏内部结构。

条文 11.2.3.6 对长期微渗的互感器应重点开展 SF$_6$ 气体微水量的检测，必要时可缩短检测时间，以掌握 SF$_6$ 电流互感器气体微水量变化趋势。

12 防止 GIS、开关设备事故

总体情况说明

本章依照了国家电网公司《高压开关设备技术监督规定》（国家电网生技［2005］174号）、《预防 12kV～40.5kV 交流高压开关柜事故补充措施》（国家电网生［2010］811 号）、《预防交流高压开关柜人身伤害事故措施》（国家电网生［2010］1580 号）、《关于加强气体绝缘金属封闭开关全过程管理重点措施》（国家电网生［2011］1223 号）等有关规定，并结合近年开关设备运行状况进行修订。近年来 GIS 用量越来越大，且 GIS 设备事故类型与敞开式开关设备有较大不同，因此本章反事故措施更名为：防止 GIS、开关设备事故。

2005 年版《十八项反措》中防止开关设备事故措施共 61 条反措，本次修订提出了 60 条反措。

条 文 说 明

条文 为防止开关设备事故，应严格执行国家电网公司《高压开关设备技术监督规定》（国家电网生技［2005］174号）、《预防 12kV～40.5kV 交流高压开关柜事故补充措施》（国家电网生［2010］811 号）、《预防交流高压开关柜人身伤害事故措施》（国家电网生［2010］1580 号）、《关于加强气体绝缘金属封闭开关全过程管理重点措施》（国家电网生［2011］1223 号）等有关规定，并提出以下重点要求。

条文 12.1 防止 GIS（包括 HGIS）、SF_6 断路器事故

条文 12.1.1 设计、制造的有关要求

条文 12.1.1.1 加强对 GIS、SF_6 断路器的选型、订货、安装调试、验收及投运的全过程管理。

国家电网公司 2011 年发布了《关于加强气体绝缘金属封闭开关全过程管理重点措施》，对 GIS 设备的选型、订货、安装调试、验收及投运等过程进行了规定，对于 GIS 设备和 SF_6 断路器，由于一旦设备安装，设备布置、设备基础、二次接线等都全部确定，运行中如果出现设备整体质量问题，则更换改造极为困难，因此在选型时应选择具有良好运行业绩和成熟制造经验生产厂家的产品。

条文 12.1.1.2 新订货断路器应优先选用弹簧机构、液压机构（包括弹簧储能液压机构）。

目前高压断路器基本上为三种机构形式，即弹簧机构、液压机构和气动机构，由于弹簧机构现场维护量小，液压机构运行较为平稳而优先选用，气动操动机构由于存在操作介质不洁造成阀体、管路等部件的生锈、气动机构压缩机逆止阀使用寿命短等问题而避免采用。

条文 12.1.1.3 GIS 在设计过程中应特别注意气室的划分，避免某处故障后劣化的 SF_6 气体造成 GIS 的其他带电部位的闪络，同时也应考虑检修维护的便捷性，保证最大气室气体量不超过 **8h** 的气体处理设备的处理能力。

GIS 在设计阶段对于气室的划分第一应考虑功能模块上的气室分隔，在某一部分闪络故障切除后，应避免故障后劣化的气体扩散到正常带电运行的隔室，造成事故扩大。另外，对于 GIS 中的气室，特别是母线气室，生产厂家从成本角度考虑减少隔离绝缘盆的使用，使 GIS 的部分气室容积过大，对于故障后的修复、SF_6 气体处理等带来很大不便，因此提出考虑检修维护的便捷性，保证最大气室气体量不超过 8h 的气体处理设备的处理能力。

［案例］ 某厂家 GIS 双母线设计对于任一间隔的双母线隔离开关处于同一气室中，运行中某一隔离开关闪络故障极易造成另一隔离开关也对地闪络，造成双母线同时停电。

条文 12.1.1.4 GIS、SF_6 断路器设备内部的绝缘操作杆、盆式绝缘子、支撑绝缘子等部件必须经过局部放电试验方可装配，要求在试验电压下单个绝缘件的局部放电量不大于 **3pC**。

GIS 和 SF_6 断路器中的绝缘拉杆、盆式绝缘子、支撑绝缘子等绝缘部件，可能由开关制造厂生产也可能由制造厂外部购入，在绝缘件正式装配前，应保证 GIS 和断路器内的各绝缘件均通过了局部放电检测试验，且要求单个绝缘件局部放电量不大于 3pC。

条文 12.1.1.5 断路器、隔离开关和接地开关出厂试验时应进行不少于 **200** 次的机械操作试验，以保证触头充分磨合。**200** 次操作完成后应彻底清洁壳体内部，再进行其他出厂试验。

依照国家电网公司《关于加强气体绝缘金属封闭开关全过程管理重点措施》的规定，对于 GIS 中的断路器、隔离开关和接地开关应在出厂试验中进行不小于 200 次的机械操作磨合，磨合后打开检查触头情况，清扫壳体内部。

近年发生过多起因为 GIS 中的断路器、隔离开关操作产生的触头金属碎屑引发的对地故障，GIS 出厂时对各部件进行操作磨合是减小这类故障产生的有效手段，同时 200 次磨合也能对操动机构进行充分润滑。

条文 12.1.1.6 SF_6 密度继电器与开关设备本体之间的连接方式应满足不拆卸校验密度继电器的要求。

密度继电器应装设在与断路器或 GIS 本体同一运行环境温度的位置，以保证其报警、闭锁触点正确动作。

220kV 及以上 GIS 分箱结构的断路器每相应安装独立的密度继电器。

户外安装的密度继电器应设置防雨罩，密度继电器防雨箱（罩）应能将表、控制电缆接线端子一起放入，防止指示表、控制电缆接线盒和充放气接口进水受潮。

该条文依照国家电网公司《关于加强气体绝缘金属封闭开关全过程管理重点措施》（国家电网生〔2011〕1223 号）中对 SF_6 气体密度继电器的要求。

密度继电器应定期校验，以防止密度继电器动作值不准或偏离造成断路器误报警或不报警。在设备订货时，应要求密度继电器连接设计应满足不拆卸校验的要求，这样就可能避免拆卸造成的密封不严、气体泄漏等问题的发生。

密度继电器或其感温部分的必须与断路器本体处于相同环境中，这样才能避免密度继电器误补偿、误动作。早期部分型号的 SF$_6$ 断路器密度继电器安装在机构箱中，机构箱中有加热器及密封保温措施，当断路器所处的温度下降时，密度继电器会因误补偿而报警或闭锁动作。

曾发生过多起因密度继电器接线部位进水而引发控制直流接地、误动作的故障，因此对于密度继电器及其接线部位必须加装适当的防雨罩。

条文 12.1.1.7　为便于试验和检修，GIS 的母线避雷器和电压互感器应设置独立的隔离开关或隔离断口；架空进线的 GIS 线路间隔的避雷器和线路电压互感器宜采用外置结构。

GIS 中的避雷器、电压互感器耐压水平与 GIS 设备不一致，一般较 GIS 中断路器、隔离开关等元件的额定耐压水平低，如果设计时没有相应的隔离开关或断口，则必须在耐压试验前将其拆卸，对原部位进行一定均压处理后方可进行 GIS 耐压，耐压通过后再进行避雷器和电压互感器安装，这样使得耐压试验周期变得很长，且现场处理的密封面，对接面变多，不利于 GIS 内部清洁度的控制。因此对于 GIS 的母线避雷器和电压互感器应设置独立的隔离开关或隔离断口。

对于架空进线的 GIS 间隔，考虑试验的方便性及设备可靠性，应将线路避雷器和电压互感器设计为外置式常规设备，不放入 GIS 设备中。

条文 12.1.1.8　用于低温（最低温度为−30℃及以下）、重污秽 e 级或沿海 d 级地区的 220kV 及以下电压等级 GIS，宜采用户内安装方式。

目前大量使用的 GIS 设备在设计、试验中未充分考虑户外使用环境的影响，在福建、浙江等地区发生过大量的 GIS 外壳、机构箱锈蚀、脱皮的现象，因此，在上述运行条件下 GIS 设备宜采用户内安装方式。

条文 12.1.1.9　断路器二次回路不应采用 RC 加速设计。

部分断路器的二次分闸回路采用 RC 加速设计，即由分闸线圈与一个 RC 并联部件串接而成，线圈直流电阻通常为几欧姆，在分闸回路带电时，由于电容器相当于通路，分闸线圈短时获得很大的电流，以快速启动铁芯运行，此种设备对二次电缆及直流系统要求较高，运行中常出现因直流电缆压降或跳闸继电器触点压降过大而拒动的故障，导致分闸失败和电阻烧毁，因此不应采用。采用加速分闸回路的断路器二次控制图见图 12-1。

条文 12.1.1.10　开关设备机构箱、汇控箱内应有完善的驱潮防潮装置，防止凝露造成二次设备损坏。

开关设备的机构箱、汇控箱一般应设有两种加热器电源：一种为驱潮防潮设计，应长期投入，

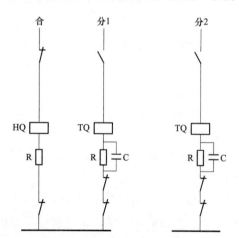

图 12-1　采用加速分闸回路的断路器二次控制图

功率一般较小；另一种为加热电源，在温度低于设定值投入。

条文 12.1.1.11　GIS 布置设计应便于设备运行、维护和检修，并应考虑在更换、检查 GIS 设备中某一功能部件时的可维护性。

GIS 设备由于结构紧凑，母线、断路器、隔离开关等可能重叠，在布置设计应充分考虑维修更换某一部件时的可维护性，不用整套 GIS 停电。

[案例]　某变电站 500kV GIS 采用 3/2 接线，一台 500kV 断路器内部故障，更换此断路器需将其上方的两条母线均停电拆开方可吊出故障的断路器，维修期间全站停电一周时间。

条文 12.1.1.12　220kV 及以上电压等级 GIS 应加装内置局部放电传感器。

随着对 GIS 可靠性要求的提高和带电检测技术的进步，通过 GIS 内置传感器进行运行中带电局部放电测量能够有效、及时发现 GIS 内部的缺陷，防止 GIS 绝缘事故的发生，而且内置局部放电传感器能大大提高检测灵敏度，因此要求新订货 220kV GIS 应加装内置局部放电传感器。

条文 12.1.2　基建、安装阶段的有关要求

条文 12.1.2.1　GIS、罐式断路器及 500kV 及以上电压等级的柱式断路器现场安装过程中，必须采取有效的防尘措施，如移动防尘帐篷等，GIS 的孔、盖等打开时，必须使用防尘罩进行封盖。安装现场环境太差、尘土较多或相邻部分正在进行土建施工等情况下应停止安装。

GIS、罐式断路器安装现场洁净度的控制是防止设备运行后绝缘故障的重要手段。GIS 的孔、盖打开时应使用防尘罩，否则可能有飞虫、灰尘等进行入。

[案例 1]　某变电站 500kV 罐式断路器发生内部绝缘故障，设备解体时发现内部有不少飞虫尸体。经查实该断路器为夏季安装，安装人员在傍晚进行罐体内工作时，使用的照明灯光吸引周围飞虫进入罐体内部，且未清理干净导致内部放电。

[案例 2]　内蒙古某单位在罐式断路器解体检修时发现内部有较多的黄沙，为安装时未采取有效防尘措施所致。

条文 12.1.2.2　SF_6 开关设备设备现场安装过程中，在进行抽真空处理时，应采用出口带有电磁阀的真空处理设备，且在使用前应检查电磁阀动作可靠，防止抽真空设备意外断电造成真空泵油倒灌进入设备内部。并且在真空处理结束后应检查抽真空管的滤芯是否有油渍。为防止真空度计水银倒灌进入设备中，禁止使用麦氏真空计。

GIS 设备在安装过程中抽真空处理时间较长，且一般安装现场施工电源不可靠，可能随时断电。如果真空处理设备电磁阀不可靠，极有可能将真空泵油倒吸入 GIS 设备内部，真空泵油进入 GIS 设备时会呈雾状散布于 GIS 内部各零部件表面，极难处理干净，国内曾发生过几起由于真空泵油而导致的 GIS 绝缘故障。同样，在真空处理过程中禁止使用麦氏真空计防止水银进入设备内部，此类事件网内发生过多起。

[案例]　2010 年，某站 GIS 设备在切除线路故障过程中出线隔离开关气室内部闪络，分析认为安装过程中由于真空泵油进入设备，附着在绝缘表面，在通过较大电流时发生对地故

障。某站 GIS 设备出线隔离开关气室闪络图见图 12-2。

条文 12.1.2.3 GIS 安装过程中必须对导体是否插接良好进行检查，特别对可调整的伸缩节及电缆连接处的导体连接情况应进行重点检查。

GIS 安装过程中调节伸缩节可能造成内部导体接触不良，运行中伸缩节处导体发热可能造成绝缘击穿。对于母线伸缩节可以通过两个 GIS 出线间隔带母线伸缩节进行导电回路电阻试验来检查。

图 12-2 某站 GIS 设备出线隔离开关气室闪络图

GIS 与电缆连接处一般采用可拆卸式导体，待 GIS 和电缆耐压试验完成后进行该导体安装，但该导体是否安装到位不能直观检查，可能发生插接不到位现象。因此，对于 GIS 与电缆连接可以将本侧接地开关合入，从电缆另一侧通过相间接触电阻试验来检查；

［案例 1］ 2008 年，某变电站 GIS 发生内部绝缘事故，查明原因是由于 GIS 电缆出线处有一可拆卸式导体，待 GIS 和电缆耐压试验完成后进行该导体安装，但该导体是否安装到位不能直观检查，带负荷运行后导体发热造成绝缘击穿。

图 12-3 某站 GIS 伸缩节处导体
插接不良造成的发热损坏

［案例 2］ 2007 年，某站因为 GIS 伸缩节处导体插接不良造成带负荷后发热导致绝缘击穿，如图 12-3 所示。

条文 12.1.2.4 严格按有关规定对新装 GIS、罐式断路器进行现场耐压，耐压过程中应进行局部放电检测，有条件时可对 GIS 设备进行现场冲击耐压试验。

GIS 现场耐压试验可采用交流电压试验，也可以采用冲击电压进行试验，两种方法对发现 GIS 内部的不同类型缺陷灵敏度不同，但由于交流电压试验现场较容易实施，一般采用交流电压试验。在交流电压施加的同时，应该采用超声波或超高频等不同手段进行局部放电测量，该局部放电测量是交流耐压试验的一个极好的补充。对于具有现场冲击耐压试验设备的单位也可增加在现场对 GIS 进行冲击电压试验。

条文 12.1.2.5 断路器安装后必须对其二次回路中的防跳继电器、非全相继电器进行传动，并保证在模拟手合于故障条件下断路器不会发生跳跃现象。

如果断路器二次回路中的防跳继电器动作时间大于断路器分闸时间，则在手合于故障时会发生断路器跳跃现象，传动时应采用正确的方法进行传动。以往采用的传动方法为：断路器在分闸位置，持续给断路器一个合闸命令，待断路器合好后再给一个分闸命令，断路器执行分闸后不再进行合闸即认为防跳功能正常，这种方法没有考虑防跳继电器也需要一定时间才能动作。如果动作时间较长，在断路器手合于故障时，防跳继电器线圈带电触点还未动作时断路器已经完成分闸转入准备合闸状态，防跳继电器线圈会失电，其触点得不到保持电流，防跳功能失去，在持续的合闸命令下，断路器会再次合入。

条文 12.1.2.6　加强断路器合闸电阻的检测和试验，防止断路器合闸电阻缺陷引发故障。在断路器产品出厂试验、交接试验及例行试验中，应对断路器主触头与合闸电阻触头的时间配合关系进行测试，有条件时应测量合闸电阻的阻值。

目前，500kV 及以上电压的断路器可能配有合闸电阻，合闸电阻因为其结构复杂，故障率较高。在交接和例行试验中都应进行与主触头的配合时间测试，有条件时还应测试电阻的阻值，防止合闸电阻故障。

［案例1］　某 500kV 柱式断路器，由于合闸电阻触头撞击变形，在断路器分闸后电阻断口未分闸到位，当断路器两侧隔离开关合闸时，合闸电阻断口被击穿，合闸电阻片长时间通流造成瓷套爆开，如图 12-4 所示。

［案例2］　某 500kV 罐式断路器，在线路故障重合的过程中发生内部对罐体绝缘故障，解体分析发现该断路器合闸电阻片压紧件变形，事故原因认为合闸电阻由于压紧不足，整体阻值变大，在经过线路重合的大电流过程中发热，电阻片碎裂，落入罐底，引发内部绝缘事故，如图 12-5 所示。

图 12-4　某 500kV 柱式断路器合闸电阻损坏

图 12-5　某 500kV 罐式断路器合闸电阻损坏

条文 12.1.2.7　断路器产品出厂试验、交接试验及例行试验中，应进行断路器合—分时间及操动机构辅助开关的转换时间与断路器主触头动作时间之间的配合试验检查，对 **220kV 及以上断路器，合—分时间应符合产品技术条件中的要求，且满足电力系统安全稳定要求。**

条文 12.1.2.8　**SF_6 气体必须经 SF_6 气体质量监督管理中心抽检合格，并出具检测报告后方可使用。**

条文 12.1.2.9　**SF_6 气体注入设备后必须进行湿度试验，且应对设备内气体进行 SF_6 纯度检测，必要时进行气体成分分析。**

目前，由于 SF_6 气体来源较多，质量参差不齐，所以 SF_6 气体使用前必须经气体管理中心抽检合格方可使用。国家电网公司在各地区均设立了相应的 SF_6 气体质量监督管理中心。

对于注入设备后的气体除按规定进行湿度检测外，还应检测 SF_6 气体纯度，防止设备内 SF_6 气体纯度不足而引发故障。

[案例] 某站 GIS 设备现场安装过程中，安装人员未对断路器气室进行抽真空处理，直接在设备内原带气体（一般为制造厂的试验气体，纯度较低）的基础上充入新的 SF_6 气体，随后检测中发现 SF_6 纯度偏低。因此，现场安装中气体充入前必须进行设备的抽真空处理，方可充入 SF_6 新气。

条文 12.1.3　运行中应注意的问题

条文 12.1.3.1　应加强运行中 GIS 和罐式断路器的带电局部放电检测工作。在 A 类或 B 类检修后应进行局部放电检测，在大负荷前、经受短路电流冲击后必要时应进行局部放电检测，对于局部放电量异常的设备，应同时结合 SF_6 气体分解物检测技术进行综合分析和判断。

条文 12.1.3.2　为防止运行断路器绝缘拉杆断裂造成拒动，应定期检查分合闸缓冲器，防止由于缓冲器性能不良使绝缘拉杆在传动过程中受冲击，同时应加强监视分合闸指示器与绝缘拉杆相连的运动部件相对位置有无变化，或定期进行合、分闸行程曲线测试。对于采用"螺旋式"连接结构绝缘拉杆的断路器应进行改造。

目前，断路器因缓冲器不良而引起的事故较多，建议运行、检修单位要重点巡视、检查，特别要防止缓冲器因液压油泄漏（弹簧疲劳、衬垫脱离）而不起作用。

早期 LW6 型断路器其绝缘拉杆接头采用"螺旋式"结构，多次操作中由于机构工作缸活塞运动时可能引入的旋转运动，会造成绝缘拉杆松脱，已有大量事实证明了这一点。因此对于 LW6 型断路器的绝缘拉杆接头应实施改造，并在运行和维修中注意检查有关运动部件相对位置有无变化。

其他型号的 SF_6 断路器也发生过此类故障，定期进行机械特性试验也是发现故障的一种手段。

图 12-6　某 500kV 四断口断路器螺旋式
连接结构的绝缘拉杆

[案例] 2006 年，某单位运行的 500kV 四断口断路器在预试时发现断路器分闸位置时北侧两个断口处于合位，拆解发现北柱绝缘拉杆断开，北侧机构为分位但断口处于合位。该绝缘拉杆接头为螺旋式连接结构，如图 12-6 所示。

条文 12.1.3.3　当断路器液压机构突然失压时应申请停电处理。在设备停电前，严禁人为启动液压泵，防止断路器慢分。

液压机构失压后，如果人为启动液压泵，断路器可能会因工作缸活塞两端油压差而造成慢分，如果运行中发生慢分，必然造成灭弧室爆炸。

因此，断路器液压机构失压后，应利用系统其他设备使该断路器停电再进行处理，严格禁止液压机构失压后人为启动液压泵。

条文 12.1.3.4 对气动机构宜加装汽水分离装置和自动排污装置,对液压机构应注意液压油油质的变化,必要时应及时滤油或换油。

气动机构的操作介质为压缩空气,来源为大气,压缩过程中空气中的水分会变成液态,存于储气罐中,所以对气动机构应安装汽水分离装置和自动排污装置,并应进行定期排水。寒冷地区冬季运行时应防止压缩空气回路结冰造成拒动。

液压机构的油质变化可能造成液压阀密封不严、阀芯动作不畅等问题。

[案例1] 2003年,山西某电厂冬季进行联结变压器停电操作时发生单相拒分,现场人员立即手压该相分闸按钮后开关依然拒动,运行人员立即进行了合闸操作,保持三相合位(气动操动机构为气动分闸和弹簧合闸),后以电吹风对空气管路、机构阀体进行加热,并进行排水,证明管路及阀体中结冰,引起拒动,加热及放水后分闸操作正常。

[案例2] 某变电站曾发生因液压机构油质乳化,油中杂质多,在分闸后断路器机构自行合闸的故障。

条文 12.1.3.5 当断路器大修时,应检查液压(气动)机构分、合闸阀的阀针是否松动或变形,防止由于阀针松动或变形造成断路器拒动。

条文 12.1.3.6 弹簧机构断路器应定期进行机械特性试验,测试其行程曲线是否符合厂家标准曲线要求;对运行10年以上的弹簧机构可抽检其弹簧拉力,防止因弹簧疲劳,造成断路器动作不正常。

机械特性参数是断路器的主要性能参数,包括分(合)闸速度、分(合)闸时间、分(合)闸不同期性、机械行程和超程,这些参数与断路器的开断性能密切相关。行程特性曲线的测试尤为重要,它能连续反映断路器分、合闸全行程中的时间—行程特性,以前由于测试设备的限制未能测试,目前测试设备的发展和标准的强制性要求,因此新装和大修后断路器应进行测量。对于弹簧机构,其操作能量来源于合闸和分闸弹簧,而合闸和分闸弹簧长期处于储能状态,而非自由状态,其弹簧的性能决定了断路器的合分闸性能,目前已经发现多起因为弹簧材质等原因产生的弹簧性能下降,而此种性能变化不能在断路器运行中及时发现,必须通过过程特性曲线的测试来发现。

条文 12.1.3.7 加强操动机构的维护检查,保证机构箱密封良好,防雨、防尘、通风、防潮等性能良好,并保持内部干燥清洁。

条文 12.1.3.8 加强辅助开关的检查维护,防止由于触点腐蚀、松动变位、触点转换不灵活、切换不可靠等原因造成开关设备拒动。

条文 12.2 防止敞开式隔离开关、接地开关事故

条文 12.2.1 设计、制造的有关要求

条文 12.2.1.1 隔离开关和接地开关必须选用符合国家电网公司《关于高压隔离开关订货的有关规定(试行)》完善化技术要求的产品。

高压隔离开关是电力系统中使用量最大、应用范围最广泛的高压开关设备，主要起隔离作用，且结构简单，造价低廉，因此隔离开关长期不受制造部门和使用部门的重视。其设计、选材、加工工艺、组装调试和质量控制等均处于次要位置，产品的性能和质量难以保证。运行部门在专业管理工作中多年来忽略了对高压隔离开关的管理，尤其是运行维护和检修的管理。

在 20 世纪 90 年代之前，虽然高压隔离开关早已故障频发、质量问题大量存在，但由于高压少油断路器的运行可靠性低、检修周期短、临修频繁，所以高压隔离开关的问题并不十分突出。但是 20 世纪 90 年代后，由于高压 SF_6 断路器的大量使用，突显了高压隔离开关与运行可靠性得到极大改善的 SF_6 断路器不相匹配的矛盾。高压隔离开关的制造质量和运行管理，尤其是运行可靠性已经不能适应电网的技术进步和开关设备技术发展的要求。运行状况表明，高压隔离开关的运行可靠性距电网高运行可靠性的要求相差甚远，它经已并且正在严重地威胁着电力系统的运行安全，这种状况应该而且必须改变。

为此，国家电网公司组织进行了高压隔离开关完善化工作，在全国范围内组织调研，调研内容包括隔离开关在设计、制造及运行中存在的问题，最终形成隔离开关完善化方案，主要针对隔离开关常见的绝缘子断裂、操作失灵、导电回路过热和锈蚀等缺陷进行了完善化设计和完善化改造。出台了《关于高压隔离开关订货的有关规定（试行）》，将隔离开关选型订货与完善化相结合，要求新订货的隔离开关必须是性能可靠、满足《关于高压隔离开关订货的有关规定（试行）》各项技术要求的产品。

条文 12.2.1.2　220kV 及以上电压等级隔离开关和接地开关在制造厂必须进行全面组装，调整好各部件的尺寸，并做好相应的标记。

国家电网公司《关于高压隔离开关订货的有关规定（试行）》明确要求，隔离开关和接地开关在工厂内整体组装，在各项性能指标调试合格后，应对传动、转动等部位以及瓷瓶配装做醒目标记。其主要目的是：① 隔离开关到达现场后就所做标识进行组装，保证产品性能与出厂时一致；② 避免在现场对传动杆等进行切割、焊接等工作，影响设备组装精度；③ 可大大减少现场安装、调试工作量。

条文 12.2.1.3　隔离开关与其所配装的接地开关间应配有可靠的机械闭锁，机械闭锁应有足够的强度。

足够强度的机械闭锁装置是防止误分、合接地开关最重要的技术手段，可靠的机械闭锁包括强度的要求和配合精度的要求，这两方面任一不满足，都可能造成误操作事故。

[案例]　1999 年，某变电站人员在操作隔离开关分闸过程中误按压对应接地开关机构箱中的合闸接触器，而且两者之间的机械半锁强度不足，闭锁半月板的轴销被剪断，造成带电合入接地开关。

条文 12.2.1.4　同一间隔内的多台隔离开关的电机电源，在端子箱内必须分别设置独立的开断设备。

同一间隔内隔离开关设置独立电源开关可以有效避免因电源原因造成的隔离开关误动作。

［案例］ 2010 年，某电厂在进行倒间隔内设备母线操作时，正常操作应先合上Ⅰ母线隔离开关再分开Ⅱ母线隔离开关，但该厂本间隔内隔离开关共用一个操作电源，在合入操作电源准备进行合Ⅰ母线隔离开关时，Ⅰ母线隔离开关突然分闸，造成带负荷拉隔离开关，全厂停电。事后查明，其Ⅱ母线隔离开关分闸接触器粘连，在给入电源后自动执行分闸操作。

条文 12.2.2　基建阶段应注意的问题

条文 12.2.2.1　应在绝缘子金属法兰与瓷件的胶装部位涂以性能良好的防水密封胶。

隔离开关的支柱或操作绝缘子的集中受力点在绝缘子下法兰的胶装处，根据绝缘子断裂的事故统计，绝大多数的断裂事故均发生在绝缘子下法兰处。通常是因为法兰处积水生锈或绝缘子在制造过程胶装工艺不合格和上下法兰安装垂直度存在偏差等原因造成。

如果绝缘子瓷件下法兰胶装处由于下雨积水，造成金属件生锈、冬季积水结冰膨胀，可能造成绝缘子损伤，因此应在其法兰处涂以防水密封胶。

条文 12.2.2.2　新安装或检修后的隔离开关必须进行导电回路电阻测试。

条文 12.2.2.3　新安装的隔离开关手动操作力矩应满足相关技术要求。

条文 12.2.3　运行中应注意的问题

条文 12.2.3.1　对不符合国家电网公司《关于高压隔离开关订货的有关规定（试行）》完善化技术要求的 72.5kV 及以上电压等级隔离开关、接地开关应进行完善化改造或更换。

条文 12.2.3.2　加强对隔离开关导电部分、转动部分、操动机构、瓷绝缘子等的检查，防止机械卡涩、触头过热、绝缘子断裂等故障的发生。隔离开关各运动部位用润滑脂宜采用性能良好的二硫化钼锂基润滑脂。

隔离开关的运动部位应定期检查与润滑，普通的润滑剂耐气候能力不足，温度适应范围窄，润滑剂冬季易凝固，夏季易变稀流出，造成润滑不良，新型的锂基润滑脂克服了这些缺点，能够做到长期保持良好润滑。

条文 12.2.3.3　为预防 GW6 型等类似结构的隔离开关运行中"自动脱落分闸"，在检修中应检查操动机构蜗轮、蜗杆的啮合情况，确认没有倒转现象；检查并确认隔离开关主拐臂调整应过死点；检查平衡弹簧的张力应合适。

GW6 型隔离开关为单柱双臂垂直伸缩式结构（即剪刀式），曾经发生过运行中因为蜗轮蜗杆齿轮脱开啮合，机构倒转，造成运行中带负荷分隔离开关。所以对于 GW6 型隔离开关应在检修中检查蜗轮蜗杆齿轮，并应检查机构拐臂是否过死点，以及平衡弹簧的张力，防止GW6 隔离开关出现"自动脱落分闸"。

［案例］ 2007 年 8 月，某站 2212-4 隔离开关自行断开。经检查，判定为 2212-4 隔离开关在合闸后未到"死点"，运行中由于剪刀头的重力及风的影响造成隔离开关突然自行脱落。

条文 12.2.3.4　在运行巡视时，应注意隔离开关、母线支柱绝缘子瓷件及法兰无裂纹，夜间巡视时应注意瓷件无异常电晕现象。

条文 12.2.3.5 在隔离开关倒闸操作过程中，应严格监视隔离开关动作情况，如发现卡滞应停止操作并进行处理，严禁强行操作。

隔离开关操作中发生卡滞时，如果进行强行操作，可能会造成绝缘子、触头等部位异常受力，可能造成绝缘子断裂、触头脱落，并可能引发严重的人身伤害及母线停电事故。因此，对于操作卡滞现象，应严格对待，发现时应停止操作进行处理。

条文 12.2.3.6 定期用红外测温设备检查隔离开关设备的接头/导电部分，特别是在重负荷或高温期间，加强对运行设备温升的监视，发现问题应及时采取措施。

红外测温是发现设备过热的重要的有效手段，特别是对于设备接头、隔离开关导电回路等，目前各运行单位均已有相应的红外测温制度，均规定了正常的红外测温的周期及高温、大负荷期间的测温周期。部分运行单位规定在变电站设备停电前三天内应进行红外测温，发现问题停电时一并处理，值得推广。

条文 12.2.3.7 对处于严寒地区、运行 10 年以上的罐式断路器，应结合例行试验对瓷质套管法兰浇装部位防水层完好情况进行检查，必要时应重新复涂防水胶。

严寒地区运行的罐式断路器，长时间运行后其套管法兰浇装部位的防水胶可能失胶或脱落，水泥胶装部位进水后，在温度变化产生应力的情况下，可能造成套管断裂。

[案例] 2012 年 1 月，西北地区连续发生两起 330kV 罐式断路器套管断裂故障。事故暴露出瓷套法兰浇装部位防水胶在严寒地区及温差大的环境条件下不能保障其有效寿命，长期运行后会出现起皮、开裂，甚至脱落现象。根据现场检查及验证试验结果分析，两起套管断裂故障原因均为套管法兰与瓷套之间填充水泥因进水受潮及低温下变化膨胀，产生不均匀应力，挤压瓷套根部造成瓷套根部薄弱处损伤，并在开关内部气体压力作用下发生断裂。

条文 12.3 防止开关柜事故的措施

条文 12.3.1 设计、施工的有关要求

条文 12.3.1.1 高压开关柜应优先选择 LSC2 类（具备运行连续性功能）、"五防"（防止误分（误合）断路器；防止带负荷拉（合）隔离开关；防止带电合接地开关、挂接地线；防止带地线（接地开关）合断路器（隔离开关）；防止误入带电间隔）功能完备的产品，其外绝缘应满足以下条件：

空气绝缘净距离：≥125mm（对 12kV），≥300mm（对 40.5kV）；

爬电比距：≥18mm/kV（对瓷质绝缘），≥20mm/kV（对有机绝缘）。

如采用热缩套包裹导体结构，则该部位必须满足上述空气绝缘净距离要求；如开关柜采用复合绝缘或固体绝缘封装等可靠技术，可适当降低其绝缘距离要求。

开关柜"五防"的核心是通过开关柜的机械和电气的强制性联锁功能（误分合断路器为提示性），防止运行人员误操作，避免人身及设备受到伤害。因此，高压开关柜必须采用"五防"功能完备的产品。

由于原有的外绝缘距离在开关柜凝露或者严重积污情况下，不能达到其应有的绝缘水平，因此，在试验验证的基础上，提出了对开关柜内空气绝缘净距离及爬电比距的要求。

目前由于开关柜设备尺寸设计越来越小，其内部空气净距不满足标准要求，部分厂家采用了热缩套包裹导体来加强绝缘。运行经验表明，该技术不能满足安全运行要求，因此对采用热缩形式的，其设计尺寸按裸导体要求，如开关柜采用复合绝缘或固体绝缘封装等可靠技术，可适当降低其绝缘距离要求，但还应通过凝露和污秽试验。

条文 12.3.1.2 开关柜应选用 IAC 级（内部故障级别）产品，制造厂应提供相应型式试验报告（报告中附试验试品照片）。选用开关柜时应确认其母线室、断路器室、电缆室相互独立，且均通过相应内部燃弧试验，燃弧时间为 0.5s 及以上内部故障电弧允许持续时间应不小于 0.5s，试验电流为额定短时耐受电流，对于额定短路开断电流 31.5kA 以上产品可按照 31.5kA 进行内部故障电弧试验。封闭式开关柜必须设置压力释放通道，交接验收时应检查泄压通道或压力释放装置，确保与设计图纸保持一致。

本条依照《预防交流高压开关柜人身伤害事故措施》（国家电网生〔2010〕1580 号）要求。内部燃弧试验是考核开关柜防护能力的重要手段，对于开关柜内部可能产生电弧的隔室均应进行燃弧试验，燃弧时间根据保护系统故障切除的最大时间取 0.5s。内部燃弧的试验电流应等于开关柜内断路器的额定短路耐受电流，对于 31.5kA 以上的产品由于试验能力的影响，可暂时按 31.5kA 进行试验。

封闭式开关柜应设计、制造压力释放通道，以防止开关柜内部发生短路故障时，高温高压气体将柜门冲开，造成运行人员人身伤害事故。

[案例] 2009 年 9 月 30 日，某供电公司某 220kV 变电站一 10kV 开关柜内部三相短路，电弧产生高温高压气浪冲开柜门，造成 2 名在开关柜外进行现场检查的运行值班员被电弧灼伤，其中 1 人经抢救无效死亡。该事故造成人身伤亡事故的主要原因是该开关柜出厂时未设计制造压力释放通道，当开关柜内部发生三相短路时，高温高压气体将前柜门冲开，造成人身伤害。

条文 12.3.1.3 用于电容器投切的开关柜必须有其所配断路器投切电容器的试验报告，且断路器必须选用 C2 级断路器。用于电容器投切的断路器出厂时必须提供本台断路器分、合闸行程特性曲线，并提供本型断路器的标准分、合闸行程特性曲线。条件允许时，可在现场进行断路器投切电容器的大电流老炼试验。

电容器组投切时，断路器如果发生重燃，将会产生很高的重燃过电压，常会造成电容器组损坏。依据国家标准，断路器根据其重燃概率分为 C1 级和 C2 级，C1 级为容性电流开断过程中具有低的重击穿概率，C2 级为容性电流开断过程中具有非常低的重击穿概率。对于投切电容器组的断路器，应选用 C2 级。

由于电容器开关操作频繁，其动作性能可能会因操作弹簧的性能下降而改变，规程规定此类开关应在例行试验时测量其行程特性曲线，而此曲线必须与该开关的出厂曲线及该型号开关的标准曲线相比较方可得出是否合格的结论。因此，要求制造厂在出厂时提供本台产品的测试曲线及本型号产品的标准行程特性曲线。

条文 12.3.1.4 高压开关柜内一次接线应符合《国家电网公司输变电工程通用设计110～500kV 变电站分册（2011 年版）》要求，避雷器、电压互感器等柜内设备应经隔离开关（或隔离手车）与母线相连，严禁与母线直接连接。其前面板模拟显示图必须与其内部接线一致，开关柜可触及隔室、不可触及隔室、活门和机构等关键部位在出厂时应设置明显的安全警告、警示标识。柜内隔离金属活门应可靠接地，活门机构应选用可独立锁止的结构，可靠防止检修时人员失误打开活门。

[案例] 2009 年，江西某运行单位人员在对开关柜内电压互感器进行更换时，由于电压互感器与母线避雷器共处一个隔室，在隔离手车已退出情况下，运行人员误触母线避雷器，造成多名人员伤亡。经检查发现，其与母线直接连接，未通过隔离手车隔离，人员在拉出手车后，误认为避雷器、电压互感器等均不带电，造成误触带电部位。

条文 12.3.1.5 高压开关柜内的绝缘件（如绝缘子、套管、隔板和触头罩等）应采用阻燃绝缘材料。

高压开关柜内的绝缘材料应采用阻燃型材料，防止开关柜内起火燃烧。

条文 12.3.1.6 应在开关柜配电室配置通风、除湿防潮设备，防止凝露导致绝缘事故。

由于热缩材料、复合绝缘材料、固体绝缘材料在开关柜中的大量应用，开关柜对地、相间尺寸大大减小，低于空气绝缘下的设计标准，且部分材料存在质量不稳定，未经过高低温试验、老化试验、凝露污秽等试验考核，造成运行中开关柜时常发生绝缘故障，因此，通常运行单位在高压配电室加装通风、除湿设备，改善开关柜运行环境，减少凝露引起的绝缘事故。

条文 12.3.1.7 开关柜设备在扩建时，必须考虑与原有开关柜的一致性。

由于开关柜扩建时需与原有开关柜并接，所以应该选用与原有开关柜同一厂家、同一型号的开关柜产品。

条文 12.3.1.8 开关柜中所有绝缘件装配前均应进行局部放电检测，单个绝缘件局部放电量不大于 3pC。

条文 12.3.2 基建阶段应注意的问题

条文 12.3.2.1 基建中高压开关柜在安装后应对其一、二次电缆进线处采取有效封堵措施。

条文 12.3.2.2 为防止开关柜火灾蔓延，在开关柜的柜间、母线室之间及与本柜其他功能隔室之间应采取有效的封堵隔离措施。

高压开关柜由于是成排布置，一般柜体内部各隔室均有完整分隔，但部分母线间未采用有效封堵，一旦柜内发生火灾，则可能通过母线处发生延燃，造成"火烧连营"的严重后果。

条文 12.3.2.3 高压开关柜应检查泄压通道或压力释放装置，确保与设计图纸保持一致。

泄压通道和压力释放装置是防止开关柜内部电弧后对运行操作人员造成伤害的重要保

障。2010 年，某公司某变电站运行操作人员在开关柜附近工作，开关柜内部发生故障，故障电弧冲出开关柜前柜门，造成人员受伤。事后分析认为该型开关柜未设置压力释放通道。

条文 **12.3.3**　运行中应注意的问题

条文 **12.3.3.1**　手车开关每次推入柜内后，应保证手车到位和隔离插头接触良好。

条文 **12.3.3.2**　每年迎峰度夏（冬）前应开展超声波局部放电检测、暂态地电压检测，及早发现开关柜内绝缘缺陷，防止由开关柜内部局部放电演变成短路故障。

超声波局部放电测试和暂态地电波测试能够有效发现开关柜内存在的因导体尖角、屏蔽不良等产生的空气中的放电现象，通过对测量数值的比较分析可以对开关柜内部绝缘情况进行评估，及时发现绝缘缺陷。

条文 **12.3.3.3**　加强开展开关柜温度检测，对温度异常的开关柜强化监测、分析和处理，防止导电回路过热引发的柜内短路故障。

目前开关柜测温有多种方法，可以采取测量开关柜表面温度间接反映开关柜内发热情况，也可采用无线、光纤等技术手段，对开关柜内带电导体部位直接测温，也可在开关柜体上加装的红外测量玻璃，再通过红外热测温设备进行测量。

条文 **12.3.3.4**　加强带电显示闭锁装置的运行维护，保证其与柜门间强制闭锁的运行可靠性。防误操作闭锁装置或带电显示装置失灵应作为严重缺陷尽快予以消除。

条文 **12.3.3.5**　加强高压开关柜巡视检查和状态评估，对用于投切电容器组等操作频繁的开关柜要适当缩短巡检和维护周期。当无功补偿装置容量增大时，应进行断路器容性电流开合能力校核试验。

13 防止电力电缆损坏事故

总体情况说明

本章为本次修编新增内容，随着电网发展特别是城市电网的建设和发展，电力电缆的使用越来越多，电力电缆的安全运行更加重要，在分析历年电力电缆损坏事故的基础上，本章针对防止电缆绝缘击穿事故、防止电缆火灾、防止外力破坏和设施被盗、防止单芯电缆金属护层绝缘故障四类问题，从规划设计、基建施工、运行等环节提出 48 条反事故措施，其中防止电缆火灾内容，结合制造工艺的现状、运行经验，对 2005 年版《十八项反措》中防止电缆火灾内容做了较大幅度的修订、补充。

条文说明

条文 为防止电力电缆损坏事故，应认真贯彻执行《电力工程电缆设计规范》（ GB 50217 ）、《电力装置安装工程电缆线路施工及验收规范》（ GB 50168 ）、《火力发电厂与变电所设计防火规范》（ GB 50229 ）、《10（6）kV ~ 500kV 电缆技术标准》（ Q/GDW 371 ）、《国家电网公司电力电缆线路运行规程》（ Q/GDW 512 ）、《国家电网公司输变电设备状态检修试验规程》（ Q/GDW 168 ）等标准及《国家电网公司电缆通道管理规范》（国家电网生〔2010〕637 号 ）等有关规定，并提出以下重点要求。

条文 13.1 防止电缆绝缘击穿事故

条文 13.1.1 设计阶段应注意的问题

条文 13.1.1.1 应按照全寿命周期管理的要求，根据线路输送容量、系统运行条件、电缆路径、敷设方式等合理选择电缆和附件结构型式。

电缆线路必须符合电力系统的输送容量，即所选用的电缆应具有满足系统需求的长期载流量。在确定电缆截面时，应充分考虑地区电网发展、负荷增长及周围运行环境等因素，同时结合造价的综合经济性进行选择，避免较短时期后电缆载流量即不能满足负荷增长需求，形成电网瓶颈；同时还要符合电缆全寿命管理要求，在其寿命期内发挥其最大作用，努力实现效益最大化。

结合电缆敷设路径，如在缆线密集区域，应重点考虑防火要求，选择相应阻燃等级的阻燃电缆，避免火灾发生；在人员密集或有防爆需要的场所宜采用复合套管式终端，避免瓷套式终端故障产生的飞溅物伤及行人。

为了适应各种不同敷设环境要求，如直埋、排管以及隧道等，电缆的铠装层与外护套应选用相应的结构材料，如含化学腐蚀环境应采用铅套，易受水浸泡的电缆应采用聚乙烯外护套，以达到全寿命周期管理要求。

终端和接头应满足环境对其机械强度与密封性能的要求，户外终端还应具有足够的泄漏比距、抗电蚀和耐污闪性能，同时考虑地区污秽等级变化对设备适用性的要求。

条文 13.1.1.2 应避免电缆通道邻近热力管线、腐蚀性介质的管道。

临近热力管线散发出的热量会造成电缆通道内温度升高，影响电缆线路的载流量，如果电缆线路长期运行在高温环境中，还会加速绝缘老化，缩短电缆的使用寿命。在设计阶段，应全面调查电缆通道周围管线情况，避免临近热力管线。

腐蚀性介质管道中的物质一旦泄漏到电缆通道内，会造成电缆腐蚀，即电缆外护套、铠装层、铅护套或铝护套的腐蚀。酸或碱性溶液、氯化物、有机物腐蚀物质等都会使电缆遭受腐蚀。

［案例1］ 2011年，某市热力管线泄漏，热水渗入电缆隧道。该隧道内有多路10、110kV在运电缆，当时隧道内环境温度超过60℃，远高于电缆正常运行温度，严重影响电网安全，电力公司被迫采取排水、通风降温、调整电网运行方式等应急措施。

［案例2］ 2009年，某公司220kV电缆隧道在与热力管道的交叉距离不满足规程要求，导致电缆沟内温度不满足运行要求，将该交叉点井内温度与线路其他电缆井内温度进行对比，最大温差高达为21.4℃，负荷高峰时期电力公司不得不采取降温、负荷控制措施。

条文 13.1.1.3 应加强电力电缆和电缆附件选型、订货、验收及投运的全过程管理，应优先选择具有良好运行业绩和成熟制造经验的制造商。

加强全过程管理，订货阶段应确保选择成熟产品，这也是加强电缆产品入网管理的有效手段，有助于从源头把住电缆产品的质量关。电缆及附件招投标时，必须进行严格的技术审查，同型号产品必须通过型式试验。验收环节应严格按照验收相关要求进行把关，确保电缆线路健康投运。电力电缆主要采取固体绝缘材料，运行过程中状态检测困难、维修代价很高，所以应杜绝家族性设备缺陷问题。如果制造工艺不成熟、质量控制不完备，电缆、附件极易存在可见或不可见缺陷，在后期运行过程中出现批量性问题。

［案例］ 2010年，某公司110kV电缆在施工期间发现制造质量问题，该批次约50km电缆全部退货，已发电线路的电缆和附件也全部更换，大大增加了工程周期、费用和电网运行风险。

条文 13.1.1.4 同一受电端的双回或多回电缆线路宜选用不同制造商的电缆、附件。110（66）kV及以上电压等级电缆的GIS终端和油浸终端宜选择插拔式。

双路或多路电源电缆选用同制造商产品，将承担较大的批次性问题风险，同时一旦出现批次性质量问题，将大大延长事故抢修时间和供电恢复时间。选择不同制造商产品，即可防止电缆、附件批次性质量问题造成的全停风险。但采用不同制造商也带来安装、维护及备品备件管理上的不便，应结合工作情况酌情选择。

选择插拔式终端便于单独对电缆进行交流耐压试验，同时电缆仓的SF$_6$气体或绝缘油的处理工作可以同步开展，利于缩短安装时间，利于抢修。

［案例］ 2005年，某公司9.6km长的220kV线路，在投运11个月后，接头连续发生击穿，后经检测判定为附件制造质量问题。18组接头全部更换，抢修工区历时半年，在此期间一座220kV变电站单电源。

条文 13.1.1.5　10kV 及以上电力电缆应采用干法化学交联的生产工艺，110kV 及以上电力电缆应采用悬链或立塔式工艺。

该条与国家电网公司招标技术条件保持一致。干法化学交联形成的交联聚乙烯材料电气性能优良，目前制品额定电压等级已达 500kV，而辐照交联和硅烷化学交联法一般仅用于低压电缆。

条文 13.1.1.6　运行在潮湿或浸水环境中的 110（66）kV 及以上电压等级的电缆应有纵向阻水功能，电缆附件应密封防潮；35kV 及以下电压等级电缆附件的密封防潮性能应能满足长期运行需要。

水害对于电力电缆的安全稳定运行影响很大。针对固体绝缘电缆，一旦水分进入电缆绝缘表面或导体表面，都会使绝缘在比产生电树低得多的电场强度下引发水树，并逐步向绝缘内部延伸，导致绝缘加速老化，直至击穿。针对油浸纸绝缘电缆，一旦水分进入其中，其电气性能将显著降低，绝缘电阻下降，击穿场强下降，介质损耗角正切增大；水分的存在，可以使油浸纸绝缘电缆中的铜导体对电缆油的催化活性提高，从而加快绝缘油老化过程的氧化反应。尤其针对直埋线路，如果电缆附件密封性能不符合要求，易造成附件进水，进而导致事故的发生。

条文 13.1.1.7　电缆主绝缘、单芯电缆的金属屏蔽层、金属护层应有可靠的过电压保护措施。统包型电缆的金属屏蔽层、金属护层应两端直接接地。

可靠的过电压保护措施可以防止故障情况下金属护层上产生的过电压，造成电缆损坏或危及人身安全。护层绝缘可起到过电压保护作用，同时对金属护套是良好的防腐蚀层，因为非接地点的金属护套有感应电压时，当护层绝缘不良时，会引起交流腐蚀。大长度10、35kV单芯电缆也应考虑采取过电压保护措施。

统包型电缆如果三相电流平衡时，则在金属护套中不会产生感应电动势，也没有感应电流，应将金属屏蔽层、金属护层两端直接接地。

条文 13.1.1.8　合理安排电缆段长，尽量减少电缆接头的数量，严禁在变电站电缆夹层、桥架和竖井等缆线密集区域布置电力电缆接头。

电缆接头是电缆绝缘的薄弱环节，据统计因电缆头故障而导致的电缆火灾、爆炸事故占电缆事故总量的 70%左右。由于电缆接头处于电缆沟内，不易巡检，因此应尽量避免电缆接头敷设在变电站夹层等缆线密集区，防止一路接头故障波及其他电缆，造成事故的扩大。

［案例］ 2006年，某公司一路 220kV 电缆跳闸，1h 后相同隧道内 66kV 电缆相间短路跳闸，1.5h 后发现电缆隧道内起火冒烟。隧道内缆线燃烧近 4h，共烧毁 220kV 电缆 5 路、66kV电缆 3 路，经过分析，判断事故直接原因为高压电缆接头安装质量问题，运行一段时间后绝缘强度降低，导致故障。

条文 13.1.2 基建阶段应注意的问题

条文 13.1.2.1 对 220kV 及以上电压等级电缆、110（66）kV 及以下电压等级重要线路的电缆，应进行监造和工厂验收。

电缆各部分的原材料质量、生产工艺的控制等因素将直接影响电缆的质量。原材料的质量不良、工装设备缺陷、生产工艺控制不当等都会给电缆长期运行埋下致命隐患。进行监造和工厂验收，可确保电缆线路生产环节可控、在控，确保电缆出厂时处于健康状态，避免电缆进入安装或运行环节后出现问题。

［案例］ 2001 年，某市一路 110kV 电缆线路 GIS 终端爆炸，直接击穿点位于应力锥部位，经解体检测认定该终端核心元件存在制造缺陷，随后该批次产品全部进行了更换。

条文 13.1.2.2 应严格进行到货验收，并开展到货检测。

结合电缆及附件的生产、安装、运行和试验经验，对与电缆及附件长期运行性能密切相关的结构尺寸、电气、物理等关键性能应进行到货验收及检测，尽可能杜绝不合格品进入安装环节、投入运行。

［案例］ 2008 年以来，某公司根据国家标准、行业标准、订货技术条件，对 10kV 及以下电缆开展到货质量检测，两年内交联电缆检测不合格率从开始阶段的 12.5% 降到了 1%，杜绝了导体直流电阻率超标、绝缘中存在杂质、阻燃性能不合格等问题产品投入运行。

条文 13.1.2.3 在电缆运输过程中，应防止电缆受到碰撞、挤压等导致的机械损伤。电缆敷设过程中应严格控制牵引力、侧压力和弯曲半径。

应用电缆盘搬运和储放电缆，不允许电缆盘平放，避免电缆挤压变形或松开。电缆盘应有牢固的封板，在运输车上必须可靠固定，防止电缆盘移位、滚动及相互碰撞或翻到。

电缆敷设过程中应严格控制牵引力，避免导体、护套或绝缘变形、损坏；应控制侧压力，避免电缆在敷设通道转弯处被挤伤。电缆弯曲时，电缆外侧被拉伸，内侧被挤压，由于电缆材料和结构特性的原因，电缆承受弯曲有一定的限度，过度的弯曲将造成绝缘层和护套的损伤，甚至使该段电缆完全破坏。因此，在电缆敷设过程中，应根据电缆绝缘材料和护层结构不同，严格控制弯曲半径。

［案例 1］ 2008 年，某抽水蓄能电站 500kV 电缆挤压变形，经分析主要原因是，电缆盘超高，运输过程将电缆盘平放，导致电缆挤压变形。

［案例 2］ 2008 年，某变电站运行中站用变压器低压电缆绝缘击穿，经分析，主要原因为电缆转弯处局部绝缘层因挤压、摩擦导致严重损伤。

条文 13.1.2.4 施工期间应做好电缆和电缆附件的防潮、防尘、防外力损伤措施。在现场安装高压电缆附件之前，其组装部件应试装配。安装现场的温度、湿度和清洁度应符合安装工艺要求，严禁在雨、雾、风沙等有严重污染的环境中安装电缆附件。

严格控制施工环境，避免影响施工质量，留下事故隐患。采取防潮、防尘、防外力损伤措施，主要为避免施工过程中绝缘部件污染或损伤，导致绝缘性能降低。高压电缆附件安装应有可靠的防尘措施,在室外作业,要搭建防尘棚,施工人员宜穿防尘服;在湿度较大的环境中,应进行空气调节,施工现场应保持通风。

安装前的试装配避免因部件不全、不匹配、不合格等造成的窝工或损失。

[案例] 2002年,某110kV电缆在交接试验中发生户外终端击穿。经分析认定为施工期间环境控制措施不当所导致。附件组装期间气温在零下,同时有4~5级大风和扬尘,施工现场未采取有效防护措施,导致绝缘件被污染。

条文 13.1.2.5 应检测电缆金属护层接地电阻、端子接触电阻,必须满足设计要求和相关技术规范要求。

当电缆发生故障时,电缆金属护套、接地系统会流经故障电流,接触电阻过大可能导致触点烧毁,甚至导致次生故障。单芯电缆正常运行过程中,金属护层接地回路中往往有感应电流,如接触电阻过高会造成发热缺陷,甚至故障。

条文 13.1.2.6 金属护层采取交叉互联方式时,应逐相进行导通测试,确保连接方式正确。金属护层对地绝缘电阻应试验合格,过电压限制元件在安装前应检测合格。

采用交叉互联系统目的在于降低电缆运行时金属护套产生的感应电压,如果交叉互联系统接线方式错误,将使系统失效,进行交叉互联系统逐相导通测试,主要为防止安装错误引发事故。

测量线路绝缘电阻是检查电缆线路绝缘状况最简便的方法。

[案例1] 2002年,某110kV线路接地系统电流异常,拆检发现接地系统施工错误,同一交叉互联段的两个互联箱内金属连扳接线方式相反,导致交叉互联混乱,感应电流很大。

[案例2] 2007年,某110kV电缆线路接地电流异常,经使用万用表对2个交叉互联箱内6条交叉互联线进行导通测试,发现1号接头互联线的B相线芯与屏蔽线相互导通、2号接头互联线的C相屏蔽线与箱体导通。

[案例3] 2008年,某电缆护套环流测量中发现,该段线路中金属护套环流最大值高达224A,已达到电缆负荷电流的95%,经过对环流测量值、电气回路的分析及环流计算软件的验证,确定了导致本次环流异常的根本原因:2号接头并C相引出同轴电缆的线芯与护套接反,导致C相电源侧与负荷侧反接,破坏了正常的交叉互联系统电气接线。

条文 13.1.3 运行阶段应注意的问题

条文 13.1.3.1 运行部门应加强电缆线路负荷和温度的检(监)测,防止过负荷运行,多条并联的电缆应分别进行测量。巡视过程中应检测电缆附件、接地系统等的关键接点的温度。

电缆运行温度与负荷密切相关,但仅仅检查负荷并不能保证电缆不过热,所以必须检查电缆表面实际温度,以确定电缆有无过热现象。线路的额定载流量和环境温度密切相关,测负荷时应测量最高环境温度。

多条并联的电缆应分别进行测量,因为多条电缆并列运行时会出现负荷分配严重不均的现象,总负荷未超限,但其中一条可能因负荷分布不均已过载。

电缆线路原则上不允许过负荷，过负荷将缩短电缆的使用寿命，造成导体接点的损坏，或是造成终端外部接点的损坏，或是导致电缆绝缘过热，进而造成固体绝缘变形，降低绝缘水平，加速绝缘老化；过负荷还可能会使金属铅护套发生龟裂现象，使电缆终端和接头外保护盒胀裂（因为灌注在盒内的沥青绝缘胶受热膨胀所致）。

电缆附件、接地系统的关键接点在长期负荷和故障电流的影响下，发生问题概率较大。在线路发生故障时，接点处流过故障电流，更会烧断接点，因此在不停电条件下测量接点温度，是检查接点状况的有效措施。

[案例]　2001 年，某公司发现一 220kV 电缆线路终端头局部发热不均，经停电拆检发现套管底部的硅油内已有黑色沉淀物。经过处理有效地避免了一次运行故障。

条文 13.1.3.2　严禁金属护层不接地运行。应严格按照运行规程巡检接地端子、过电压限制元件，发现问题应及时处理。

统包电缆线路的金属屏蔽和铠装应在电缆线路两端直接接地，电缆具有塑料内衬层或隔离套时，金属屏蔽层和铠装层应分别引出接地线，且两者之间宜采取绝缘措施。单芯电缆金属屏蔽（金属套）在线路上至少有一点直接接地，任一点非直接接地处的正常感应电压应符合：采取能防止人员任意接触金属屏蔽（金属套）的安全措施时，在满载情况下不得大于 300V；未采取能防止人员任意接触金属屏蔽（金属套）的安全措施时，在满载情况下不得大于 50V。

条文 13.1.3.3　运行部门应开展电缆线路状态评价，对异常状态和严重状态的电缆线路应及时检修。

开展电缆线路状态评价，可及时反映出设备性能参量的优劣情况，得到设备当前各种技术性能综合评价结果。电缆线路的状态参量以查阅资料、带电检测、巡视检查和在线监测等方式获取。对于自身存在缺陷和隐患的电缆线路，应加强跟踪监视，增加带电检测频次，及时掌握隐患和缺陷的发展状况，采取有效的防范措施。有条件时可对重要电缆线路开展接地电流、电缆表面温度和局部放电等项目的状态监测。

异常状态指设备的一个或几个特征状态参量超过标准限值，并且几个一般状态参量明显异常，已影响设备的性能指标或可能发展成重大异常状态，设备仍能继续运行。严重状态指设备的一个或几个状态参量严重超出标准或严重异常，设备只能短期运行或立即停运。否则，随时可能造成设备损坏、人身伤亡、大面积停电、火灾等事故，因此针对异常状态和严重状态的电缆线路应及时检修。

条文 13.2　防止电缆火灾

条文 13.2.1　设计基建阶段应注意的问题

条文 13.2.1.1　电缆线路的防火设施必须与主体工程同时设计、同时施工、同时验收，防火设施未验收合格的电缆线路不得投入运行。

电缆防火工作必须抓好设计、制造、安装、运行、维护、检修各个环节的全过程管理，要严格施工工艺、合理选择防火材料以及落实各项防火措施。要求新建、扩建电力工程的电缆选择与敷设以及防火措施应按有关规范和规程进行设计，并加强施工质量监督及竣工验收，确保各项电缆防火措施落实到位，并与主体工程同时投产。

条文 13.2.1.2 同一通道内不同电压等级的电缆，应按照电压等级的高低从下向上排列，分层敷设在电缆支架上。

考虑防火因素，将高低压电缆分层布置，意在减小低压电缆故障时对高压电缆的影响；考虑外力破坏因素，将电压等级较低的电缆敷设于隧道上层支架，降低电缆通道遭受外力破坏时，其影响高压电缆的概率。

条文 13.2.1.3 采用排管、电缆沟、隧道、桥梁及桥架敷设的阻燃电缆，其成束阻燃性能应不低于 C 级。与电力电缆同通道敷设的低压电缆、非阻燃通信光缆等应穿入阻燃管，或采取其他防火隔离措施。

重视电缆敷设，严格遵照有关消防规范、规程和设计图纸要求施工，做到布线整齐。高压电缆、低压电缆和控制电缆应按规定分层布置，并采取必要的隔离措施，以防止低压电缆、控制电缆出现问题导致其他缆线故障，从而扩大事故。

一些事故暴露出电缆防火方面存在的问题以及所导致的严重后果，例如电缆布置混乱，没有分层布置且没有采取分层阻燃、分段阻燃、涂刷防火涂料或安装防火槽盒等措施，导致电缆着火事故的扩大，烧损重要电缆，扩大了事故损失。

[案例] 2006 年，某市火灾导致某隧道内六路高压电缆烧毁，导致隧道火灾蔓延的原因是高压电缆选用 PE 护套，由于没有阻燃性能，导致火灾蔓延，损失扩大。

条文 13.2.1.4 中性点非有效接地系统中，缆线密集区域的电缆应采取防火隔离措施。

中性点非有效接地系统通常指中性点不接地、谐振接地、经低电阻接地、经高电阻接地，该类系统中的电缆在单相接地故障后继续运行的过程中，电弧可能危害临近电缆，造成事故的进一步扩大。

[案例] 2006 年，某公司一路消弧线圈接地系统中的 35kV 电缆发生单相接地故障，在坚持运行过程中，电弧烧伤临近的多路 10、110kV 电缆和通信光缆，导致一座高层建筑停电、一座 110kV 变电站丧失一路电源。

条文 13.2.1.5 非直埋电缆接头的最外层应包覆阻燃材料，充油电缆接头及敷设密集的中压电缆的接头应用耐火防爆槽盒封闭。

电缆附件是电缆线路绝缘的薄弱环节，必须严格控制制作材料和工艺质量。由于电缆接头处于电缆通道内，不易监视，因此，应加强对电缆接头的施工工艺控制，必要时采用耐火防爆槽盒将其封闭。

条文 13.2.1.6 在电缆通道内敷设电缆需经运行部门许可。施工过程中产生的电缆孔洞应加装防火封堵，受损的防火设施应及时恢复，并由运行部门验收。

采用封、堵、隔的办法进行电缆防火，目的是要保证单根电缆着火时不延燃或少延燃，避免事故损失扩大。需封堵的部位必须采用合格的不燃或阻燃材料封堵。由于施工或材料老化造成原有防火墙或封堵失效时，应及时修复。另外，电缆着火时会产生大量有毒烟气，特别是普通塑料电缆着火后产生氯化氢气体，气体会通过缝隙、孔洞弥漫到电气装置室内，在电气设备上形成了一层稀盐酸的导电膜，从而严重降低了设备、元件和接线回路的绝缘，造成了对电气设备的二次危害。

条文 13.2.1.7 隧道及竖井中的电缆应采取防火隔离、分段阻燃措施。

电缆的防火隔离措施，能有效避免事故扩大。电缆进出电缆通道处、电缆隧道内、竖井中应设置防火分隔。

[案例] 2011 年，某电厂竖井中电缆发生短路，电弧引燃电缆。由于部分电缆桥架及竖井隔断、穿墙孔洞封堵施工封堵不良且未按设计要求施工，未能有效阻断火势蔓延，造成事故扩大，导致一台机组停运和数百万元的经济损失。

条文 13.2.2 运行阶段应注意的问题

条文 13.2.2.1 电缆密集区域的在役接头应加装防火槽盒或采取其他防火隔离措施。变电站夹层内在役接头应逐步移出，电力电缆切改或故障抢修时，应将接头布置在站外的电缆通道内。

电缆接头故障是电缆线路故障的主要原因，因此在以上防火重点区域不允许新增接头；对现有接头在短期内应采取防火隔离等控制措施，最终应逐步移出。

[案例] 某电厂室外电缆沟中一台循环水泵电缆中间接头发生爆破，损伤和引燃周围其他循环水泵的动力和控制电缆，造成了正在运行的 5 台循环水泵中的 4 台泵跳闸，导致 2 台汽轮发电机组由于真空低而被迫停机。

条文 13.2.2.2 运行部门应保持电缆通道、夹层整洁、畅通，消除各类火灾隐患，通道沿线及其内部不得积存易燃、易爆物。

电缆通道、夹层整洁畅通可便于开展运维检修工作，同时不留火灾隐患，避免易燃易爆物引发火灾，造成事故。

条文 13.2.2.3 电缆通道临近易燃或腐蚀性介质的存储容器、输送管道时，应加强监视，防止其渗漏进入电缆通道，进而损害电缆或导致火灾。

多城市曾发生燃气、油气等渗漏进入电缆通道，并发生爆炸的事件，有必要对重点区域采取监测、防范措施。

[案例] 某城市隧道发生爆炸事故，隧道内电缆全部烧毁，爆炸起火原因为临近隧道的天然气管道发生泄漏进入电缆隧道，在放电火花或外界火源的诱发下发生爆炸起火。

条文 13.2.2.4 在电缆通道、夹层内使用的临时电源应满足绝缘、防火、防潮要求。工作人员撤离时应立即断开电源。

避免临时电源引发火灾事故。

[案例] 2000 年，某市一电力隧道内施工用低压电缆的相线与在运 110kV 电缆外皮短

路，长时间打火，将110kV电缆A相外护层及铝护套烧穿。经查根本原因是由于施工人员未采用带统包绝缘的低压电缆，而且未安装熔丝和漏电保安器。

条文 13.2.2.5 在电缆通道、夹层内动火作业应办理动火工作票，并采取可靠的防火措施。

电缆沟、夹层均属于密闭空间，为确保密闭空间作业人身和设备安全，在进行动火作业前应办理动火工作票，并有可靠的防火措施，避免措施不当引发火灾事故。

条文 13.2.2.6 变电站夹层宜安装温度、烟气监视报警器，重要的电缆隧道应安装温度在线监测装置，并应定期传动、检测，确保动作可靠、信号准确。

运行人员在周期巡视中才能了解到变电站夹层以及隧道内情况，对于巡视周期内的情况一无所知。为了预防电缆火灾事故，可在隧道、夹层加装温度探测、温度在线监测和感烟报警系统。温度在线监测系统可实时探测隧道和夹层环境温度，发现异常立刻报警，烟感报警系统可即时发现火情，避免事故扩大。

针对监测系统，要确保数据准确，需及早发现在线监测装置缺陷，以免由于系统误报、不报等问题给生产运行工作带来压力。

条文 13.2.2.7 严格按照运行规程规定对电缆夹层、通道进行巡检，并检测电缆和接头运行温度。

电缆的防火工作，不但要在设计、安装过程中落实好各项措施，还要加强电缆的生产管理，建立健全电缆维护、检查等各项规章制度，要按期对电缆进行测试和红外测温，发现问题及时处理。

[案例1] 2000年，某公司电缆运行人员发现一220kV交联电缆A相终端头套管局部发热，经停电解体检查，发现应力锥存在放电痕迹。

[案例2] 2006年，某公司运行人员检测某线路C相终端出线端子，经红外测温发现温度异常，停电后对松动触点进行紧固，避免了一起故障。

条文 13.3 防止外力破坏和设施被盗

条文 13.3.1 设计基建阶段应注意的问题

条文 13.3.1.1 同一负载的双路或多路电缆，不宜布置在相邻位置。

降低一次外力造成多路电缆受损的概率，降低中断供电的可能性。

[案例] 某变电站三路110kV外电源同沟敷设，2002年夏，附近一建筑施工单位打侧向锚定孔时，钻头一次破坏两路电缆，造成部分用户停电。

条文 13.3.1.2 电缆通道及直埋电缆线路工程应严格按照相关标准和设计要求施工，并同步进行竣工测绘，非开挖工艺的电缆通道应进行三维测绘。应在投运前向运行部门提交竣工资料和图纸。

电缆线路是隐蔽工程，竣工资料及图纸是电缆设备最为重要的基础信息来源，对电缆运行及检修工作起指导性的作用。此外，由于电缆通道和直埋线路施工的实际线路与设计图纸可能有偏差或变更，为准确的反映通道和直埋电缆的实际敷设路径，便于电缆及通道的运维、检修，必须绘制竣工图纸。

非开挖工艺是在不开挖地表的条件下完成通道建设的一种方法，为确保日后通道安全运行，必须对通道进行三维测绘，掌握通道的走向、高程等信息。

[案例]　2009年，某110kV电缆事故抢修，因图纸有误，按照所示位置和深度一直找不到顶管位置，无法确认电力设施受外力破坏的损伤程度，最后只能采取其他的检修方案，近一个月才修复完毕。

条文13.3.1.3　直埋电缆沿线、水底电缆应装设永久标识。

直埋电缆及水底电缆易发生外力破坏事故，设置永久标识，起到警示和告知的作用，减少外力事故的发生；同时，便于运行人员开展巡视工作。

条文13.3.1.4　电缆终端场站、隧道出入口、重要区域的工井井盖应有安防措施，并宜加装在线监控装置。户外金属电缆支架、电缆固定金具等应使用防盗螺栓。

为避免通道资源被随意占用、电线电缆发生偷盗或人为破坏，应做好出入设备区的技术防范措施，确保电力电缆安全稳定运行。通过采用出入口在线监控装置，不但可以起到非法进入报警功能，还可以实现出入设备区的有效管控，杜绝违章施工现象以及设备破坏事件的发生。在户外地区，针对易被偷盗的部件，应采用防盗螺栓，避免支架、固定金具被盗后，影响电缆的安全稳定运行。

[案例]　某公司2006年电力隧道内盗窃案件多达10余起，2007~2009年完善安防措施后，盗窃事件得到遏制，同时作业人员的出入也实现了可控在控。

条文13.3.2　运行阶段应注意的问题

条文13.3.2.1　电缆路径上应设立明显的警示标志，对可能发生外力破坏的区段应加强监视，并采取可靠的防护措施。

电缆线路作为隐蔽设备，易被外力破坏，设置警示标志可以在一定程度上避免外力破坏。运行单位应及时了解和掌握电缆线路通道周边的施工情况，查看电缆线路路面上是否有人施工，有无挖掘痕迹，全面掌控路面施工状态；对于在电缆线路保护范围内的危险施工行为，运行人员应立即进行制止。

[案例1]　2005年，某施工单位进行写字楼施工时，在现场没有进行管线调查和挖探，直接在某35kV电缆线路路径上向地下打钢管支撑，其中一根钢管直接打在电缆本体上，电缆绝缘被破坏而发生击穿。

[案例2]　2005年，某变电站西出线电力隧道工程项目部进场开始施工，在变电站墙外西南角打降水井，在打第二口降水井至1.5m深时发现降水井内有气泡冒出，后立即停止施工。开挖事故点发现，此处地下直埋敷设的35kV某电缆线路被降水打眼机器破坏，有两相被破坏。

条文 13.3.2.2　工井正下方的电缆，宜采取防止坠落物体打击的保护措施。

工井作为人员进出电缆通道的唯一途径，也有可能成为重物等危险物进入隧道的途径，对井口下电缆应加装刚性保护，一旦有重物跌落井口内，不会对电缆造成损伤。

[案例]　2002 年，某 110kV 电缆安装工作已完成，但在井下尚未安装电缆保护凳。在人员撤离过程中，一根钢钎从井口坠落，扎伤电缆。施工方被迫延误送电，局部更换电缆、制作接头。

条文 13.3.2.3　应监视电缆通道结构、周围土层和临近建筑物等的稳定性，发现异常应及时采取防护措施。

电缆通道是电缆敷设的重要路径，一旦通道发生事故，通道内的电缆均会遭受不同程度的损伤，电缆及通道抢修工作将十分困难，同时将会对周边区域供电带来严重影响。电缆通道周围土层、临近建筑的稳定性都会对电缆通道的结构带来影响，通过对其进行监视，可以提前发现电缆通道潜在的隐患，通过提早采取必要措施，避免严重事故的发生。

[案例 1]　2005 年，某隧道因周围自来水泄漏造成塌方，砸伤多路 10kV 电缆。在抢修过程中造成附近高层建筑、居民小区长时间停电。

[案例 2]　2008 年，某公司电缆运行人员巡视发现，某地铁盾构施工路段突然发生十几米的道路下陷，导致该路段敷设的 3 路 110kV 电缆线路基础下陷，6 根 110kV 电缆承受上方土方压力，该公司立即组织进行抢修。

条文 13.3.2.4　敷设于公用通道中的电缆应制定专项管理措施。

随着城市化建设的不断发展，公用通道逐步被应用于城市地下管线的综合走廊。公用通道中，往往同时运行着电力、热力、上下水等市政管线，必须避免在其他管线正常状态和发生渗漏等异常时危及电缆安全运行，同时还需防止由于电缆正常运行和故障时的电磁场、热效应、电动力等危及其他管线，进而造成次生事故。因此，敷设于公用通道中的电缆，应有专项管理措施。

条文 13.3.2.5　应及时清理退运的报废缆线，对盗窃易发地区的电缆设施应加强巡视。

电缆通道内的退运、报废缆线经常是盗窃目标，同时在盗窃过程中窃贼可能破坏在运电缆或支架、地线等辅助设置。所以必须及时清理退运报废线缆。

[案例]　2001 年，某市电力隧道内一路数千米长退运 10kV 油纸电缆被盗，盗窃人员为便于运输将电缆就地剥开，仅拿走芯线，隧道内堆积大量油浸绝缘纸，造成严重火灾隐患。

条文 13.4　防止单芯电缆金属护层绝缘故障

条文 13.4.1　设计基建阶段应注意的问题

条文 13.4.1.1　电缆通道、夹层及管孔等应满足电缆弯曲半径的要求，110（66）kV 及以上电缆的支架应满足电缆蛇形敷设的要求。电缆应严格按照设计要求进行敷设、固定。

由于电缆材料和结构特性的原因，电缆承受弯曲有一定的限度，过度的弯曲将造成绝缘层和护套的损伤，因此作为电缆线路敷设的通道，无论隧道、夹层以及管井等，结构本体的转弯半径都应不小于电缆线路的转弯半径，确保电缆不受损伤。

电力电缆在运行状态下因负载和环境温度变化引起导体和绝缘热胀冷缩，产生机械应力，所以在隧道中敷设高压电缆时采用蛇形敷设，电缆支架横档长度、强度及电缆布置都应满足电缆蛇形敷设要求。

电缆固定的作用在于把电缆因热胀冷缩产生的蠕动量、机械应力进行分散，避免电缆、接头受到机械损伤。

[案例] 2003 年，某公司一路运行中 110kV 电缆本体击穿，原因是通道拐弯处的电缆固定方式不当，电缆在较高负荷时蠕动伸长，挤压角钢制电缆支架，电缆护层、绝缘受损，导致故障。

条文 13.4.1.2 电缆支架、固定金具、排管的机械强度应符合设计和长期安全运行的要求，且无尖锐棱角。

电缆支架应具备足够的机械强度和耐腐蚀性能，避免由于支架老化、锈蚀导致电缆发生故障。电缆固定金具以及接头托架也应具备足够的机械强度和耐腐蚀性能，避免金具失效导致电缆、接头移位和故障。排管应具备一定的机械强度及耐久性，具备承受一定抗外力破坏的能力。

条文 13.4.1.3 应对完整的金属护层接地系统进行交接试验，包括电缆外护套、同轴电缆、接地电缆、接地箱、互联箱等。交叉互联系统导体对地绝缘强度应不低于电缆外护套的绝缘水平。

高压电缆护层绝缘必须完整良好才能保证电缆稳定运行，如果外护套破损，电缆线路将形成多点接地，金属护套上将产生环流，并可能导致故障。对金属护层接地系统进行交接试验，能够提早发现接地系统中存在的问题，避免接地系统绝缘缺陷以及施工缺陷引发事故。

[案例 1] 2010 年，某公司试验发现某 220kV 电缆接头交叉互联线短路，后经检查判定为错误施工所致。

[案例 2] 2003 年，试验发现某厂商提供的接头铜壳内部短路，造成绝缘接头两侧金属护层导通，交叉互联混乱。

条文 13.4.2 运行阶段应注意的问题

条文 13.4.2.1 应监视重载和重要电缆线路因运行温度变化产生的蠕变，出现异常应及时处理。

电缆蠕动后极易与支架等部件紧密接触，长期受力下可损伤电力电缆，进而引发事故。因此，应重点监视重载线路的蠕动情况，发现异常及时采取措施，避免电缆受损。

条文 13.4.2.2 应严格按照试验规程对电缆金属护层的接地系统开展运行状态检测、试验。

接地系统是电缆系统中较为薄弱和缺陷易发环节，经验表明，一般在电缆线路的交叉互联系统出现缺陷时，电缆护套接地电流将较明显变化，在日常运行工作中应给予重点关注。

目前电缆金属护套接地系统常采用的试验方法主要有在线测接地电流、红外测温以及停电开展外护套直流耐压、测试护层保护器绝缘电阻等。

[案例1] 某110kV电缆线路自变电站第一个交叉互联段的接地电流异常，最大值达到124A，而负荷为190A，接地电流与负荷比超过50%，按照国家电网公司状态检修试验规程要求需要停电处理和查明原因。经过故障测寻，共发现故障点9处，其中外护套缺陷7处，交叉互联线缺陷2处。

[案例2] 由于南方地区属于白蚁高发区，并且电缆运行中温暖、潮湿、阴暗的环境也为白蚁提供了最适宜的生活条件，所以电缆外护套受白蚁蛀蚀的问题也相当严重。2006年，某地区发现多路电缆外护套、铜屏蔽被白蚁蛀蚀，严重影响了电缆的安全稳定运行。

条文13.4.2.3 应严格按试验规程规定检测金属护层接地电流、接地线连接点温度，发现异常应及时处理。

通过测试金属护层接地电流，可以发现接地电流不平衡现象，进而判断接地系统缺陷。常用的检测方式是直接使用钳形电流表直接测量外护层接地线电流值，根据电缆负载情况，以及历次检测数据、相间数据的对比判断外护层绝缘情况。目前，部分公司也采用了在线监测的手段，可以实时掌握接地电流数据。

在电缆接地系统失效的情况下，金属护套将会产生较高的感应电压，在感应电压作用下金属护套可能对临近金属放电，最终引起电缆主绝缘发生击穿。接地线连接点温度异常也往往说明线路接地系统存在问题，需要及时解决。

[案例] 2001年，某110kV电缆C相终端温度高达110℃，当时负荷电流为550A。A、B相终端温度约为45℃，环境温度为27℃左右。同时C相电缆本体的温度略高于A、B相。A、B、C相终端接地线中电流远大于30A，有很明显的发热。经停电检查，发现接地系统连接出错。

条文13.4.2.4 电缆线路发生运行故障后，应检查接地系统是否受损，发现问题应及时修复。

电缆线路发生故障时，过电压和接地电流可能损坏电缆外护套、过电压保护装置等，所以在查线过程中应仔细检查接地系统，必要时还应进行耐压试验，避免电缆带缺陷投运后发生次生故障。

[案例] 2010年，某公司一路220kV线路故障造成电缆多处护层保护器击穿，抢修人员全部进行了更换，同时对整个交叉互联系统进行了耐压试验。

14 防止接地网和过电压事故

总体情况说明

为了防止接地网和过电压事故，根据近年来相关技术标准、规范，以及近几年的一些接地网和过电压事故情况，修订防止接地网和过电压事故的反事故措施。原文中所有引用电力行业标准《接地装置工频特性参数测量导则》（DL/T 475—1992）之处，全部按最新标准修改为《接地装置特性参数测量导则》（DL/T 475—2006）。另外把正文中引用的标准《输变电设备状态检修试验规程》（DL/T 393—2010）（执行状态检修的地区）、《电力设备预防性试验规程》（DL/T 596—1996）（未执行状态检修的地区）提至前言部分说明，各地根据具体情况相应参照标准中具体条款执行。

本次修订将防止接地网和过电压事故措施分为六部分，即防止接地网事故、防止雷电过电压事故、防止谐振过电压事故、防止变压器过电压事故、防止弧光接地过电压事故、防止无间隙金属氧化物避雷器事故，反事故措施尽量按照设计、基建、运行三个不同阶段分别提出。2005 年版《十八项反措》有关防止并联电容器组的过电压的内容调整至第 10 章（防止串联电容器补偿装置和并联电容器装置事故）。

根据目前电力系统的实际情况，金属氧化物避雷器基本完全取代阀式避雷器，因此，条文中取消了有关对阀式避雷器的反措要求。

条 文 说 明

条文　为防止接地网和过电压事故，应认真贯彻《交流电气装置的接地》（DL/T 621—1997）、《接地装置特性参数测量导则》（DL/T 475—2006）、《交流电气装置的过电压保护和绝缘配合》（DL/T 620—1997）、《输变电设备状态检修试验规程》（DL/T 393—2010）、《电力设备预防性试验规程》（DL/T 596—1996）及其他有关规定，并提出以下重点要求。

接地装置是保证电气设备安全、稳定运行的重要部件，准确测量变电站的接地阻抗是非常重要的，试验必须严格执行《接地装置特性参数的测量导则》（DL/T 475—2006）中所规定的测量方法和要求。

在测量运行中的大、中型接地网的接地阻抗时，应尽可能消除地网中电压和电流的干扰，近几年变频技术的应用可有效地消除系统中干扰电压和干扰电流的影响，可准确的测量大中型接地网的接地阻抗。

条文 14.1　防止接地网事故

条文 14.1.1　设计、基建应注意的问题

条文 14.1.1.1　在输变电工程设计中，应认真吸取接地网事故教训，并按照相关规程规定

的要求，改进和完善接地网设计。

应采用实测土壤电阻率作为接地设计依据，土壤电阻率测量应采用四极法，如条件允许，变电站土壤电阻率测量最大的极间距宜取拟建接地装置最大对角线的2/3。

应重点考虑接地装置（包括设备接地引下线）的最小截面、有高电位引外或低电位引内、接触电压或跨步电压超过规程规定等问题，采取相应措施。

条文 14.1.1.2 对于 110kV 及以上新建、改建变电站，在中性或酸性土壤地区，接地装置选用热镀锌钢为宜，在强碱性土壤地区或者其站址土壤和地下水条件会引起钢质材料严重腐蚀的中性土壤地区，宜采用铜质、铜覆钢（铜层厚度不小于 0.8mm）或者其他具有防腐性能材质的接地网。对于室内变电站及地下变电站应采用铜质材料的接地网。

本条文所要求对象界定为新建、改建变电站，对已运行变电站不做要求。

根据国家电网公司部门文件《关于进一步规范输变电工程接地设计有关要求的通知》（基建设计〔2011〕222 号）中第二条新增内容："在中性或酸性土壤地区，接地装置选用热镀锌钢为宜，在强碱性土壤地区或者其站址土壤和地下水条件会引起钢质材料严重腐蚀的中性土壤地区，宜采用铜质、铜覆钢或者其他具有防腐性能材质的接地网，具体应根据站址的土壤腐蚀特性确定"。

虽然铜材料价格较贵，但是综合考虑到铜质材料的耐腐蚀性较钢质材料好，热稳定系数远大于钢质材料，且使用寿命长，因此对于 110kV 及以上重要变电站在钢质材料腐蚀严重时，宜选用铜质材料的接地网。

由于室内变电站及地下变电站的接地网难以进行接地网改造，所以要求"室内变电站及地下变电站应采用铜质材料的接地网"。

条文 14.1.1.3 在新建工程设计中，校验接地引下线热稳定所用电流应不小于远期可能出现的最大值，有条件地区可按照断路器额定开断电流考核；接地装置接地体的截面积不小于连接至该接地装置接地引下线截面积的 75%。并提出接地装置的热稳定容量计算报告。

近几年随着国民经济的发展，电网容量不断增加，各地区的原设计接地装置热容量不满足实际运行容量要求的矛盾越来越突出。2005 年版《十八项反措》中"所在区域电网长期规划"往往不能适应电网的快速发展，所考虑裕度较小，接地网是隐蔽工程，扩容难度较大。相对而言"按照断路器短路电流开断容量"是现有设备的所能承受的最大极限，裕度较大，可以满足电网长期发展的要求。但是对于某些变电站（如终端变电站），短路电流较小，而设备按国家电网公司统一招标，开断电流值的要求较高。故要求校验接地引下线热稳定所用电流是远期可能出现的最大值，对于短路电流较大且区域电网扩容迅速的地方宜按照断路器额定开断电流校核，其他地区不做硬性统一要求。

在发生短路故障时，流过接地引下线的电流是全部的故障电流，而地网干线有分流作用，流过主接地网干线的电流是接地引下线的 50%或者更小，本条文要求接地装置接地体的截面积不小于连接至该接地装置接地引下线截面积的 75%是考虑一定裕度。

根据《交流电气装置的接地》（DL/T 621—1997）附录 C 设备接地引下线截面与主网干线截面的配合原则如下：

根据热稳定条件，未考虑腐蚀时，接地线（接地引下线）的最小截面应符合式（14-1）要求

$$S_g \geqslant I_g/c \times \sqrt{t_e} \tag{14-1}$$

式中

S_g——接地引下线的最小截面，mm^2；

I_g——流过接地线的短路电流稳定值，A；

t_e——短路的等效持续时间；

c——接地线材料的热稳定系数，钢材：70，铜材：210。

根据热稳定条件，未考虑腐蚀时，接地装置接地极（主网干线）的截面不宜小于连接至该接地装置的接地线截面的 75%。

条文 14.1.1.4 在扩建工程设计中，除应满足 14.1.1.3 中新建工程接地装置的热稳定容量要求以外，还应对前期已投运的接地装置进行热稳定容量校核，不满足要求的必须进行改造。

工程扩建可能造成短路容量水平变化，目前在扩建工程中部分设计单位仅对扩建工程部分进行热稳定容量校核，而对于原有接地装置的影响未加以考虑，因此为了解决该问题，要求同时应对前期已投运的接地装置进行热稳定容量校核，不满足要求的必须进行改造。

条文 14.1.1.5 变压器中性点应有两根与接地网主网格的不同边连接的接地引下线，并且每根接地引下线均应符合热稳定校核的要求。主设备及设备架构等宜有两根与主接地网不同干线连接的接地引下线，并且每根接地引下线均应符合热稳定校核的要求。连接引线应便于定期进行检查测试。

当设备故障时，单根接地引下线严重腐蚀造成截面减小或者非可靠连接条件下，易造成设备失地运行。因此变压器中性点应有两根与主接地网不同地点（地网主网格的不同边）连接的接地引下线，且每根接地引下线均应符合热稳定的要求。主设备指 110kV 及以上的断路器、TV、TA、CVT、隔离开关、避雷器等。

连接引线要明显、直接和可靠，且便于定期测试、检查，应符合《交流电气装置的接地》（DL/T621—1997）的规定。如截面（还应考虑防腐）不够应加大，并应首先加大易发生故障设备（如变压器、断路器、电压及电流互感器等）的接地引下线截面或条数。

[案例] 电网内曾发生过变压器中性点接地引下线由于热稳定容量不足导致在单相接地故障时烧断的情况，造成变压器失地运行而引起设备损坏的事故。

条文 14.1.1.6 施工单位应严格按照设计要求进行施工，预留设备、设施的接地引下线必须经确认合格，隐蔽工程必须经监理单位和建设单位验收合格，在此基础上方可回填土。同时，应分别对两个最近的接地引下线之间测量其回路电阻，测试结果是交接验收资料的必备内容，竣工时应全部交甲方备存。

接地装置存在的问题之一就是施工未按照设计要求进行，造成接地装置埋深不够，使得接地阻抗不合格或者接地装置易发生腐蚀，因此对于接地装置的施工应加强监理，隐蔽工程应经监理单位和建设单位验收合格后方可回填，并要求留有影像资料存档，同时在交接时要

求进行接地引下线之间的导通测试，保证导通良好，测试结果应作为接地网交接报告的一部分交甲方存档。

条文 14.1.1.7　接地装置的焊接质量必须符合有关规定要求，各设备与主接地网的连接必须可靠，扩建接地网与原接地网间应为多点连接。接地线与接地极的连接应用焊接，接地线与电气设备的连接可用螺栓或者焊接，用螺栓连接时应设防松螺帽或防松垫片。

考虑接地线与接地极的连接时，特别应注意检查焊接部分的焊接质量并做好防腐措施，当采用搭接焊接时，其搭接长度应为扁钢宽度的 2 倍或圆钢直径的 6 倍。

接地装置在安装施工时，焊接质量一定要保证完好，否则会因焊接不好造成焊接处腐蚀速度加快，甚至在故障点时成为易断点，致使事故因接地不好而扩大。各种电气设备与主接地网的连接，是各种电气设备安全、稳定运行的技术保障，若连接不良，将导致设备失地运行。为保证扩建接地网与原接地网间等电位，必须多点连接。

条文 14.1.1.8　对于高土壤电阻率地区的接地网，在接地阻抗难以满足要求时，应采用完善的均压及隔离措施，防止人身及设备事故，方可投入运行。对弱电设备应有完善的隔离或限压措施，防止接地故障时地电位的升高造成设备损坏。

短路电流引起的地电位升高超过 2kV 时，接地网应符合以下要求：

（1）为防止转移电位引起的危害，对可能将接地网的电位升高引向厂、站外或将低电位引向厂、站内的设施，应采取隔离措施。

例如，对外的通信设备加隔离变压器；向厂、站外供电的低压线采用架空线，其电源中性点不在厂、站内接地，改在厂、站外适当的地方接地；通向厂、站外的管道采用绝缘段，铁路轨道分别在两处加绝缘鱼尾板等。

（2）考虑短路电流非周期分量的影响，当接地网电位升高时，发电厂、变电站内的 3～10kV 阀式避雷器不应动作或动作后应承受被赋予的能量。

（3）应验算接触电位差和跨步电位差，对不满足规定要求的，应采取局部增设水平均压带或垂直接地极，以及铺设砾石地面或沥青地面等措施，防止对人身安全造成威胁。

（4）对有可能由于雷击造成发电厂弱电设备损坏事故发生的，应对其采取隔离措施或装设专用的浪涌保护器。

条文 14.1.1.9　变电站控制室及保护小室应独立敷设与主接地网紧密连接的二次等电位接地网，在系统发生近区故障和雷击事故时，以降低二次设备间电位差，减少对二次回路的干扰。

本条款提出对应于二次保护对接地网的要求。敷设区域界定为控制室及保护小室。

条文 14.1.2　运行维护的有关要求

条文 14.1.2.1　对于已投运的接地装置，应每年根据变电站短路容量的变化，校核接地装置（包括设备接地引下线）的热稳定容量，并结合短路容量变化情况和接地装置的腐蚀程度有针对性地对接地装置进行改造。对于变电站中的不接地、经消弧线圈接地、经低阻或高阻接地系统，必须按异点两相接地校核接地装置的热稳定容量。

对于变电站中的不接地、经消弧线圈接地、经低阻或高阻接地等小电流接地系统，由于其异相不同点接地时短路电流最严重，是决定该系统接地装置的热容量的重要指标，所以该类系统必须按异点两相接地短路来校核接地装置的热稳定容量。

条文 14.1.2.2 应根据历次接地引下线的导通检测结果进行分析比较，以决定是否需要进行开挖检查、处理。

设备引下线导通测量结果的变化趋势反映了接地网的腐蚀情况和连接状况，因此，应定期进行接地装置导通情况的检测，测试中禁止使用万用表进行接地引下线之间的回路电阻测量，应采用测量电流大于 1A 的接地引下线导通测量装置，通过检测并经过历次试验数据的比较判断腐蚀程度或连接状况，并决定是否进行开挖。

接地装置引下线的导通检测工作建议 1～3 年进行一次 [220kV 及以上变电站 1 年，110（66）kV 变电站 3 年]，并进行记录、分析；还应按照规程要求定期选择条件恶劣处进行典型的直接检查，记录被腐蚀的厚度及年限等，以积累腐蚀数据。对于腐蚀严重的部分应采取补救措施。

[案例] 1999 年 7 月 20 日，某 220kV 变电站发生重大设备事故，事故造成一台 220kV 变压器（150MVA）烧毁，10kV 的 B 段配电设备、主控室全部二次设备等严重烧损，并扩大到电网，致使部分发电厂共计 10 台发电机组发生相继跳闸的系统事故。其事故起因就是 8023 插头柜三相短路，但是由于开关柜接地线与主接地网未连接，造成开关柜高电位，开关柜的高电位经开关柜内控制和合闸电缆直接串入直流系统，导致直流电源消失，从而导致事故扩大。

条文 14.1.2.3 定期（时间间隔应不大于 5 年）通过开挖抽查等手段确定接地网的腐蚀情况，铜质材料接地体的接地网不必定期开挖检查。若接地网接地阻抗或接触电压和跨步电压测量不符合设计要求，怀疑接地网被严重腐蚀时，应进行开挖检查。如发现接地网腐蚀较为严重，应及时进行处理。

目前来看，接地网开挖检查是检查接地装置材料腐蚀性的有效手段，通过定期开挖抽查可有效判断整个接地网的腐蚀情况，在开挖检查的 5 年期限之内，土壤或者地下水质可能导致接地网腐蚀严重的地区，可根据接地网接地阻抗或接触电压和跨步电压测量结果适当缩短接地网开挖时间。

对于接地装置，第一次按规程开挖以后，应坚持不超过五年开挖 1 次。

（1）对于已运行 10 年的接地网，接地装置腐蚀情况通过周围的环境及开挖检查研究。根据电气设备的重要性和施工的安全性，通过选择 5～8 个点沿接地引下线进行开挖，要求不得有开断、松脱或严重腐蚀等现象，如有疑问还应扩大开挖的范围。

（2）对于运行 10 年以上的接地网，以后每 3～5 年要继续开挖检查一次，发现接地网腐蚀较为严重时，应及时进行处理。

由于铜质材料防腐性能非常好，因此针对铜质材料接地体的接地网可以不必定期开挖检查。

条文 14.2　防止雷电过电压事故

条文 14.2.1　设计阶段应因地制宜开展防雷设计，除 A 级 [地闪密度小于 0.78 次/（平方千米·年）] 雷区外，220kV 及以上线路一般应全线架设双地线，110kV 线路应全线架设地线。

地线保护角可参照国家电网公司《架空输电线路差异化防雷工作指导意见》（国家电网生〔2011〕500号）选取。

近年来随着雷电活动日益强烈，部分地区雷击跳闸在线路跳闸中的比例有增加趋势，而且主要表现形式是绕击跳闸。在线路投运后，降低绕击跳闸的手段非常有限。因此对于新建线路，在设计阶段减小边导线保护角（地线保护角）是行之有效的根本措施。根据《关于印发〈架空输电线路差异化防雷工作指导意见〉的通知》（国网生〔2011〕500号），新建输电线路应按照国家电网公司发布的雷区分布图，逐步采用雷害评估技术取代传统雷电日和雷击跳闸率经验计算公式，并按照线路在电网中的位置、作用和沿线雷区分布，区别重要线路和一般线路进行差异化防雷设计。

（1）重要线路地线保护角。重要线路应沿全线架设双地线，地线保护角一般按表14-1选取。

表14-1　　　　　　　　　　　重要线路地线保护角选取一览表

雷区分布	电压等级（kV）	杆 塔 型 式	地线保护角（°）
A～B2	110	单回路铁塔	≤10
		同塔双（多）回铁塔	≤0
		钢管杆	≤20
	220～330	单回路铁塔	≤10
		同塔双（多）回铁塔	≤0
		钢管杆	≤15
	500～750	单回路	≤5
		同塔双（多）回	≤0
C1～D2	对应电压等级和杆塔型式可在上述基础上，进一步减小地线保护角		

对于绕击雷害风险处于Ⅳ级区域的线路，地线保护角可进一步减小。两地线间距不应超过导地线间垂直距离的5倍，如超过5倍，经论证可在两地线间架设第3根地线。

（2）一般线路地线保护角。除A级雷区外，220kV及以上线路一般应全线架设双地线。110kV线路应全线架设地线，在山区和D1、D2级雷区，宜架设双地线，双地线保护角需按表14-2配置。220kV及以上线路在金属矿区的线段、山区特殊地形线段宜减小保护角，330kV及以下单地线路的保护角宜小于25°。运行线路一般不进行地线保护角的改造。

表14-2　　　　　　　　　　　一般线路地线保护角选取

雷区分布	电压等级（kV）	杆 塔 型 式	地线保护角（°）
A～B2	110	单回路铁塔	≤15
		同塔双（多）回铁塔	≤10
		钢管杆	≤20
	220～330	单回路铁塔	≤15
		同塔双（多）回铁塔	≤0
		钢管杆	≤15
	500～750	单回路	≤10
		同塔双（多）回	≤0
C1～D2	对应电压等级和杆塔型式可在上述基础上，进一步减小地线保护角		

条文 **14.2.2** 对符合以下条件之一的敞开式变电站应在 **110～220kV** 进出线间隔入口处加装金属氧化物避雷器。

条文 **14.2.2.1** 变电站所在地区年平均雷暴日不小于 **50** 日或者近 **3** 年雷电监测系统记录的平均落雷密度不小于 **3.5** 次/（$km^2 \cdot$ 年）。

条文 **14.2.2.2** 变电站 **110～220kV** 进出线路走廊在距变电站 **15km** 范围内穿越雷电活动频繁（平均雷暴日数不小于 **40** 日或近 **3** 年雷电监测系统记录的平均落雷密度大于等于 **2.8** 次/（$km^2 \cdot$ 年）的丘陵或山区。

条文 **14.2.2.3** 变电站已发生过雷电波侵入造成断路器等设备损坏。

条文 **14.2.2.4** 经常处于热备用运行的线路。

按照原有设计规范，110 及 220kV 变电站仅有母线避雷器，无出线避雷器。处于热备用运行的线路在遭受雷击时，或变电站进出线断路器在线路遭雷击闪络跳闸后，在断路器重合前的时间内，线路再次遭受雷击时，雷电侵入波在断路器断口处发生全反射，产生的雷电过电压超过了设备的雷电耐受绝缘强度，母线避雷器对出线断路器等设备不能有效保护，造成内绝缘或外绝缘击穿，因此在 110～220kV 进出线间隔入口处加装金属氧化物避雷器。

变电站进出线间隔入口金属氧化物避雷器应根据变电站总平面布置，在满足设计安全距离的前提下，优先考虑装设在变电站内进出线间隔的线路侧或进线门型架上；变电站内不具备安装条件的，可以将避雷器装设在进线终端塔上。

（1）装设在变电站内的间隔入口避雷器。应选用无间隙金属氧化物避雷器，其性能参数和型号应与变电站母线避雷器保持一致，避雷器的保护距离见表 14-3。

（2）装设在进线终端塔上的避雷器。应选用带串联间隙的金属氧化物避雷器，避雷器本体的性能参数应与变电站母线 MOA 相同（不能直接选用线路用避雷器），110、220kV 带间隙金属氧化物避雷器的雷电冲击 50%放电电压应分别不大于 250kV 和 500kV，终端塔接地装置的工频接地电阻值应小于 10Ω。避雷器的保护距离见表 14-3。

表 14-3 避雷器的保护距离一览表

系统标称电压（kV）	安装位置	设备雷电冲击耐受电压（kV）	最大保护距离（m）
110	站内	450	60
		550	95
220		850	80
		950	105
110	终端塔	450	55
		550	90
220		850	70
		950	90

综上所述，为了预防断开断路器因雷电侵入波造成断路器损害的事故发生，最安全经济有效的办法就是在易遭受雷击的线路入口（断路器的线路侧附近）装设 MOA。

[案例]　2007年7月29日晨，某供电公司220kV WB变电站某线B相开关遭受雷击损坏，造成220kV北母线的母线保护动作，开关跳闸，全站停电。现场检查，某线B相开关灭弧室瓷套损坏。巡线检查，发现某线4号塔合成绝缘子有放电痕迹，雷电定位系统显示故障时，在某线4~5号塔间有连续落雷。

应优先安排重要变电站，重要线路出口段加装避雷器，提高线路、变电站防雷水平，防范雷击过电压对变电站设备造成损坏。

条文 14.2.3　架空输电线路的防雷措施应按照输电线路在电网中的重要程度、线路走廊雷电活动强度、地形地貌及线路结构的不同，进行差异化配置，重点加强重要线路以及多雷区、强雷区内杆塔和线路的防雷保护。新建和运行的重要线路，应综合采取减小地线保护角、改善接地装置、适当加强绝缘等措施降低线路雷害风险。针对雷害风险较高的杆塔和线段宜采用线路避雷器保护。

根据《关于印发〈架空输电线路差异化防雷工作指导意见〉的通知》（国网生〔2011〕500号）中附件2中区分重要线路及一般线路的差异化防雷要求修订。

[案例]　某供电公司某变电站220kV侧仅由同塔双回线BT甲乙线供电。2006年10月19日220kV BT乙线因雷击跳闸，造成变电站全停。9时9分，220kV BT甲乙线双套分相差动保护动作、距离I段保护动作，A相开关跳闸，重合成功。9时11分，220kV BT甲乙线双套分相差动保护动作，三相开关跳闸，造成220kV某变电站全停，并影响三座66kV变电站停电。某变电站220kV侧仅由同塔双回线BT甲乙线供电，雷击后，同塔双回线同时闪络跳闸的可能性较大。同塔双回线路可进行差异化防雷配置，减少雷击后同时跳闸的概率。

条文 14.2.4　加强避雷线运行维护工作，定期打开部分线夹检查，保证避雷线与杆塔接地点可靠连接。对于具有绝缘架空地线的线路，要加强放电间隙的检查与维护，确保动作可靠。

220kV及以上线路采用绝缘地线时地线上的感应电压可以高达几十千伏，工程实践中曾发生过地线间隙长期放电引起严重通信干扰的情况，其原因就是地线间隙调整不当或固定不可靠。

条文 14.2.5　严禁利用避雷针、变电站构架和带避雷线的杆塔作为低压线、通信线、广播线、电视天线的支柱。

当低压线、通信线、广播线、电视天线等搭挂在避雷针、变电站构架和带避雷线的杆塔上时，雷击会造成低压、弱电设备损坏，甚至威胁人身安全，因此严禁搭挂。

避雷针遭受雷击或雷电侵入波沿避雷线进站，所引起局部接地网电位抬升，高电位的窜入可能造成低压、弱电设备损坏。对有可能由于雷击造成弱电设备损坏事故发生的，应对其采取隔离措施或装设专用的浪涌保护器。

发电厂、变电站的接地装置应与线路的避雷线相连，且有便于分开的连接点。当不允许避雷线直接和发电厂、变电站配电装置构架相连时，发电厂、变电站接地网应在地下与避雷线的接地装置相连接，连接线埋在地中的长度不应小于15m。

条文 **14.2.6** 在土壤电阻率较高地段的杆塔，可采用增加垂直接地体、加长接地带、改变接地形式、换土或采用接地模块等措施。

在土壤电阻率较高的地区，可采用增加垂直接地体、加长接地带、改变接地形式、换土或采用接地新技术（如接地模块）等措施，新建线路原则上不使用化学降阻剂。已使用降阻剂的杆塔接地，要缩短开挖检查周期。在盐碱腐蚀较严重的地段，接地装置应选用耐腐蚀性材料或者采用导电防腐漆防腐。

条文 14.3 防止变压器过电压事故

条文 **14.3.1** 切合 **110kV** 及以上有效接地系统中性点不接地的空载变压器时，应先将该变压器中性点临时接地。

因断路器非同期操作、线路非全相断线等原因造成变压器中性点电位异常抬升，可能导致变压器中性点绝缘损坏，或中性点避雷器（如有）发生爆炸。

条文 **14.3.2** 为防止在有效接地系统中出现孤立不接地系统并产生较高工频过电压的异常运行工况，**110～220kV** 不接地变压器的中性点过电压保护应采用棒间隙保护方式。对于 **110kV** 变压器，当中性点绝缘的冲击耐受电压不大于 **185kV** 时，还应在间隙旁并联金属氧化物避雷器，间隙距离及避雷器参数配合应进行校核。间隙动作后，应检查间隙的烧损情况并校核间隙距离。

（1）在有效接地系统中当变压器中性点不接地运行时，因断路器非同期操作、线路非全相断线等原因造成中性点不接地的孤立系统，单相接地运行时产生较高工频过电压，为防止中性点绝缘损坏，变压器中性点应采用棒间隙保护。

棒间隙距离应按照电网具体情况而定，原则上 220kV 选用 250～300mm（当接地系数 $K \geqslant 1.87$ 时，选用 285～300mm）；110kV 选用 105～115mm。

棒间隙可使用直径 $\phi 14mm$ 或 $\phi 16mm$ 的圆钢，棒间隙应采用水平布置，端部为半球形，表面加工细致无毛刺并镀锌，尾部应留有 15～20mm 螺扣，用于调节间隙距离。

在安装时，应考虑与周围物体的距离，棒间隙与周围接地物体距离应大于 1m，接地棒长度应不小于 0.5m，离地面距离应不小于 2m。

应定期检查棒间隙的距离，尤其是在间隙动作后应进行检查间隙烧损情况，如不符合要求应进行调整或更换。

对于低压侧和中压侧无电源的新投变压器，中性点间隙可不设零序 TA 保护；如需要设零序 TA 保护的，保护整定时间可以比 0.5s 适当延长，但应小于 3s。

（2）对于 110kV 变压器，当中性点绝缘的冲击耐受电压不大于 185kV 时，还应在间隙旁并联金属氧化物避雷器，间隙距离及避雷器参数配合应进行校核，间隙、避雷器应同时配合保证工频和操作过电压都能防护。

此条主要针对部分老旧变压器其中性点绝缘水平为 35kV 等级（工频耐压 85kV，冲击耐受电压 180kV）时，还应在并联间隙旁并联 MOA，其 $U_{1mA} > 67kV$，1kA 雷电残压不大于 120kV。

［案例］ 2007 年 7 月 7 日某变电公司 220kV BDL 站因某线路被雷击引起 1、2 号主变压

器间隙保护动作跳闸，变电站全停。

雷击同时造成 XZ 站 2 号变压器及 BDL 1、2 号变压器中性点击穿，击穿电流达到变压器间隙电流保护定值。变压器间隙电流保护时间按照《继电保护和安全自动装置技术规程》（GB/T 14285—2006）中相关要求整定为 0.5s。在 510ms 左右，XZ 2 号变压器间隙电流保护动作，约 543ms 跳开变压器各侧断路器。511ms BDL 1、2 号变压器间隙电流保护动作，约 560ms 跳开变压器三侧断路器。600ms 左右某线重合送出。暴露的问题是在主变压器间隙保护设置上，未能统筹考虑在特殊情况下的设定。

由于某线路部分通过山区，夏季遭受雷击的概率较高，为了避免类似的情况的再次发生，经过调研，参考某公司在变压器中性点间隙所做出的研究，暂时将变压器间隙时间改为 1.5s。经过了几次雷击考验，没有出现类似问题。间隙零序电流保护宜设置适当延时，避免在间隙动作后造成误跳变压器。

条文 14.3.3 对于低压侧有空载运行或者带短母线运行可能的变压器，宜在变压器低压侧装设避雷器进行保护。

对于低压侧有空载运行或者带短母线运行可能的变压器，为防止高压侧非全相或者非同期合闸，以及高压侧有沿架空线路入侵的雷电波时，由于高低压绕组之间的静电感应而在变压器的低压侧出现危及绕组绝缘的过电压，因此宜在变压器低压侧装设避雷器进行保护，以防止传递过电压造成变压器绝缘损坏。

条文 14.4 防止谐振过电压事故

条文 14.4.1 为防止 110kV 及以上电压等级断路器断口均压电容与母线电磁式电压互感器发生谐振过电压，可通过改变运行和操作方式避免形成谐振过电压条件。新建或改造敞开式变电站应选用电容式电压互感器。

避免断路器断口电容和空母线 TV（电磁式电压互感器）铁磁谐振过电压造成危害的根本措施是采用电容式电压互感器。对有发生断路器断口电容和空母线 TV 铁磁谐振过电压可能的，可采取以下措施：在出现带断口电容断路器投切空母线时，首先拉开母线 TV 刀闸，或者运行人员密切监视空母线电压，在带断口电容断路器切空母线操作时，如果出现谐振现象，尽快拉开断路器两侧隔离开关的其中一侧隔离开关，而在投空母线时，如果在断路器两侧隔离开关合入后出现谐振现象，应尽快合入断路器。严禁在发生长时间谐振后，合入断路器，将母线 TV 重新投入运行。TV 谐振消除后（特别是长时间谐振后），应认真全面地检查 TV，防止 TV 带故障隐患投入运行。检查项目包括：外观检查是否渗漏油、测试绕组直流电阻、取油做色谱试验等。

条文 14.4.2 为防止中性点非直接接地系统发生由于电磁式电压互感器饱和产生的铁磁谐振过电压，可采取以下措施：

条文 14.4.2.1 选用励磁特性饱和点较高的，在 $1.9U_m/\sqrt{3}$ 电压下，铁芯磁通不饱和的电压互感器。

条文 14.4.2.2 在电压互感器（包括系统中的用户站）一次绕组中性点对地间串接线性或

非线性消谐电阻、加零序电压互感器或在开口三角绕组加阻尼或其他专门消除此类谐振的装置。

条文 14.4.2.3   10kV 及以下用户电压互感器一次中性点应不接地。

以上措施是防止电磁式电压互感器饱和引发谐振的有效措施，目前在电力系统应用较多，在一次绕组中性点对地间串接线性或非线性消谐电阻、加零序电压互感器或在开口三角绕组加阻尼或其他专门消除此类谐振的装置可以在不更换电压互感器的前提下有效地消除谐振过电压。

条文 14.5   防止弧光接地过电压事故

条文 14.5.1   对于中性点不接地的 6～35kV 系统，应根据电网发展每 3～5 年进行一次电容电流测试。当单相接地故障电容电流超过《交流电气装置的过电压保护和绝缘配合》（DL/T 620—1997）规定时，应及时装设消弧线圈；单相接地电流虽未达到规定值，也可根据运行经验装设消弧线圈，消弧线圈的容量应能满足过补偿的运行要求。在消弧线圈布置上，应避免由于运行方式改变出现部分系统无消弧线圈补偿的情况。对于已经安装消弧线圈、单相接地故障电容电流依然超标的应当采取消弧线圈增容或者采取分散补偿方式；对于系统电容电流大于 150A 及以上的，也可以根据系统实际情况改变中性点接地方式或者在配电线路分散补偿。

发电厂 6～10kV 厂用系统的结构发生变化时，应进行电容电流测试。

当 10、35kV 系统的电容电流较大，采用在变电站集中补偿的方式有困难时，宜根据就地平衡的原则，采用在变电站集中补偿和在下一级开闭站分散补偿相结合的补偿方式。

部分地区由于消弧线圈设置不合理，造成负荷站在负荷切换时消弧线圈补偿未及时切换，使得出现部分系统无补偿的现象，严重影响系统的安全稳定运行，因此在消弧线圈布置上补偿容量宜与主要负荷运行在一起，切换时宜实现一起切换到电源点。

［案例］   2008 年 6 月 23 日某供电公司 220kV 某变电站因线路故障过电压，202-2 隔离开关放电造成 2 号变压器差动动作跳闸。因雷雨大风天气，某线 2～3 号杆塔导线对树木放电，10kV 系统受到扰动。由于系统电容电流较大，使 10kV-5 母线系统产生的接地电流不易熄灭，产生弧光接地过电压，此过电压在系统 202-2 隔离开关绝缘薄弱处发生绝缘击穿，导致三相短路故障，造成 202-2 隔离开关烧损。

故障原因主要是由于雷雨天气某线对树放电，造成线路故障；10kV 系统未采取限制接地过电压的有效措施。

条文 14.5.2   对于装设手动消弧线圈的 6～35kV 非有效接地系统，应根据电网发展每 3～5 年进行一次调谐试验，使手动消弧线圈运行在过补偿状态，合理整定脱谐度，保证电网不对称度不大于相电压的 1.5%，中性点位移电压不大于额定电压的 15%。

近几年，配电网 6～35kV 系统发展非常快，电缆的使用越来越多，配电网电容电流越来越大，单相短路时，电容电流难以熄灭，造成单相短路时易引发相间短路故障，因此应根据电网发展每 3～5 年进行一次电容电流测试。

由于消弧线圈的电感电流部分或者全部地补偿了电容电流，使故障电流减小，对熄灭故障电弧或限制重燃大为有利。消弧线圈的接入还可以大大降低故障间隙的恢复电压上升速度，从而有利地抑制了产生间歇性电弧的几率。消弧线圈的脱谐度越小（补偿度越大），这种作用就越显著。然而太小的脱谐度将导致正常运行中较大的中性点位移，因此必须综合两方面的要求确定合适的脱谐度。

目前，我国过电压保护规程规定，中性点经消弧线圈接地系统采用过补偿方式，其脱谐度不超过 10%；即使由于消弧线圈容量不够而不得不采用欠补偿方式时，脱谐度也不要超过 10%；同时还要求中性点位移电压一般不超过相电压的 15%。

非有效接地系统包括不接地、谐振接地、低电阻接地和高电阻接地系统。

条文 14.5.3　对于自动调谐消弧线圈，在订购前应向制造厂索取能说明该产品可以根据系统电容电流自动进行调谐的试验报告。自动调谐消弧线圈投入运行后，应根据实际测量的系统电容电流对其自动调谐功能的准确性进行校核。

条文 14.5.4　不接地和谐振接地系统发生单相接地时，应采取有效措施尽快消除故障，降低发生弧光接地过电压的风险。

防止产生弧光接地过电压的根本途径是消除间歇电弧，可根据电力系统实际运行状况，采取相应的措施：

（1）将系统中性点直接接地（或经小电阻接地）。系统在单相接地时引起较大的短路电流，继电保护装置会迅速切除故障。故障切除后，线路对地电容中储存的剩余电荷直接经中性点入地，系统中不会出现弧光接地过电压，但配电网发生单相接地的概率较大，中性点直接接地，断路器将频繁动作开断短路电流，大大增加检修维护的工作量，并要求有可靠的自动重合闸装置与之配合，故应权衡利弊，经技术经济比较后选定。

（2）中性点经消弧线圈接地。正确运用消弧线圈可补偿单相接地电流和减缓弧道恢复电压上升速度，促使接地电弧熄灭，大大减小出现高幅值弧光接地过电压的概率。

（3）在中性点不接地系统中，若线路过长，当运行条件许可，可采用分网运行的方式，减小接地电流，有利于接地电弧的自熄。

条文 14.6　防止无间隙金属氧化物避雷器事故

条文 14.6.1　对金属氧化物避雷器，必须坚持在运行中按规程要求进行带电试验。当发现异常情况时，应及时查明原因。35kV 及以上电压等级金属氧化物避雷器可用带电测试替代定期停电试验，但对 500kV 金属氧化物避雷器应 3～5 年进行一次停电试验。

带电试验包括泄漏电流（全电流、阻性电流）测试及红外精确测温，带电试验可以发现避雷器运行中的受潮和电阻片的劣化情况，因此应坚持在运行中进行带电测试。

带电试验应严格按周期进行，并加强试验数据的分析，对于阻性电流增长超过 50% 的应进行复测，对于阻性电流超过 100% 的应停电进行直流试验。

考虑到 500kV 避雷器的重要性，还应进行定期停电试验。

［案例］　2006 年 9 月 28 日某供电公司 220kV 某变电站 1 号主变压器 220kV 侧 B 相避雷

器爆炸，造成两侧开关跳闸。暴露的问题是避雷器装配工艺不当，未能将密封盖板完全压紧，致使上节避雷器绝缘筒受潮，主变压器运行后，上节避雷器绝缘筒击穿，发生爆炸，引起主变压器差动保护动作跳闸。日常运行巡视中应加强避雷器泄漏电流监测，发现异常应立即采取相应措施。

条文 14.6.2 严格遵守避雷器交流泄漏电流测试周期，雷雨季节前后各测量一次，测试数据应包括全电流及阻性电流。

条文 14.6.3 110kV 及以上电压等级避雷器应安装交流泄漏电流在线监测表计。对已安装在线监测表计的避雷器，有人值班的变电站每天至少巡视一次，每半月记录一次，并加强数据分析。无人值班变电站可结合设备巡视周期进行巡视并记录，强雷雨天气后应进行特巡。

避雷器泄漏电流在线监测应严格按照周期进行，试验数据应有专人进行分析，全电流增长超过 20%时应进行带电测试，测量全电流和阻性电流，并进行分析、判断，必要时进行停电直流试验。

对有人值班和无人值班站建议采用不同巡视周期。对于无人值班变电站可结合设备巡视周期进行巡视，强雷雨天气后应进行特巡。有人值班变电站可以做到"每天至少巡视一次"。

15 防止继电保护事故

本次修编是在以往规程、规定、反措和相关技术标准的基础上，根据近年来电网中所发生事故的教训，进行了补充和完善，删除了与现有设备不相适应的部分，对部分内容如继电保护抗干扰措施等进行了细化，并增加了与智能变电站、大运行等相关的内容。

条 文 说 明

条文　为了防止继电保护事故，应认真贯彻《继电保护和安全自动装置技术规程》（GB/T 14285—2006）、《微机继电保护装置运行管理规程》（DL/T 587—2007）、《继电保护和电网安全自动装置检验规程》（DL/T 995—2006）、《继电保护及安全自动装置运行管理规程》[（82）水电生字第 11 号]、《继电保护和电网安全自动装置现场工作保安规定》（Q/GDW 267—2009）、《3kV～110kV 电网继电保护装置运行整定规程》（DL/T 584—2007）、《220kV～750kV 电网继电保护装置运行整定规程》（DL/T 559—2007）、《电力系统继电保护技术监督规定（试行）》（电安生［1997］356 号）、《电力系统继电保护及安全自动装置反事故措施要点》（电安生［1994］191 号）、《电力系统继电保护及安全自动装置运行评价规程》（DL/T 623—2010）、《大型发电机变压器继电保护整定计算导则》（DL/T 684—1999）、《智能变电站继电保护技术规范》（Q/GDW 441—2010）、《线路保护及辅助装置标准化设计规范》（Q/GDW 161—2007）、《变压器、高压并联电抗器和母线保护及辅助装置标准化设计规范》（Q/GDW 175—2008）、《国家电网继电保护整定计算技术规范》（Q/GDW 422—2010）等有关标准和规程、规定，并提出以下要求。

严格执行规程规定，是防止发生继电保护事故的关键所在，在不断总结经验和事故教训的基础上，国家、行业及国家电网公司出台了一系列标准、规程、规定和反事故措施，本条所提及的文件不是继电保护专业的全部技术规程，只是列集部分较重要的规程、规定，未列集的相关规程、规定同样需要贯彻执行。

条文 15.1　规划阶段应注意的问题

条文 **15.1.1**　涉及电网安全、稳定运行的发、输、配及重要用电设备的继电保护装置应纳入电网统一规划、设计、运行、管理和技术监督。在一次系统规划建设中，应充分考虑继电保护的适应性，避免出现特殊接线方式造成继电保护配置及整定难度的增加，为继电保护安全可靠运行创造良好条件。

条文 **15.1.2**　继电保护装置的配置和选型，必须满足有关规程规定的要求，并经相关继电保护管理部门同意。保护选型应采用技术成熟、性能可靠、质量优良的产品。

　　继电保护是电网的重要组成部分，本条款强调了电力系统一、二次设备的相关性，要求将涉及电网安全、稳定运行的发、输、配及重要用电设备的继电保护装置纳入电网统一规划、设计、运行、管理和技术监督；要求在规划阶段就做好一、二次设备选型的协调，充分考虑继电保护的适应性，避免出现特殊接线方式造成继电保护配置和整定计算困难，保证继电保护设备能够正确地发挥作用；明确了专业主管部门在设备选型工作中的责任和义务，强调继电保护装置的选型必须按照相关规定进行，选用技术成熟、性能可靠、质量优良的产品。

条文 15.2　继电保护配置应注意的问题

　　条文 15.2.1　电力系统重要设备的继电保护应采用双重化配置。双重化配置的继电保护应满足以下基本要求。

　　条文 15.2.1.1　两套保护装置的交流电流应分别取自电流互感器互相独立的绕组；交流电压宜分别取自电压互感器互相独立的绕组。其保护范围应交叉重叠，避免死区。

　　条文 15.2.1.2　两套保护装置的直流电源应取自不同蓄电池组供电的直流母线段。

　　条文 15.2.1.3　两套保护装置的跳闸回路应与断路器的两个跳闸线圈分别一一对应。

　　条文 15.2.1.4　两套保护装置与其他保护、设备配合的回路应遵循相互独立的原则。

　　条文 15.2.1.5　每套完整、独立的保护装置应能处理可能发生的所有类型的故障。两套保护之间不应有任何电气联系，当一套保护退出时不应影响另一套保护的运行。

　　条文 15.2.1.6　线路纵联保护的通道（含光纤、微波、载波等通道及加工设备和供电电源等）、远方跳闸及就地判别装置应遵循相互独立的原则按双重化配置。

　　条文 15.2.1.7　330kV 及以上电压等级输变电设备的保护应按双重化配置。

　　条文 15.2.1.8　除终端负荷变电站外，220kV 及以上电压等级变电站的母线保护应按双重化配置。

　　条文 15.2.1.9　220kV 电压等级线路、变压器、高压电抗器、串联补偿装置、滤波器等设备微机保护应按双重化配置。每套保护均应含有完整的主、后备保护，能反应被保护设备的各种故障及异常状态，并能作用于跳闸或给出信号。

　　本节明确规定了继电保护双重化配置的基本原则。

　　重要设备按双重化原则配置保护是现阶段提高继电保护可靠性的关键措施之一，所谓双重化配置不仅仅是应用两套独立的保护装置，而且要求两套保护装置的电源回路、交流信号输入回路、输出回路、直至驱动断路器跳闸，两套继电保护系统完全独立，互不影响，其中任意一套保护系统出现异常，也能保证快速切除故障，并能完成系统所需的后备保护功能。

　　实施继电保护双重化配置的目的：① 在一次设备出现故障时，防止因继电保护拒动给设备带来进一步的损坏；② 在保护装置出现故障、异常或检修时避免因一次设备缺少保护而导致不必要的停运。前者是提高保护的完备性，有效防止设备损害；后者主要是保证设备运行的连续性，提高经济效益。

以单一主设备作为双重化保护的基本配置单元，既能保证保护设备的可依赖性，同时一旦其中一套保护装置发生误动作，其所带来后果影响范围最小。

一般220kV以上的设备都应按双重化的原则配置保护，220kV的终端负荷变电站，由于处于系统末端，相对于220kV及以上电压等级的其他设备而言，其母线快速切除故障的要求可适当弱化，因此从节约投资的角度出发，可不强制要求必须按双重化要求配置保护。在单套配置的母差保护因故退出运行期间，可利用加大上一级线路后备保护的动作范围、缩短对无保护母线有灵敏度的后备保护动作时间等办法对母线实施保护。

条文 15.2.2 应充分考虑电流互感器二次绕组合理分配，对确实无法解决的保护动作死区，在满足系统稳定要求的前提下，可采取启动失灵和远方跳闸等后备措施加以解决。

电流互感器的安装位置决定了继电保护装置的保护范围，当采用外附电流互感器时，不可避免会存在快速保护的"死区"。如当电流互感器装设于断路器的线路侧时，断路器与互感器之间的故障，虽然母差保护能将断路器断开，但对于线路保护而言属区外故障，故障点会依然存在，此时应通过远方跳闸保护将线路对侧断路器跳开切除故障。

电流互感器二次绕组的装配位置同样也决定了继电保护装置的保护范围，选择电流互感器的二次绕组，应考虑保护范围的交叉，避免在互感器内部发生故障时出现"死区"。

条文 15.2.3 220kV及以上电压等级的线路保护应满足以下要求：

条文 15.2.3.1 联络线的每套保护应能对全线路内发生的各种类型故障均快速动作切除。对于要求实现单相重合闸的线路，在线路发生单相经高阻接地故障时，应能正确选相并动作跳闸。

条文 15.2.3.2 对于远距离、重负荷线路及事故过负荷等情况，宜采用设置负荷电阻线或其他方法避免相间、接地距离保护的后备段保护误动作。

条文 15.2.3.3 应采取措施，防止由于零序功率方向元件的电压死区导致零序功率方向纵联保护拒动，但不宜采用过分降低零序动作电压的方法。

按照双重化要求配置的保护，其每一套保护都应能够独立完成切除故障的任务，有系统稳定要求时，线路保护须保证其每一套保护对于各种类型故障均能实现全线速动，且须保证采用单相重合闸方式的线路在发生单相高阻接地故障时能够正确选相跳闸及重合。

远距离、重负荷的线路，以及同一断面其他线路跳闸后会承受较大转移负荷的线路，其距离保护的后备段如不采取措施，可能会发生误动作，国外数次电网大停电事故多次证明：严重时还可能会造成系统稳定破坏事故。为防止此类事故的发生，应要求距离保护后备段能够对故障和过负荷加以区分，设置负荷电阻线是行之有效的措施之一。

零序功率方向元件一般都有一定的零序电压门槛，对于一侧零序阻抗较小的长线路，在发生经高阻接地故障时，可能会由于该侧零序电压较低而形成一定范围的死区，从而造成纵联零序方向保护拒动。为实现全线速动，当采用纵联零序方向保护时，应采取有效措施消除该死区，但由于正常运行时存在不平衡电压，不能采取过分降低零序电压门槛的方法，否则可能会造成保护误动。

条文 **15.2.4** 双母线接线变电站的母差保护、断路器失灵保护，除跳母联、分段的支路外，应经复合电压闭锁。

双母线接线的变电站，一旦母差保护或断路器失灵保护动作，势必会损失负荷，加装复合电压闭锁回路是防止母差或失灵保护误动的重要措施。对于微机型的母差、失灵保护，复合电压闭锁可有效地防止电流互感器二次回路断线等外部原因造成保护误动。

条文 **15.2.5** 220kV 及以上电压等级的母联、母线分段断路器应按断路器配置专用的、具备瞬时和延时跳闸功能的过电流保护装置。

母联、母线分段断路器在系统运行中往往要承担给母线充电或作为新投设备后备断路器等任务，专用的、具备瞬时和延时跳闸功能的过电流保护装置在此情况下用于作为充电保护或后备保护。

条文 **15.2.6** 断路器失灵保护的电流判别元件的动作和返回时间均不宜大于 **20ms**，其返回系数也不宜低于 **0.9**。

断路器失灵保护的电流判别元件如不能快速动作或返回，将有可能造成失灵保护的误动或拒动。

条文 **15.2.7** 变压器、电抗器非电量保护应同时作用于断路器的两个跳闸线圈。未采用就地跳闸方式的变压器非电量保护应设置独立的电源回路（包括直流空气小开关及其直流电源监视回路）和出口跳闸回路，且必须与电气量保护完全分开。当变压器、电抗器采用就地跳闸方式时，应向监控系统发送动作信号。

落实本项反措应注意以下要点：

（1）主变压器的非电量保护应防水、防油渗漏、密封性好。为防止由于转接端子绝缘破坏造成保护误动。

（2）非电量保护的跳闸回路应同时作用于两个跳闸线圈，且驱动两个跳闸线圈的跳闸继电器不宜为同一个继电器。

（3）非电量保护不启动失灵保护，主变压器非电量保护的工作电源（包括直流空气小开关及其直流电源监视回路）及其出口跳闸回路不得与电气量保护共用。

条文 **15.2.8** 在变压器低压侧未配置母差和失灵保护的情况下，为提高切除变压器低压侧母线故障的可靠性，宜在变压器的低压侧设置取自不同电流回路的两套电流保护。当短路电流大于变压器热稳定电流时，变压器保护切除故障的时间不宜大于 **2s**。

条文 **15.2.9** 变压器的高压侧宜设置长延时的后备保护。在保护不失配的前提下，尽量缩短变压器后备保护的整定时间级差。

大型变压器是电力系统中最重要的设备之一，一旦损坏，修复非常困难，并将严重影响供电可靠性。长期运行经验表明，变压器低压侧发生故障的概率要大于高压侧发生故障的概率，而变压器低压侧近端故障切除时间长，致使变压器铁芯、绕组经受多次过热是造成变压器损坏的主要原因之一。

在变压器的低压侧设置取自不同电流回路的两套电流保护，并尽量缩短变压器后备保护的时间整定级差，有利于提高变压器后备保护动作的可靠性，缩短低压侧故障的切除时间，从而延长变压器的使用寿命。

条文 15.2.10 变压器过励磁保护的启动、反时限和定时限元件应根据变压器的过励磁特性曲线进行整定计算并能分别整定，其返回系数不应低于 **0.96**。

系统电压升高或频率下降，会使变压器出现过励磁现象，而过励磁的程度和时间的积累，将促使变压器绝缘加速老化，影响变压器寿命。变压器的过励磁能力是指变压器耐受系统过电压、或系统低频的能力，不同变压器的过励磁能力有所不同，每台变压器出厂文件都包含有描述该变压器过励磁能力的特性曲线。

变压器的过励磁保护主要由启动元件、V/Hz 判别元件和时间元件构成，其中时间元件包含反时限和定时限两部分。过励磁保护的整定应根据被保护变压器的过励磁曲线进行，使保护的动作特性曲线与变压器自身的过励磁能力相适应。

条文 15.2.11 220kV 及以上电压等级变压器、发电机变压器组的断路器失灵时应启动断路器失灵保护，并应满足以下要求：

条文 15.2.11.1 双母线接线变电站的断路器失灵保护的电流判别元件应采用相电流、零序电流和负序电流按"或逻辑"构成，在保护跳闸接点和电流判别元件同时动作时去解除复合电压闭锁，故障电流切断、保护收回跳闸命令后应重新闭锁断路器失灵保护。

条文 15.2.11.2 线路—变压器和线路—发电机变压器组的线路和主设备电气量保护均应启动断路器失灵保护。当本侧断路器无法切除故障时，应采取启动远方跳闸等后备措施加以解决。

条文 15.2.11.3 变压器的断路器失灵时，除应跳开失灵断路器相邻的全部断路器外，还应跳开本变压器连接其他电源侧的断路器。

如无特殊要求，断路器失灵保护仅只考虑单相失灵。双母线接线形式的变电站，为防止由于失灵保护误动而造成系统结构的较大变化或较大范围的停电，须利用复合电压元件作为失灵保护的闭锁元件。

变压器、发电机变压器组发生故障，保护均动作于断路器三相同时跳开，如果断路器发生非全相运行状况，不仅本侧系统、而且会在变压器的其他侧系统中产生较大的负序（有时还会有零序）分量，特别是对于发电机变压器组，发电机侧若长期存在较大的负序电流，将会烧毁发电机转子，甚至造成更严重的后果。

必须要考虑在发生断路器非故障相拒动或非全相合入的情况。对于双母线接线形式的变电站，如果系统电压正常，在不解除复合电压闭锁功能的前提下，即或是失灵保护启动，也不能将发生非全相的断路器进行隔离。利用相电流、零序电流和负序电流按"或逻辑"构成电流判别元件，在保护跳闸触点和电流判别元件同时动作时解除复合电压闭锁，可保证失灵保护在上述情况下能够正确动作。

对于线路—变压器和线路—发电机变压器组，当本侧断路器由于失灵等原因无法切除故障时，利用远方跳闸保护跳开线路对侧断路器，可有效消除故障对系统的影响。

系统中的联络变压器，一般在变压器两侧（或更多侧）接有电源，当变压器发生外部故障（内部故障变压器保护将跳开各侧断路器）后备保护动作时，如果故障侧的断路器失灵，仅靠该侧失灵保护无法消除故障，只有将变压器连接其他电源侧的断路器均跳开才能保证运行中的电力系统与故障的有效隔离。

［案例］ 2003 年 6 月 3 日，某发电厂一台机组检修完毕准备并网，其发电机变压器组 A 相断路器在断开时内部拉杆断裂，断路器位置指示为三相断开，运行人员在不知情的情况下合入发电机侧隔离开关，造成发电机在非全相状态下非同步并网。由于失灵保护未动作，故障无法在短时间隔离，最终导致汽轮发电机轴系扭断，发电机组因失火烧毁。

条文 15.2.12 防跳继电器动作时间应与断路器动作时间配合，断路器三相位置不一致保护的动作时间应与其他保护动作时间相配合。

断路器防跳继电器的作用是在断路器同时接收到跳闸与合闸命令时，有效防止断路器反复"合"、"跳"，断开合闸回路，将断路器可靠地置于跳闸位置，防跳继电器的接点一般都串接在断路器的控制回路中。若防跳继电器的动作时间与断路器的动作时间不配合，轻则影响断路器的动作时间，重则将会导致断路器拒分或拒合。

断路器处于非全相状态时，系统会出现零序、负序分量，并根据系统的结构分配至运行中的相关设备，如果断路器三相不一致保护动作时间过长，零序、负序分量数值及持续时间超过零序保护的定值，零序或负序保护将会动作；配置单相重合闸的线路，在保护动作跳闸至重合闸发出命令合闸期间，故障线路的断路器处于非全相状态，如果断路器三相不一致保护动作时间过短，将可能导致无法完成重合闸功能，扩大事故的影响。

条文 15.2.13 100MW 及以上容量发电机变压器组应按双重化原则配置微机保护（非电量保护除外）。大型发电机组和重要发电厂的启动变压器保护宜采用双重化配置。每套保护均应含有完整的主、后备保护，能反应被保护设备的各种故障及异常状态，并能作用于跳闸或给出信号。

发电机组是电力生产过程中最重要的设备之一，发电机组的安全、稳定运行是电力系统安全、稳定的重要保障。随着单机容量的增大，如果在发电机组发生故障时不能及时切除，无论对发电企业还是电网，都将可能造成巨大损失。发电机变压器组保护双重化配置的基本原则与条文 15.2.1.1～条文 15.2.1.5 所规定的输变电设备保护双重化配置基本原则相同。

大型发电机组和重要发电厂的启动变压器往往不仅作为机组启动时的启动电源，同时作为机组事故时的备用电源，是保障电厂安全停机和快速恢复机组投入运行的重要条件。因此，启动变压器保护也宜按双重化配置。

条文 15.2.13.1 发电机变压器组非电量保护按照 15.2.7 执行。

条文 15.2.13.2 发电机变压器组的断路器三相位置不一致保护应启动失灵保护。

当发电机变压器组出口断路器出现非全相运行工况时，将有负序电流流过发电机的定子绕组，在发电机中产生对转子以两倍同步转速的旋转磁场，该磁场导致转子表层、护环流过较大数值的倍频电流，严重时，将造成转子的烧伤。

发电机具有一定的耐受负序电流能力，但有一定的限度。为防止发电机损坏，应将发电机定子绕组流过负序电流的数值与时间限定在一定范围之内。

当发电机变压器组出口断路器出现非全相运行工况时，如果断路器三相位置不一致保护动作仍不能将出口断路器三相断开，则应通过失灵保护断开与之相邻的断路器，一方面可以保护发电机，另一方面可防止系统零序保护的无序动作。

条文 15.2.13.3   200MW 及以上容量发电机定子接地保护宜将基波零序保护与三次谐波电压保护的出口分开，基波零序保护投跳闸。

因绝缘损坏而造成定子绕组发生单相接地是发电机较为常见的故障之一。发电机通常采用基波零序保护作为发电机定子接地故障的主保护，但该保护的范围为由机端至中性点的95%左右。虽然，由于发电机中性点附近电压较低，发生绝缘损坏的故障概率可能较低，但在定子水内冷机组中由于漏水等原因造成中性点附近定子接地的可能依然存在，如果未被及时发现，再发生第二点接地时，将造成发电机的严重损坏。为此，发电机通常采用由基波零序保护和三次谐波电压保护共同构成 100%定子接地保护。

发电机的三次谐波与机组及外部设备等多因素有关，特别是在投产初期，很难将其整定值设置正确。考虑到中性点附近发生接地故障时，接地电流较小，零序电压较低，为防止三次谐波电压保护误动切机，建议将发电机定子接地保护的基波零序保护与三次谐波电压保护的出口分开，基波零序保护投跳闸，三次谐波电压保护投信号。

［案例］ 2012 年 1 月 7 日，某电厂 2 号发电机两套保护均发出"100%定子接地保护启动"，信号不保持，时有时无。退出保护后检查，发电机中性点 TV 根部二次线垫圈松动，导致测量的三次谐波电压在 2.6～3.8V 之间变化。更换垫圈后故障消除。若此时此保护投跳闸很可能会引起误动。

条文 15.2.13.4   200MW 及以上容量发电机变压器组应配置专用故障录波器。

故障录波报告是进行事故分析的重要依据，特别是在进行复杂事故分析或保护不正确动作分析时更是如此。为全面反映发电机组在事故或异常情况下运行工况，机组录波除接入相关电气量、触点信号外，还需接入励磁系统相关电流、电压，接入热工保护跳闸触点等与机组运行相关的信息。除此之外，机组录波还应适当接入电网侧的相关信息，以便对应分析机组在电网发生故障或出现异常时的运行状况及保护动作行为。

条文 15.2.13.5   200MW 及以上容量发电机应装设启、停机保护及断路器断口闪络保护。

在未与系统并列运行期间，某些情况下，处于非额定转速的发电机被施加了励磁电流，机组的电气频率与额定值存在较大偏差。部分继电保护因受频率影响较大，在机组启、停机过程转速较低时发生定子接地短路或相间短路故障，不能正确动作或灵敏度降低，导致故障扩大，因此需装设对频率变化敏感性较差的继电器构成的启停机保护。专用的启、停机保护应作用于停机，在机组并网运行期间宜退出。

机组出口断路器未合，机组已施加励磁等待同期并网期间，施加在断路器断口两端的电压，会随着待并发电机与系统之间电压角差变化而不断变化，最大值为两电压之和。可能会造成断路器断口闪络事故，不仅造成断路器损坏，处理不及时还可能引起电网事故，因此需装设断路器断口闪络保护。断路器断口闪络保护应作用于停机，并按照条文 15.2.11 的要求启动失灵保护。

条文 15.2.13.6 并网电厂都应制订完备的发电机带励磁失步振荡故障的应急措施，**200MW 及以上容量的发电机应配置失步保护，在进行发电机失步保护整定计算和校验工作时应满足以下要求。**

条文 15.2.13.6.1 失步保护应能正确区分失步振荡中心所处的位置，在机组进入失步工况时发出失步启动信号。

条文 15.2.13.6.2 当失步振荡中心在发电机变压器组外部，并网电厂应制订应急措施，经一定延时解列发电机，并将厂用电源切换到安全、稳定的备用电源。

条文 15.2.13.6.3 当发电机振荡电流超过允许的耐受能力时，应解列发电机，并保证断路器断开时的电流不超过断路器允许开断电流。

条文 15.2.13.6.4 当失步振荡中心在发电机变压器组内部，失步运行时间超过整定值或电流振荡次数超过规定值时，保护动作于解列，多台并列运行的发电机变压器组可采用不同延时的解列方式。

电力系统运行中，不可避免会发生一些扰动，较大的扰动还有可能引发系统振荡；有些振荡能够自行恢复至稳态，有些振荡则须靠继电保护、安全自动装置，甚至人工进行干预方可消除。

系统发生振荡，如果处理不当，或处理不及时，则有可能导致事故扩大，严重时，可能造成系统瓦解。

系统振荡后的处理方法与引发振荡的起因、振荡中心的位置等因素有关，不同情况的系统振荡，处理方法不尽相同；当系统发生振荡时，必须统筹考虑才能确保整个电力系统的安全稳定运行。

系统发生振荡，尤其是振荡中心位于发电机端或升压变压器范围内时，会造成机端电压周期性摆动，若不及时处理，则可能使机组或辅机系统严重受损；振荡若造成机组与系统之间的功角大于 90°，将会导致机组失步。

装设失步保护是机组和电力系统安全的重要保障，机组失步保护的动作行为应满足本反措机网协调部分条文 3.1.3.7 的相关要求。

机组一般具有一定的耐受振荡能力，当振荡中心在发电机变压器组外部时，电厂要做好预案，积极配合调度统一指挥，消除振荡。

机组失步保护动作时，应考虑出口断路器的断弧能力；当同一母线多台机组对系统振荡时，机组宜顺序切除。

条文 15.2.13.7 发电机的失磁保护应使用能正确区分短路故障和失磁故障的、具备复合判据的二段式方案。优先采用定子阻抗判据与机端低电压的复合判据，与系统联系较紧密的机组（除水电机组）宜将定子阻抗判据整定为异步阻抗圆，经第一时限动作出口；为确保各种失磁故障均能够切除，宜使用不经低电压闭锁的、稍长延时的定子阻抗判据经第二时限出口。发电机在进相运行前，应仔细检查和校核发电机失磁保护的测量原理、整定范围和动作特性，防止发电机进相运行时发生误动行为。

发电机失磁后无论对系统还是对机组自身都有可能造成一定的危害，还可能导致机组失步。因此，发电机组应装设失磁保护，失磁保护保护的动作行为应符合本反措机网协调部分3.1.3.8 条的相关规定。

值得注意的是，当机组与系统联系较紧密时，单台发电机组失磁很少可能造成高压母线电压严重下降，为保证失磁保护能够正确动作，失磁保护中的三相电压低判据应取机端电压。

［案例］ 2001 年某电厂 2 号机组发生失磁事故，电场 500kV 母线电压约降为 480kV（ $>0.9U_n$ ），由于发电机失磁保护采用母线电压闭锁，其定值为 $0.9U_n$，延时 2s，导致失磁保护拒动，失磁情况下发电机异步运行，从系统吸收大量无功、发出有功，引起当地负荷中心 500kV 枢纽站电压降低至 473kV。

条文 15.2.13.8 应根据发电机允许过励磁的耐受能力进行发电机过励磁保护的整定计算，其定值应与励磁调节器 V/Hz 限制相配合，并作为其后备保护整定。

发电机在出厂时提供了过励磁耐受能力曲线，在过励磁保护整定时，应注意：对于 300MW 及以上发电机，当发电机与主变压器之间无断路器而共用一套过励磁保护时，其整定值按发电机或变压器过励磁能力较低的要求整定。

同时，励磁调节器中也设置了 V/Hz 限制元件，整定时应按照励磁调节器 V/Hz 限制元件先动作，发电机（发变组）过励磁保护后动作进行校核，防止影响励磁调节器的正常调整。

条文 15.3 继电保护设计应注意的问题

条文 15.3.1 采用双重化配置的两套保护装置宜安装在各自保护柜内，并应充分考虑运行和检修时的安全性。

保护按双重化的原则进行配置后，任一套保护装置的退出对另一套保护装置正常运行无影响，分屏布置可最大限度减少检修时由于人员失误而造成保护的不正确动作。

条文 15.3.2 有关断路器的选型应与保护双重化配置相适应，220kV 及以上断路器必须具备双跳闸线圈机构。

保护采用双重化的配置，且分别作用于应用与其对应直流电源系统的断路器绕组，可降低由于站内一组直流电源异常造成拒动的风险。

条文 15.3.3 纵联保护应优先采用光纤通道。双回线路采用同型号纵联保护，或线路纵联保护采用双重化配置时，在回路设计和调试过程中应采取有效措施防止保护通道交叉使用。分相电流差动保护应采用同一路由收发、往返延时一致的通道。

与其他通道相比，光纤通道具有不受空间电磁干扰影响，不受气象条件变化影响等特点，随着科学技术的发展，无中继光纤传输距离已达到数百公里；光缆（包括 OPGW）的价格与其面世之初相比大大下降；加之信息传送量巨大，使之在包括电力系统在内的各行各业得到了极为广泛的应用。

线路的纵联保护是由线路两侧的保护装置和通道构成一个整体，如不同纵联保护交叉使用通道，将会造成保护装置不正确动作。

目前的线路纵联差动保护大都利用信号在通道上的往返时间计算单程通道传输时间，线路两侧的保护装置分别根据单程通道传输时间确定各自侧采样值的存储时间，以保证进行差电流计算的两侧采样值取自同一时刻，如果线路纵差保护的往返路由不一致，通道往返延时不同，则有可能产生计算错误，在重负荷或区外故障时，造成保护误动。

［案例］ 2008 年 4 月 22 日，由 B 站至 K 站的 220kV 双回线中的 BK I 线因故停电检修，当运行人员拉开 BK I 线 K 站侧断路器时，BK 双回线的线路纵联差动保护均动作，K 站侧 BK II 线断路器、B 站侧 BK I 线断路器、BK II 线断路器均跳开，造成 BK 双回线停电。经检查发现，BK 双回线纵差保护的通道在 K 站侧被误交叉使用，当 BK I 线 K 站侧断路器拉开时，双回线的纵差保护均只感受到线路一侧有电流，故动作跳闸。

条文 15.3.4 主设备非电量保护应防水、防振、防油渗漏、密封性好。气体继电器至保护柜的电缆应尽量减少中间转接环节。

本条文所述的主设备非电量保护主要是指瓦斯保护和温度等直接作用于跳闸的保护，通常安装在被保护设备上，环境条件较差，如不注意加强密封防漏及防水、防振、防油渗漏措施，可能会导致保护误动跳闸。减少电缆转接的中间环节可减少由于端子箱进水，端子排污秽、接地或误碰等原因造成的保护误动作。

条文 15.3.5 在新建、扩建和技改工程中，应根据《电流互感器和电压互感器选择和计算导则》（DL/T 866）、《保护用电流互感器暂态特性技术要求》（GB 16847）和电网发展的情况进行互感器的选型工作，并充分考虑到保护双重化配置的要求。宜选用具有多次级的电流互感器，优先选用贯穿（倒置）式电流互感器。

条文 15.3.6 母线差动、变压器差动和发电机变压器组差动保护各支路的电流互感器，应优先选用误差限制系数和饱和电压较高的电流互感器。

条文 15.3.7 线路两侧或主设备差动保护各侧的电流互感器的相关特性宜一致，避免在遇到较大短路电流时，因各侧电流互感器的暂态特性不一致导致保护不正确动作。

条文 15.3.8 应根据系统短路容量合理选择电流互感器的容量、变比和特性，满足保护装置整定配合和可靠性的要求。

互感器的选型与安装位置会直接影响到继电保护的功能及保护范围，因此应予以全面、充分的考虑。

（1）应保证母线保护范围与母线上各电气设备的保护范围互有交叉，防止出现保护死区；例如，当选用两侧均装有电流互感器的罐式断路器时，为防止断路器内部故障时失去保护，母线保护应选用线路（或变压器）的电流互感器，线路（或变压器）保护应选用母线侧的电流互感器；又如，当线路选用装设于断路器线路侧的外附电流互感器时，为保证互感器发生内部故障时不失去保护，应按母线保护与线路保护范围有交叉原则选用二次绕组，母线、线路按双重化原则配置保护时，应注意在任意一套保护装置退出时，仍能不出现保护范围的"死区"。贯穿（倒置）式电流互感器，其二次绕组位于互感器顶部，二次绕组之间的一次导线发生故障可能性较小，因此建议优先选用。

（2）差动保护原理的基础：无故障时被保护设备各侧的差电流为零。虽然目前生产的差动保护可利用软件对互感器的误差进行适度的修正，但修正范围有限。为保证差动保护动作的正确性，应尽量保证差动保护各侧电流互感器暂态特性、相应饱和电压的一致性，以提高保护动作的灵敏性，避免保护的不正确动作。

（3）所有保护装置对外部输入信号适应范围都有一定的要求，合理地选择电流互感器容量、变比和特性，有助于充分发挥保护功能，利于整定配合，提高继电保护选择性、灵敏性、可靠性和速动性。

条文 15.3.9　对闭锁式纵联保护，"其他保护停信"回路应直接接入保护装置，而不应接入收发信机。

对于闭锁式的线路纵联保护，当故障发生在电流互感器与断路器之间时，本侧由母差保护动作，对侧需要通过"停信"来促使线路对端的保护跳闸，以切除故障。为此，在线路保护与收发信机均设有"其他保护停信"的开入端。

一般在保护装置上的"其他保护停信"开入信号会经过抗干扰处理后，通过保护内部的停信回路向收发信机发出停信命令；而收发信机则直接利用"其他保护停信"开入信号停信。在运行中曾多次发生由于未对干扰信号进行有效处理，收发信机误停信造成线路保护误动的事故。

条文 15.3.10　500kV 及以上电压等级变压器低压侧并联电抗器和电容器、站用变压器的保护配置与设计，应与一次系统相适应，防止电抗器和电容器故障造成主变压器的跳闸。

变电站内用于无功补偿的电容器、电抗器以及站用变压器等设备应通过各自的断路器接至主变压器低压侧母线，并配备相应的保护，保护定值与主变压器的低压侧保护相配合，应注意防止低压侧设备故障时由于主变压器保护越级而扩大事故停电范围。

在某些变电站的设计中，站用变压器通过一次熔断器直接接至主变压器低压侧母线，站用变压器低压直接通过电缆接至站用电小室母线。此种设计存在以下问题：① 主变压器低保护无法与站用变压器高压侧的熔断器配合较为困难，站用变压器发生故障时，主变压器保护可能会越级而造成事故停电范围的扩大；② 站用变压器低压侧电缆单相故障时，没有任何保护装置可以反应，只有发展至相间故障时，才有可能由熔断器切除站用变压器。

条文 15.3.11　智能变电站的保护设计应遵循"直接采样、直接跳闸"、"独立分散"、"就地化布置"原则。应特别注意防止智能变电站同时失去多套保护的风险。

条文 15.3.12　除母线保护外不同间隔设备的保护功能不应集成。

条文 15.3.13　保护双重化配置时，任一套保护装置不应跨接双重化配置的两个网络。

智能变电站是近几年随着科学技术发展而出现的新型式的变电站，虽然变电站二次系统的构成与传统变电站相比发生了一些变化，但赋予继电保护的基本任务没有改变，智能变电站的保护装置仍然必须遵守继电保护的"四性"原则。

在智能变电站技术研究的初期，由于缺乏统一的技术标准，各单位的智能变电站在构成上形式各异。

按照统一智能变电站标准的要求，国家电网公司出台了《智能变电站继电保护技术规范》（Q/GDW 441—2010），条文 15.3.11～条文 15.3.13 的内容是该规范的部分主要原则。

条文 15.3.14 智能变电站继电保护相关的设计、基建、改造、验收、运行、检修部门应按照工作职责和界面分工，把好系统配置文件（SCD 文件）关口，确保智能变电站保护运行、检修、改扩建工作安全。

系统配置文件（SCD 文件）是智能变电站的最重要的组成部分之一，相当于传统变电站的二次回路，智能变电站内各组成设备之间的信息分配及交换方式均由 SCD 文件确定，SCD 文件的正确性直接影响到智能变电站的安全运行。

在新建工程中，SCD 文件的正确性由设计单位、集成商以及基建调试单位保证；移交运行后，SCD 文件的维护以及改、扩建工程中对 SCD 文件的修正，则应有运行单位把关。因此，设计、基建、运行、检修等部门均有责任和义务确保 SCD 文件及其备份的正确性。

保证 SCD 文件正确性的工作应做到制度化和规范化，明晰分工界面，明确工作职责，以确保智能变电站的安全运行。

条文 15.3.15 智能变电站的保护设计应遵循相关标准、规程和反措的要求。

近年来国家电网公司出台了一系列规程、标准，用于指导智能变电站的建设工作，按照国家电网公司智能变电站建设"三统一原则"和工作方针，现阶段的智能变电站建设必须执行统一标准的要求，在此基础上总结经验，提高完善。

条文 15.4 基建调试及验收应注意的问题

条文 15.4.1 应从保证设计、调试和验收质量的要求出发，合理确定新建、扩建、技改工程工期。基建调试应严格按照规程规定执行，不得为赶工期减少调试项目，降低调试质量。

高标准的基建、调试质量是安全运行的重要保障。无论是新建、扩建工程还是技改工程，均应严格执行相关规程规定，合理安排工期和流程，严禁以赶工期为目的而降低基建施工和调试质量标准。

条文 15.4.2 基建单位应至少提供以下资料：一次设备实测参数；通道设备的参数和试验数据、通道时延等（包括接口设备、高频电缆、阻波器、结合滤波器、耦合电容器等）；电流互感器的试验数据（如变比、伏安特性及 10%误差计算等）；电压、电流互感器的变比、极性、直流电阻、伏安特性等实测数据；保护装置及相关二次交、直流和信号回路的绝缘电阻的实测数据；气体继电器试验报告；全部保护竣工图纸（含设计变更）；保护调试报告、二次回路检测报告以及调度机构整定计算所必需的其他资料。

一般情况下，工程设计的计算参数与实际参数均存在一定的偏差，为保证保护定值的准确性，应尽量采用实测参数。

继电保护的定值计算，是一个系统工程，不仅涉及本工程的相关设备，还要涉及系统中其他设备的保护定值，需要一定的计算周期，因此，为保证工程进度，建设单位应按照相关规定，按时提交相关参数、报告。

条文 15.4.3　基建验收

条文 15.4.3.1　验收方应根据有关规程、规定及反措要求制定详细的验收标准。

条文 15.4.3.2　应保证合理的设备验收时间，确保验收质量。

验收工作是基建、改扩建工程的最后一道关口，必须予以高度重视，工程建设单位应严肃对待、认真组织验收工作，确保不让任何一个隐患流入运行之中，验收工作应以保证验收质量为前提，合理安排验收工期。

条文 15.4.3.3　必须进行所有保护整组检查，模拟故障检查保护连接片的唯一对应关系，避免有任何寄生回路存在。

条文 15.4.3.4　对于新投设备，做整组试验时，应按规程要求把被保护设备的各套保护装置串接在一起进行。应按相关规程要求，检验线路和主设备的所有保护之间的相互配合关系，对线路纵联保护还应与线路对侧保护进行一一对应的联动试验。

条文 15.4.3.5　应认真检查继电保护及安全自动装置、站端后台、调度端的各种保护动作、异常等相关信号的齐全、准确、一致，符合设计和装置原理。

整组试验是继电保护系统在完成基建、改建工程或在保护装置、二次回路上进行工作、改动之后的重要把关项目，通过整组试验可对保护系统的相关性、完整性及正确性进行最终的全面检验。在进行整组试验时应着重注意以下方面：

（1）各保护连接片（包括软连接片及远方投退功能）的正确性，在相关连接片退出后，不应存在不经控制的迂回回路；

（2）保护功能整体逻辑的正确性，包括与相关保护、安全自动装置、通道以及对侧保护装置的配合关系；

（3）单一保护装置的独立性，既要保证单套保护装置能够按照预定要求独立完成其功能，也要保证两套或以上保护装置同时动作时，相互之间不受影响；

（4）保护装置动作信号、异常告警的完整性和准确性，对于由远方进行监视或控制的保护装置，还应检查、核对其远方信息的完整、准确与及时性，确保集控站值班员、调度人员能够对其健康状况、动作行为实施有效监控。

条文 15.4.4　新设备投产时应认真编写保护启动方案，做好事故预想，确保设备故障能可靠切除。

新设备投产前虽然做过包括耐压试验在内的一系列检测，但仍有可能在投产过程中发生故障；新安装的保护装置在一次设备带电前通常未做过相量检查，不能100%的保证其交流输入回路的完好正确。因此，为保证一旦新设备在投产过程中发生故障能够可靠将其切除，在投产前应做好事故预想，合理安排启动时的运行方式，一旦新投产设备的保护拒动，则应通过与新投产设备串联或相邻设备的保护将故障与运行系统隔离，以保证运行系统的安全。

条文 15.5　运行管理应注意的问题

条文 15.5.1　严格执行继电保护现场标准化作业指导书，规范现场安全措施，防止继电保护"三误"（误碰、误接线和误整定）事故。

在电力系统的继电保护事故中，由于人员"三误"所造成的事故一直占有一定的比例。

实践证明，严格执行继电保护现场标准化作业指导书，按照规范化的作业流程及规范化的质量标准，执行规范化的安全措施，完成规范化的工作内容，是防止继电保护人员"三误"事故的有效措施。

条文 15.5.2　配置足够的保护备品、备件，缩短继电保护缺陷处理时间。微机保护装置的开关电源模件宜在运行 6 年后予以更换。

为保证电网的安全稳定运行，相关技术规程规定："任何电力设备（线路、母线、变压器等）都不允许在无继电保护的状态下运行"。但是，运行中的继电保护装置难免发生元器件损坏的情况，运行单位应根据所维护保护装置的类型、数量以及损坏的频度，配置一定数量的备品、备件，以使保护装置得以尽快修复。

条文 15.5.3　加强微机保护装置软件版本管理，未经主管部门认可的软件版本不得投入运行。

对于微机型保护装置而言，软件是保证其正确动作的核心之一，同型号的保护装置，因配置要求或地域习惯的不同，软件版本不尽相同，保护的动作行为也可能存在一定的差异。通常，继电保护管理部门均对进入所辖电网的微机型保护装置及其软件版本进行检测试验，证实其满足本网要求后方予以选用。因此要求所有进入电网内运行的微机保护装置软件版本，必须符合软件版本管理规定的要求，并与继电保护管理部门每年下发文件所规定的软件版本相一致。

条文 15.5.4　建立和完善继电保护故障信息和故障录波管理系统，严格按照国家有关网络安全规定，做好有关安全防护。在保证安全的前提下，可开放保护装置远方修改定值区、远方投退压板功能。

故障录波报告与继电保护动作信息是进行事故分析，特别是复杂事故分析的重要基础材料，继电保护故障信息和故障录波远传系统的建立，有助于调度端加快对事故情况的了解，提高事故处理的准确性，缩短事故处理时间。为保证电力系统的信息安全，在继电保护故障信息和故障录波远传系统的建设与维护中应严格遵守国家电监会、国家电网公司的有关规定，做好网络安全的防护工作。

当需要实施保护装置的远方投退或远方变更定值时，必须有保证操作正确性的措施和验证机制，严防发生保护误投和误整定事故。

条文 15.5.5　所有差动保护（线路、母线、变压器、电抗器、发电机等）在投入运行前，除应在负荷电流大于电流互感器额定电流的 10% 的条件下测定相回路和差回路外，还必须测量各中性线的不平衡电流、电压，以保证保护装置和二次回路接线的正确性。

利用实际负荷电流校核差动保护的相电流回路和差回路电流可以发现接入差动保护的电流回路是否存在相别错误、变比错误、极性错误或接线错误等，因此，在第一次投入前对其进行检查是十分必要的。但是，如果实际通入装置的电流过小，则可能由于偏差不明显而难以发现所存在的问题，因此，要求在进行检查时，实际通入装置的负荷电流应大于额定电流的10%。上述检查的结果正确，仅只能保证装置外部回路接线的正确性，装置内部的电流回路如存在接线错误，则需在三相电流平衡接入的情况下，通过测量中性线不平衡电流的方法予以检查，必要时，可在退出保护的前提下，采用封短保护屏端子排一相电流的方法检查中性线回路完好性。

条文 15.5.6　在无母差保护运行期间应采取相应措施，严格限制变电站母线侧隔离开关的倒闸操作，以保证系统安全。

相对于其他主设备故障，母线故障的后果更为严重，如不能快速予以切除，则可能导致严重的系统稳定破坏事故。

当配置了双套母差保护时，变电站无母差保护运行的可能较少；如仅配置了一套母差保护，则可能在保护装置异常、二次回路异常或其他原因影响下将母差保护退出，导致站内母线无快速保护运行。

因此，无快速保护切除故障，在无母差保护运行期间，应尽量避免母线的倒闸操作，以减少母线发生故障的几率。如在无母差保护期间必须进行母线侧隔离开关的倒闸操作，则应请示本单位主管领导并征得值班调度的同意，在加强监护的情况下稳妥进行操作，在操作过程中如发现异常，应立即停止操作，并向值班调度汇报。

条文 15.5.7　加强继电保护装置运行维护工作。装置检验应保质保量，严禁超期和漏项，应特别加强对新投产设备在一年内的全面校验，提高继电保护设备健康水平。

虽然目前现场运行的微机型保护装置大都具有自诊断功能，能够通过自检程序发现装置内部的大部分异常缺陷，但是，不可避免地存在一些自检盲区，如装置的跳、合闸回路等，此外，传统形式变电站的保护装置二次回路也存在一些无法监视的部位，因此，是施行状态检修，从保证继电保护设备健康水平的角度出发，也不能放松运行维护工作。

新设备投产后的一段时间内，是故障的高发期，特别是由基建单位移交的设备，在运行一年后，进行全面的检验，有助于发现验收试验未发现的遗留问题，有助于运行维护人员掌握保护设备的缺陷处理和检验方法，对保证保护设备在全寿命周期内的健康水平十分有益。

条文 15.5.8　继电保护专业和通信专业应密切配合。注意校核继电保护通信设备（光纤、微波、载波）传输信号的可靠性和冗余度及通道传输时间，防止因通信问题引起保护不正确动作。

条文 15.5.9　加强对纵联保护通道设备的检查，重点检查是否设定了不必要的收、发信环节的延时或展宽时间。

对于线路纵联保护而言，通道是其重要的组成部分之一，通信设备的异常同样会导致保护装置的不正确动作，因此必须对通信设备的健康水平予以高度重视。

对于采用复用通道的允许式保护装置，通道传输时间将直接影响保护装置的动作时间；如果通信设备在传输信号时设置了过长的展宽时间，则可能在区外故障功率方向转移的过程中，导致允许式保护装置误动作。为此，应尽量减少不必要的延时或展宽时间，防止造成保护装置的不正确动作。

条文 15.5.10 相关专业人员在继电保护回路工作时，必须遵守继电保护的有关规定。

为保证继电保护装置的安全运行，不仅继电保护专业人员应遵守相关规定，凡是在与继电保护装置、回路有关的设备、回路或位置作业的非继电保护专业人员，如运行人员、自动化专业人员、通信专业人员以及其他施工人员均应遵守相关规程、规定，防止造成继电保护装置的不正确动作。

条文 15.5.11 针对电网运行工况，加强备用电源自动投入装置的管理。

备用电源自动投入装置是保证供电可靠性的重要设备之一，应采用与继电保护装置同等的管理机制，加强运行维护与管理工作，确保在一旦需要时，能够可靠地发挥其作用。

条文 15.5.12 保护软件及现场二次回路变更须经相关保护管理部门同意并及时修订相关的图纸资料。

继电保护是保证电网安全运行、保护电气设备的主要装置，是整个电力系统不可缺少的重要组成部分。保护装置配置使用不当或不正确动作，必将引起事故或事故扩大，造成电气设备损坏，甚至导致整个电力系统崩溃瓦解。

对于微机型保护装置而言，软件是保证其正确动作的核心之一，同型号的保护装置，因配置要求或地域习惯的不同，软件版本不尽相同，保护的动作行为也可能存在一定的差异。通常，继电保护管理部门均对进入所辖电网的微机型保护装置及其软件版本进行检测试验，证实其满足本网要求后方予以选用。因此要求所有进入电网内运行的微机保护装置软件版本，必须符合软件版本管理规定的要求，并与继电保护管理部门每年下发文件所规定的软件版本相一致。

图纸与实际设备的一致性是提高运行中设备运行、维护及检修工作安全的重要保障，当需要对现场二次回路进行变更时，必须及时修订现场、保护管理部门等所保存的相关图纸，做到图实相符。

条文 15.5.13 实施调控一体操作时，应具备保护投退和定值变更等验证机制，防止保护误投和误整定的发生。

对实施远方集控方式的变电站，不可避免地要在运行中进行保护装置的远方投退操作，当运行方式发生变化时，还有可能进行远方修改定值区的工作，上述工作均需通过网络在远方完成，难以实现保护装置就地的验证，为防止保护误投和误整定事故的发生，当实施保护装置的远方投退或远方变更定值时，必须有保证操作正确性的验证机制。

条文 15.5.14 加强继电保护试验仪器、仪表的管理工作，每 1～2 年应对微机型继电保护试验装置进行一次全面检测，确保试验装置的准确度及各项功能满足继电保护试验的要求，防止因试验仪器、仪表存在问题而造成继电保护误整定、误试验。

继电保护微机型试验装置的精度关系到继电保护的调试和检修质量，应加强对继电保护试验仪器、仪表的管理，认真进行仪器仪表的定期检验工作，尤其要注重继电保护微机型试验装置的检验与防病毒工作，防止因试验设备性能、特性不良而引起对保护装置的误整定、误试验。微机型试验装置的检验周期应为 1～2 年。

条文 15.6 定值管理应注意的问题

条文 15.6.1 依据电网结构和继电保护配置情况，按相关规定进行继电保护的整定计算。

条文 15.6.2 当灵敏性与选择性难以兼顾时，应首先考虑以保灵敏度为主，防止保护拒动，并备案报主管领导批准。

继电保护的配置和整定计算都应充分考虑系统可能出现的不利情况，尽量避免在复杂、多重故障的情况下继电保护不正确动作，同时还应考虑系统运行方式变化对继电保护带来的不利影响；

当电网结构或运行方式发生较大变化时，应对现运行保护装置的定值进行核查计算，不满足要求的保护定值应限期进行调整；

当遇到电网结构变化复杂、整定计算不能满足系统运行要求的情况下，应按整定规程进行取舍，侧重防止保护拒动，备案注明并报主管领导批准。

安排运行方式时，应分析系统运行方式变化对继电保护带来的不利影响，尽量避免继电保护定值所不适应的临时性变化。

条文 15.6.3 宜设置不经任何闭锁的、长延时的线路后备保护。

一般而论，保护的动作速度越快，误动的可能性越大。因此，对于要求快速动作的保护都添加了一些闭锁条件作为辅助判据，以兼顾其选择性和速动性。但是，在某些极特殊的情况下，闭锁条件可能会导致保护装置的拒动。

［案例］ 1999 年 7 月 20 日，某 220kV 变电站的主变压器低压侧发生短路故障，并将站内直流系统的硅链烧毁，造成全站直流消失，全站各保护均无法动作，故障经一段时间后，发展为 220kV 侧故障，变电站对侧所有线路的保护装置均由于故障由区外发展到区内的时间超过了保护装置的开放时间而闭锁，最终故障靠烧断一次导线而终结。

此次事故表明，线路设置不经任何闭锁的、长延时的后备保护是必要的。

条文 15.6.4 发电厂继电保护整定

条文 15.6.4.1 发电厂应按相关规定进行继电保护整定计算，并认真校核与系统保护的配合关系。

条文 15.6.4.2 加强发电厂厂用系统的继电保护整定计算与管理，防止因厂用系统保护不正确动作，扩大事故范围。

条文 15.6.4.3 定期对所辖设备的整定值进行全面复算和校核。

继电保护的定值计算是一个系统工程，电力系统中各运行设备的保护定值必须实现协调配合，才能完成保证电网安全稳定运行的任务；发电厂是电力系统的重要组成部分，发电厂电气设备的继电保护定值也必须与电网其他设备的保护定值相配合。

发电厂电气设备的继电保护定值计算工作，大多由电厂继电保护专业管理部门负责，调度部门应根据系统变化情况，定期向所辖调度范围内的电厂下达接口定值及系统等值参数，发电厂应及时根据最新的接口定值及系统等值参数进行继电保护装置定值的校核、调整，以保证发电厂各运行设备保护定值对系统的适应性及与系统保护配合关系的正确性。

厂用电系统是发电厂的重要组成部分，应切实做好厂用系统电气设备的继电保护定值计算与管理工作，保证保护装置动作的正确性，以确保发电设备的安全。

当电网结构或运行方式发生较大变化时，继电保护整定计算人员应对现运行保护装置的定值进行核查计算，不满足要求的保护定值应限期进行调整。安排运行方式时，应分析系统运行方式变化对继电保护带来的不利影响，尽量避免继电保护定值所不适应的临时性变化。

条文 15.7 二次回路应注意的问题

条文 15.7.1 严格执行有关规程、规定及反措，防止二次寄生回路的形成。

为防止继电保护误动事故，消除寄生回路历来都是二次系统的重要"反措"之一，无论是工程设计、产品制造、基建调试还是运行维护都必须从严、从细、从实地采取措施，认真消除二次寄生回路。

条文 15.7.2 双重化配置的保护装置，须注意与其有功能回路联系设备（如通道、失灵保护等）的配合关系，防止因交叉停用导致保护功能的缺失。

对于双重化配置的保护装置，为保证其功能的完整性，不仅要按照本反措 15.2.1 的要求将两套保护装置的直流电源分别取自不同的直流母线段，尤其应注意与该保护有对应配合关系的附属设备或装置（如纵联保护的通道设备、失灵保护等）也应对应地取自不同的直流母线段。在变电站的一套直流系统出现故障时，不会因为配合关系的错误导致保护功能缺失。

［案例］ 某变电站的一条 500kV 线路按双重化原则配置的两套保护装置，伴随着通信室的第一组直流出现异常而同时发出通道中断告警信号。经检查发现，负责传送第一套纵联保护信息的通信设备使用的是通信室的第一组直流电源，传送第二套纵联保护信息的通信设备使用第二组直流电源；但是由于接线错误，第一套纵联保护的光电转换柜使用了通信室的第二组直流电源，第二套纵联保护的光电转换柜使用了第一组直流电源。当第一组直流出现异常时，造成了传送第一套纵联保护信息的通信设备和第二套纵联保护的光电转换柜失电，所以导致两套保护装置的通道均出现了中断。

条文 15.7.3 应采取有效措施防止空间磁场对二次电缆的干扰，宜根据开关场和一次设备安装的实际情况，敷设与厂、站主接地网紧密连接的等电位接地网。等电位接地网应满足以下要求。

条文 15.7.3.1 应在主控室、保护室、敷设二次电缆的沟道、开关场的就地端子箱及保护用结合滤波器等处，使用截面积不小于 100mm² 的裸铜排（缆）敷设与主接地网紧密连接的

等电位接地网。

条文 **15.7.3.2** 在主控室、保护室柜屏下层的电缆室（或电缆沟道）内，按柜屏布置的方向敷设 $100mm^2$ 的专用铜排（缆），将该专用铜排（缆）首末端连接，形成保护室内的等电位接地网。保护室内的等电位接地网与厂、站的主接地网只能存在唯一连接点，连接点位置宜选择在电缆竖井处。为保证连接可靠，连接线必须用至少 **4** 根以上、截面积不小于 $50mm^2$ 的铜缆（排）构成共点接地。

条文 **15.7.3.3** 分散布置的保护就地站、通信室与集控室之间，应使用截面积不小于 $100mm^2$ 的铜缆（排）可靠连接，连接点应设在室内等电位接地网与厂、站主接地网连接处。

条文 **15.7.3.4** 静态保护和控制装置的屏柜下部应设有截面积不小于 $100mm^2$ 的接地铜排。屏柜上装置的接地端子应用截面积不小于 $4mm^2$ 的多股铜线和接地铜排相连。接地铜排应用截面积不小于 $50mm^2$ 的铜缆与保护室内的等电位接地网相连。

条文 **15.7.3.5** 沿二次电缆的沟道敷设截面积不小于 $100mm^2$ 的铜排（缆），并在保护室（控制室）及开关场的就地端子箱处与主接地网紧密连接，保护室（控制室）的连接点宜设在室内等电位接地网与厂、站主接地网连接处。

条文 **15.7.3.6** 开关场的就地端子箱内应设置截面积不小于 $100mm^2$ 的裸铜排，并使用截面积不小于 $100mm^2$ 的铜缆与电缆沟道内的等电位接地网连接。

条文 **15.7.3.7** 保护装置之间、保护装置至开关场就地端子箱之间联系电缆以及高频收发信机的电缆屏蔽层应双端接地，使用截面积不小于 $4mm^2$ 多股铜质软导线可靠连接到等电位接地网的铜排上。

条文 **15.7.3.8** 由开关场的变压器、断路器、隔离开关和电流、电压互感器等设备至开关场就地端子箱之间的二次电缆应经金属管从一次设备的接线盒（箱）引至电缆沟，并将金属管的上端与上述设备的底座和金属外壳良好焊接，下端就近与主接地网良好焊接。上述二次电缆的屏蔽层在就地端子箱处单端使用截面积不小于 $4mm^2$ 多股铜质软导线可靠连接至等电位接地网的铜排上，在一次设备的接线盒（箱）处不接地。

条文 **15.7.3.9** 在干扰水平较高的场所，或是为取得必要的抗干扰效果，宜在敷设等电位接地网的基础上使用金属电缆托盘（架），并将各段电缆托盘（架）与等电位接地网紧密连接，并将不同用途的电缆分类、分层敷设在金属电缆托盘（架）中。

进入电子化时代后，导致继电保护保护不正确动作的干扰问题引起了专业人员的高度重视。众所周知，变电站是一个空间电磁干扰很强的场所，特别是在系统发生短路故障时更为明显；实验和研究表明：大部分干扰信号是通过二次回路侵入保护装置的，而在干扰源中，空间磁场干扰占相当大的份额。目前所采取提高干扰的方法大致可以分为三大类：降低干扰源的强度；抑制干扰信号的侵入；提高保护装置自身抵御干扰的能力。在二次回路上所采取的抗干扰措施，基本上属于第二类。

（1）为抑制空间电磁干扰通过耦合的方式侵入保护装置，与继电保护相关的二次电缆应采用屏蔽电缆，屏蔽层原则上应在电缆两端接地。

为防止由于一次系统接地电流经屏蔽层入地而烧毁二次电缆，由变压器、断路器、隔离开关和电流互感器、电压互感器等设备至开关场就地端子箱之间二次电缆经金属管引至电缆沟，利用金属管作为抗干扰的防护措施，二次电缆的屏蔽层应仅在就地端子箱处单端接地。

保护柜屏、开关场就地端子箱内均应装设专用的接地铜排，铜排应分别与保护室内的等电位地网或沿电缆沟敷设的 100mm² 保护专用铜缆可靠相连，保护装置的接地端子、二次电缆的屏蔽层均通过接地铜排接地。

（2）在主控室、保护室柜屏下层的电缆室（或电缆沟道）中敷设等电位地网，目的在于构建一个等电位面，所有保护装置的参考电位都设置在同一个等电位面上，可有效减少由于参考电位差异所带来的干扰。

为保证该等电位地网的可靠连接，减小地网任意两点之间的阻抗，电缆夹层（室内电缆沟）中沿柜屏布置的方向敷设的 100mm² 专用铜排，应首尾相连构成目字形的封闭框，等电位地网应可靠接地，但为保证"等电位"，保护室内的等电位接地网与厂、站的主接地网只能存在唯一连接点，连接点位置宜选择在电缆竖井处，室内等电位地网与敷设在电缆沟内 100mm² 保护专用铜缆的连接点也应与室内等电位地网的接地点设同一位置。

（3）沿电缆沟敷设的 100mm² 保护专用铜缆可在地电位差较大时起分流作用，防止因较大电流流经屏蔽层而烧毁电缆；同时，该铜缆可减小两点之间的电位差，并能对与其并排敷设的电缆起到对空间磁场的屏蔽作用。

（4）为减小对同一电缆内其他芯线的干扰，交流信号的相线与中性线应安排在同一电缆内；直流回路的正极与负极应尽量安排在同一电缆内。

（5）保护柜屏、就地端子箱的外壳均应可靠与主地网相连。

条文 15.7.4 微机型继电保护装置所有二次回路的电缆均应使用屏蔽电缆，严禁使用电缆内的空线替代屏蔽层接地。二次回路电缆敷设应符合以下要求。

条文 15.7.4.1 合理规划二次电缆的路径，尽可能离开高压母线、避雷器和避雷针的接地点、并联电容器、电容式电压互感器、结合电容及电容式套管等设备，避免和减少迂回，缩短二次电缆的长度，与运行设备无关的电缆应予拆除。

条文 15.7.4.2 交流电流和交流电压回路、不同交流电压回路、交流和直流回路、强电和弱电回路，以及来自开关场电压互感器二次的四根引入线和电压互感器开口三角绕组的两根引入线均应使用各自独立的电缆。

条文 15.7.4.3 双重化配置的保护装置、母差和断路器失灵等重要保护的启动和跳闸回路均应使用各自独立的电缆。

条文 15.7.5 重视继电保护二次回路的接地问题，并定期检查这些接地点的可靠性和有效性。继电保护二次回路接地，应满足以下要求。

条文 15.7.5.1 公用电压互感器的二次回路只允许在控制室内有一点接地，为保证接地可靠，各电压互感器的中性线不得接有可能断开的开关或熔断器等。已在控制室一点接地的电压互感器二次绕组，宜在开关场将二次绕组中性点经放电间隙或氧化锌阀片接地，其击穿电压峰值应大于 $30I_{max}$V（I_{max} 为电网接地故障时通过变电站的可能最大接地电流有效值，单位为 kA）。应定期检查放电间隙或氧化锌阀片，防止造成电压二次回路多点接地的现象。

条文 **15.7.5.2** 公用电流互感器二次绕组二次回路只允许且必须在相关保护柜屏内一点接地。独立的、与其他电压互感器和电流互感器的二次回路没有电气联系的二次回路应在开关场一点接地。

所有互感器的电气二次回路都必须且只能有一点接地是历次反措的明确规定，互感器二次回路的接地是安全接地，防止由于互感器及二次电缆对地电容的影响而造成二次系统对地产生过电压。但是，① 如果电压互感器二次回路出现两个及以上的接地点，则将在一次系统发生接地故障时，由于参考点电位的影响，造成保护装置感受到的二次电压与实际故障相电压不对应；② 如果电流互感器二次回路出现两个及以上的接地点，则将在一次系统发生接地故障时，由于存在分流回路，使通入保护装置的零序电流出现较大偏差。因此，为防止保护装置在系统发生接地故障时的不正确动作，无论是电压互感器还是电流互感器其二次回路均不能出现两个及以上的接地点。

电压互感器的二次中性线回路在正常运行时仅有较小不平衡电压，不便监视其完好性，故应尽量减少可能断开的中间环节。

当电压互感器二次回路的接地点设在控制室时，在开关场将二次绕组中性点经放电间隙或氧化锌阀片接地，目的在于防止控制室内的接地点不可靠而造成电压互感器二次回路过电压。

条文 **15.7.5.3** 微机型继电保护装置柜屏内的交流供电电源（照明、打印机和调制解调器）的中性线（零线）不应接入等电位接地网。

继电保护的等电位地网用于保证相关保护装置的参考电位处于相同的等电位面，是保护装置抗干扰的重要措施之一。当保护柜屏内安装有需要交流供电的设备时，交流供电电源的中性线（零线）应与火线同缆引入，严禁将等电位地网作为交流供电电源的中性线，以防止交流供电电源对保护装置产生干扰。

条文 **15.7.6** 制造部门应提高微机保护抗电磁骚扰水平和防护等级，光耦开入的动作电压应控制在额定直流电源电压的 55%～70%范围以内。

条文 **15.7.7** 针对来自系统操作、故障、直流接地等异常情况，应采取有效防误动措施，防止保护装置单一元件损坏可能引起的不正确动作。断路器失灵启动母差、变压器断路器失灵启动等重要回路宜采用双开入接口，必要时，还可装设大功率重动继电器，或者采取软件防误等措施。

条文 **15.7.8** 所有涉及直接跳闸的重要回路，应采用动作电压在额定直流电源电压的 **55%～70%范围以内的中间继电器，并要求其动作功率不低于 5W**。

光耦元件从隔离保护装置与外部回路电气联系的角度出发，可以起到一定的抗干扰作用，但应注意，用于开入信号引入的光耦元件，其动作电压应控制在合理的水平，过低的动作电压对外部干扰不能起到应有的抑制作用；过高的动作电压则可能降低灵敏度。

单一元件损坏不能造成保护装置的不正确动作是对继电保护装置的基本要求，在《继电保护和安全自动装置技术规程》已有明确规定。对于失灵保护等一旦动作将作用多个断路器，甚至可能导致电网结构发生较大变化的保护，更应注重其安全性，防止单一开入元件损坏引起误动。

远方跳闸、失灵启动、变压器非电量等保护通常经较长电缆接入，在直流系统发生接地、交流混入直流以及存在较强空间电磁场的情况下引入干扰信号，采用动作电压在一定范围之内、动作功率较大的重动继电器转接，可有效提高抗干扰能力。

条文 15.7.9 遵守保护装置 24V 开入电源不出保护室的原则，以免引进干扰。

一般而言，电缆越长，空间电磁干扰信号越容易侵入；开入信号的电压水平越高、抗干扰能力越强，因此，遵守保护装置 24V 开入电源不出保护室的原则，可有效地提高保护装置抗干扰能力。

早期生产的微机型继电保护装置由于经验不足，没有意识到经长电缆引入弱电压开入信号的所带来的危害，曾多次发生不正确动作，在按照保护装置 24V 开入电源不出保护室的原则进行改造后，有效地减少了由于外部干扰所导致的不正确动作。

条文 15.7.10 严格执行《关于印发继电保护高频通道工作改进措施的通知》（调调〔1998〕112 号）的有关要求，高频通道必须敷设 100mm² 铜导线。

条文 15.7.11 保护室与通信室之间信号优先采用光缆传输。若使用电缆，应采用双绞双屏蔽电缆并可靠接地。

条文 15.7.12 安装在通信室的保护专用光电转换设备与通信设备间应使用屏蔽电缆，并按敷设等电位接地网的要求，沿这些电缆敷设截面积不小于 100mm² 铜排（缆）可靠与通信设备的接地网紧密连接。

条文 15.7.13 结合滤波器引入通信室的高频电缆，以及通信室至保护室的电缆宜按上述要求敷设等电位接地网，并将电缆的屏蔽层两端分别接至等电位接地网的铜排。

对于线路纵联保护而言，通道是其重要的组成部分之一，特别是在变电站近端发生不对称故障时，对纵联保护通道的干扰（包括由工频信号引起的高频通道阻塞），将可能导致继电保护装置的不正确动作。因此，无论纵联保护采用何种通道方式，无论是专用通道还是复用通道，均应高度重视通道设备（含连接电缆）的抗干扰问题，采用与继电保护专业相一致的抗干扰措施。

条文 15.7.14 建立与完善阻波器、结合滤波器等高频通道加工设备的定期检修制度，落实责任制，消除检修、管理的死区，应注意做到：

条文 15.7.14.1 定期检查线路高频阻波器、结合滤波器等设备是否工作在正常状态。

条文 15.7.14.2 对已退役的高频阻波器、结合滤波器和分频滤过器等设备，应及时采取安全隔离措施。

阻波器、结合滤波器等高频通道加工设备是载波通道的重要设备之一，当纵联保护利用载波通道作为传输信号的通道时，阻波器、结合滤波器及分频滤过器的健康状况将直接影响保护装置的动作行为。由于专业分工界面的原因，阻波器、结合滤波器的运行维护工作容易被忽略，给安全运行带来隐患。为此，应建立、完善定期检修制度，落实责任制，消除检修、管理的死区。

高频阻波器、结合滤波器等均属一次带电运行设备，退役后如不及时拆除或隔离，将会增加一次设备故障的风险，除此之外，阻波器的额定电流还有可能成为制约线路输送电流水平的因素，因此，对已退役的高频阻波器、结合滤波器和分频滤过器等设备，应及时采取安全隔离措施。

条文 15.7.15 装设静态型、微机型继电保护装置和收发信机的厂、站接地电阻应按《电子计算机场地通用规范》（GB/T 2887—2011）和《计算机场地安全要求》（GB 9361—1988）规定，不大于 0.5Ω，上述设备的机箱应构成良好电磁屏蔽体，并有可靠的接地措施。

实践证明，全封闭的金属机箱是电子设备抵御空间电磁干扰的有效措施，除此之外，金属机箱还必须可靠接地。20 世纪 90 年代，我国某保护收发信机生产厂家，由于改变生产工艺，致使其产品机箱未能构成全封闭的电磁屏蔽体，从而造成大量投入运行的设备由于抗干扰能力严重不足而发生误动。

条文 15.7.16 对经长电缆跳闸的回路，应采取防止长电缆分布电容影响和防止出口继电器误动的措施。

由于长电缆有较大的对地分布电容，从而使得干扰信号较容易通过长电缆窜入保护装置，严重时可导致保护装置不正确动作。在现代保护装置中通常对外部侵入的干扰有一定的防护措施，而对于出口继电器，则通常采用加大继电器动作功率或延长动作时间的方法抵御外部干扰。

条文 15.7.17 应对保护直流系统的熔断器、自动开关加强维护、管理。在配置直流熔断器和自动开关时，应满足以下要求。

条文 15.7.17.1 对于采用近后备原则进行双重化配置的保护装置，每套保护装置应由不同的电源供电，并分别设有专用的直流熔断器或自动开关。

条文 15.7.17.2 母线保护、变压器差动保护、发电机差动保护、各种双断路器接线方式的线路保护等保护装置与每一断路器的操作回路应分别由专用的直流熔断器或自动开关供电。

条文 15.7.17.3 有两组跳闸线圈的断路器，其每一跳闸回路应分别由专用的直流熔断器或自动开关供电。

条文 15.7.17.4 直流电源总输出回路、直流分段母线的输出回路宜按逐级配合的原则设置熔断器，保护柜屏的直流电源进线应使用自动开关。

条文 15.7.17.5 直流总输出回路、直流分路均装设熔断器时，直流熔断器应分级配置，逐级配合。

条文 15.7.17.6 直流总输出回路装设熔断器，直流分路装设自动开关时，必须保证熔断器与小空气开关有选择性地配合。

条文 **15.7.17.7**　直流总输出回路、直流分路均装设自动开关时，必须确保上、下级自动开关有选择性地配合，自动开关的额定工作电流应按最大动态负荷电流（即保护三相同时动作、跳闸和收发信机在满功率发信的状态下）的 **2.0** 倍选用。

条文 **15.7.18**　为防止因直流熔断器不正常熔断或自动开关失灵而扩大事故，应定期对运行中的熔断器和自动开关进行检验，严禁质量不合格的熔断器和自动开关投入运行。

条文 **15.7.19**　继电保护直流系统运行中的电压纹波系数应不大于 **2%**，最低电压不低于额定电压的 **85%**，最高电压不高于额定电压的 **110%**。

直流电源系统是变电站最为重要的系统之一，作为保护装置的工作电源和断路器等的操作电源,站用直流系统的运行状况对于继电保护装置和断路器的动作行为有着至关重要作用。

对于按照双重化原则配置保护的变电站，直流电源的分配也必须与双重化的原则相适应：断路器的控制回路电源与保护的工作电源必须取自不同的直流熔断器（或空气开关）；双重化配置的保护装置，其工作电源应取自不同的直流母线段；如断路器具备两组跳闸线圈，每一组跳闸线圈的操作电源也应取自不同的直流母线段；当一套保护装置需作用于多个断路器时，每个断路器的跳闸线圈必须由各自的直流熔断器（或空气开关）提供操作电源；须保证保护装置的工作电源与其所作用的断路器跳闸线圈工作电源均取自同一组直流电源，绝不允许交叉，以防止失去一组直流电源时保护或断路器拒动。

须保证直流总输出回路熔断器（或空气开关）与各直流支路熔断器（或空气开关）之间的选择性配合关系，避免由于熔断器（或空气开关）越级而造成大量保护装置和断路器失去电源。

条文 **15.7.20**　在运行和检修中应加强对直流系统的管理，严格执行有关规程、规定及反措，防止直流系统故障，特别要防止交流电压、电流串入直流回路，造成电网事故。

为提高保护装置的动作速度，在现代保护装置中，大多数采用了动作速度较快的出口继电器，当站用直流系统中串入交流信号时，将可能会影响保护装置的动作行为，特别是对于直接采用站用直流作为动作电源、经常电缆直接驱动的出口继电器，更容易误动作。近年来由于交流串入直流回路而造成误动的事故屡见不鲜。

条文 **15.7.21**　单套配置的断路器失灵保护动作后应同时作用于断路器的两个跳闸线圈。如断路器只有一组跳闸线圈，失灵保护装置工作电源应与相对应的断路器操作电源取自不同的直流电源系统。

断路器失灵保护是装设在变电站的一种近后备保护，当保护装置动作，而断路器拒动时，失灵保护通过断开与拒动断路器有直接电气联系的断路器而隔离故障。如此要求是考虑在站内失去一组直流电源时，应仍能够将故障点与运行系统隔离。

条文 **15.7.22**　保护屏柜上交流电压回路的空气开关应与电压回路总路开关在跳闸时限上有明确的配合关系。

保护屏柜上交流电压回路空气开关与交流电压回路的总开关是串联关系，当某保护屏内电压回路发生断路时，该保护屏柜上交流电压回路的空气开关应先于电压回路总开关动作，以减少对其他保护装置的影响。

条文 15.8　技术监督应注意的问题

在发、输、配电工程初设审查、设备选型、设计、安装、调试、运行维护等阶段，均必须实施继电保护技术监督。应按照依法监督、分级管理、专业归口的原则实行技术监督、报告责任制和目标考核制度。

建立、健全各发、供电企业、电力建设企业以及用户的继电保护技术监督体系。

各继电保护技术监督机构必须充分发挥其在本系统内的专业管理和技术管理职能。加强对运行设备及专业技术管理工作的继电保护技术监督，加强对各项反措落实情况的技术监督。

注重对基建、改建工程的技术监督工作，严格把关验收。对存在较大隐患的投产项目，在追究施工单位责任的同时，追究运行单位继电保护技术监督部门和相关人员的责任。

各级继电保护技术监督机构每年应定期或不定期组织对下属的监督机构进行检查，附以奖罚、告警等措施，督促各单位将继电保护技术监督工作真正落到实处。

16 防止电网调度自动化系统、电力通信网及信息系统事故

总体情况说明（调度自动化部分）

本章删除了 2005 年版《十八项反措》中与"调控一体化"不一致的内容。根据调度自动化专业的发展情况，本章内容突出"适应坚强智能电网发展的需要"的原则；突出"二次安全防护策略从边界防护过渡到主体和客体的全过程安全防护"；突出电网动态过程监测分析的重要性；突出新能源监测分析的重要性；突出调度自动化对调控一体化和调度一体化的支持；突出备调体系建设的重要性；突出基础数据（运行数据和电网模型）的重要性。

条文说明（调度自动化部分）

条文 16.1 防止电网调度自动化系统事故

条文 为防止电网调度自动化系统事故，应认真贯彻落实《电力调度自动化系统运行管理规程》（DL/T 516—2006）、《电力二次系统安全防护总体方案》（电监安全〔2006〕34号）、《电网调度系统安全生产保障能力评估》（国家电网调〔2009〕38号）等的有关要求，适应坚强智能电网发展的需要，规范和提高电网调度自动化水平。

调度自动化各种管理规程众多，此处对各种规程只进行了列举，但调度自动化专业所应遵守的规程并不限于条文中列举的规程。信息化、自动化、互动化是坚强智能电网的重要特征，调度自动化系统应适应调度环节智能化的需要，为电网调度控制的信息化、自动化、互动化提供可靠支撑。

条文 16.1.1 设计阶段应注意的问题

条文 16.1.1.1 调度自动化系统的主要设备应采用冗余配置，服务器的存储容量和 CPU 负载应满足相关规定要求。

为避免系统单点故障而影响系统可靠性，调度自动化系统的主要设备在技术设计上必须采取冗余技术配置来提高运行可靠性；为了保证系统的处理能力，服务器的存储容量必须空余一定比例，CPU 负载必须低于一定指标，在不同条件下的具体指标遵从相关规定。

条文 16.1.1.2 调度端及厂站端电力二次系统安全防护应满足"安全分区、网络专用、横向隔离、纵向认证"的基本原则要求。安全防护策略从边界防护逐步过渡到全过程安全防护，安全四级主要设备应满足电磁屏蔽的要求，全面形成具有纵深防御的安全防护体系。

"安全分区、网络专用、横向隔离、纵向认证"是电力二次系统安全防护的基本原则。按照国家信息安全等级保护要求，电力二次系统防护策略从以边界防护为重点，深化发展为主

体和客体的全过程安全防护。安全保护等级为四级的主要设备（省级及以上 EMS）应满足电磁屏蔽的要求。结合智能电网调度技术支持系统的建设，全面实现生产控制大区的内网监控和设备监控，形成纵深安全防护体系。

条文 16.1.1.3 主网 500kV 及以上厂站、220kV 枢纽变电站、大电源、电网薄弱点、风电等新能源接入站（风电接入汇集点）、通过 35kV 及以上电压等级线路并网且装机容量 40MW 及以上的风电场，均应部署相量测量装置（PMU）。其测量信息能上传至相关调度机构并提供给厂站进行就地分析。PMU 与主站之间的通信方式应统一考虑，确保前期和后期工程的一致性。

本条强调电网动态过程监测分析对电网安全的重要性，突出对新能源监测分析的要求。与传统的 SCADA 数据相比，同步相量测量数据（PMU 数据）具有时间同步精度最高、时间分辨率最高的双重优点。基于 PMU 数据，调度中心可以在同一参考时间框架下捕捉到电力系统全网的实时动态信息。新能源发电的随机性和快速波动性也需要利用 PMU 来实现监测分析。随着智能电网调度技术支持系统的建设，PMU 量测信息已成为综合智能告警、在线稳定分析和日常动态监测分析的重要数据来源。根据国家电网公司智能化规划和《风电场调度运行信息交换规范（试行）》等的要求，主网 500kV 及以上厂站、220kV 枢纽变电站、大电源、电网薄弱点、风电等新能源接入站（风电接入汇集点）、通过 35kV 及以上电压等级线路并网且装机容量 40MW 及以上的风电场均应部署相量测量装置（PMU）。相量测量装置的测量信息应具备一发多收功能（信息同时发送给多个主站）。同时，厂站本地也应部署有动态监测分析终端，具备一定的就地监测分析功能。相量测量子站和主站之间的通信方式要统一考虑，尽量保证前期和后期工程的一致性。

条文 16.1.1.4 调度自动化主站系统应采用专用的、冗余配置的不间断电源装置（UPS）供电，不应与信息系统、通信系统合用电源。交流供电电源应采用两路来自不同电源点供电。发电厂、变电站远动装置、计算机监控系统及其测控单元、变送器等自动化设备应采用冗余配置的不间断电源装置（UPS）或站内直流电源供电。具备双电源模块的装置或计算机，两个电源模块应由不同电源供电。相关设备应加装防雷（强）电击装置，相关机柜及柜间电缆屏蔽层应可靠接地。

调度自动化主站各系统的可靠运行特性要求电源供电的质量和可靠性，所以必须配备专用的不间断电源装置。不停电电源应采用冗余配置，为了避免单个交流供电电源因检修或其他因素失电后导致风险，要求采用两路来自不同电源点供电，某些关键单位还应配备柴油发电机组等应急电源。子站系统的供电电源包括 UPS、直流电源或一体化电源，子站系统的供电电源也应冗余配置，保证数据采集和监控的不间断。具备双电源模块的装置或计算机，两个电源模块应由不同电源供电。为保证子站设备供电电源的安全、可靠运行，对供电电源应装备防雷（强）电击装置。

条文 16.1.1.5 电网内的远动装置、相量测量装置（PMU）、电能量终端、时间同步装置、计算机监控系统及其测控单元、变送器等自动化设备（子站）必须是通过具有国家级检测资质的质检机构检验合格的产品。

电网内的远动装置、相量测量装置（PMU）、电能量终端、时间同步装置、计算机监控系统及其测控单元、变送器等自动化设备（子站）应能及时、准确、可靠的反映电网的运行状态和运行工况，其设计、选型应符合所属电力调度机构规程规定，采用成熟可靠、经国家级检测资质的质检机构检验合格、准入的产品，并报所属电力调度机构备案。新建、改造后自动化设备正式投入运行时，应有一定的试运行期，试运期满经所属调度机构核准后投入正式运行。

条文 16.1.1.6 调度范围内的发电厂、110kV 及以上电压等级的变电站的自动化设备通信模块应冗余配置，优先采用专用装置，无旋转部件，采用专用操作系统；支持调控一体化的厂站间隔层应具备双通道组成的双网，至调度主站（含主调和备调）应具有两路不同路由的通信通道（主/备双通道）。

为适应调度自动化子站相对恶劣的运行环境，确保数据可靠传输，调度范围内的发电厂、110kV 及以上电压等级的变电站的自动化设备通信模块应冗余配置，优先采用专用装置，无旋转部件，采用专用操作系统；实施调控一体化后，对厂站保护及自动化装置综自性能要求也随之提高，而厂站间隔层具备双通道组成的双网，可以极大地提高综自网络安全、稳定运行水平。自动化设备至调度主站应具有独立的两路不同路由的通信通道或一路专线一路调度数据网通道。

条文 16.1.1.7 备调的技术支持系统、通信通道应独立配置，实现运行数据和支持系统的异地备用。备调技术支持系统建设应充分考虑"调控一体化"的要求。

电网调度是电网运行控制中枢，关系电网运行安全。随着电网发展和社会进步，对电网调度可靠性和连续性的要求日益提高。2009 年，国家电网公司制定下发了《国家电网公司省级以上电网备调建设框架方案》，明确了三年建成省级以上备调体系的目标和具体实施方案。备调建设应满足《省级以上备用调度规范化建设功能验收规范（试行）》对备调场所、技术支持系统功能、安全设施、运行管理等方面提出的规范化要求，通过工作场所、技术系统和通信通道等方面的独立配置，实现运行数据和支持系统的异地备用；通过在备调配备专责值班员日常值守、保电或恶劣天气等特殊时期主调人员在备调同步值班等措施，实现调度业务功能的异地备用，以提高电网调度的可靠性和连续性，提升电网运行应急能力。备调建设应充分考虑 "大运行"建设的要求，实现电网调度运行与输变电设备集中监控的集约融合，实现调控一体化。同时，备调建设应满足《国家电网公司备用调度通信系统建设指导意见》对主备调通信节点相对独立运行的要求。

条文 16.1.2 基建阶段应注意的问题

条文 16.1.2.1 在基建调试和启动阶段，调度自动化系统主站、子站、调度数据网等二次系统（设备）必须提前进行调试，确保与一次设备同步投入运行。

调度自动化主站、子站、通道（如专线、调度数据网等）等二次设备承担着电网运行的数据采集、传输、监测分析与控制等功能。为确保调度运行人员对一次设备的启动过程及正常运行情况进行可靠监测，必须在基建、改（扩）建工程启动前对自动化系统（设备）进行提前进行调试，确保与一次设备同步投入运行。

［案例］ 2011年11月，某电厂PMU上送信息显示"装置不可用"，导致电网事故时调度中心WAMS主站无法查看该电厂PMU数据的详细信息。最终查明具体原因为：现场PMU配置更改后未与主站进行调试，且对时装置故障。

条文16.1.2.2 发电厂、变电站基（改、扩）建工程中调度自动化设备的设计、选型应符合调度自动化专业有关规程规定，并须经相关调度自动化管理部门同意。现场设备的接口和传输规约必须满足调度自动化主站系统的要求。

发电厂、变电站的自动化子站设备作为在现场运行的采集控制设备，一方面要求具备在现场恶劣环境下的可靠运行性能，另一方面要求数据采集的精度和通信传输的可靠性满足运行分析控制要求。因此，子站调度自动化设备在基建、改建的设计和选型阶段就应严格按专业有关规程要求，并经相关调度自动化管理部门同意，避免技术性能不符合系统要求和质量不过硬的设备进入关键生产领域，影响调度自动化系统的可靠运行。设备的接口必须能接入调度自动化系统的数据传输通道要求（比如：传统的专线方式、网络方式），采用的传输规约必须与调度自动化系统主站一致，确保子站与主站间的信息传输可靠。

条文16.1.3 运行阶段应注意的问题

条文16.1.3.1 建立基础数据"源端维护、全网共享"的一体化维护使用机制和考核机制，利用状态估计等功能，督导考核基础数据维护工作，不断提高基础数据（尤其是**220kV及以上电压等级电网模型参数和运行数据**）的完整性、准确性、一致性和维护的及时性。

自动化基础数据的运行维护质量（尤其是220kV以上变电站、开关站、直流换流站、发电厂等基础数据的质量）直接关系到运行监测和各项高级应用功能的可靠性和可信性。应从以下几个方面提高基础数据质量：① 提高量测覆盖率，提高基础数据完整性，满足全网可观测的要求并具备一定的冗余度。② 通过各种技术手段开展厂站量测数据检测与校核，全面提高基础数据准确性。③ 协同调度自动化及其他各专业推进电网模型和设备参数的统一管理、分级维护工作，促进各级调度中心基础数据的"源端维护、全网共享"，提高基础数据一致性。④ 进一步提高基础数据及时性，为分析预警功能提供及时的基础数据；加强模型参数管理，及时准确地维护基础模型和设备参数。⑤ 进一步加强IEC 61970、IEC 61850、IEC 61968等系列标准的推广应用，推进调度自动化、变电站自动化、配网自动化的数据模型和程序接口的标准化，实现基础数据和基本功能的标准化交互与共享。

［案例1］ 2011年10月，某电厂因基础数据采集不准确，在事故跳闸时未正确上送事故总信号及SOE信息，导致调度中心调度技术支持系统综合智能告警模块未能及时推出正确的告警信息，降低了调度运行人员对电网运行的势态感知能力。

［案例2］ 某变电站送出线路装有并联高压电抗器和串联补偿装置，由于测量电压互感器位于串补装置外侧（线路侧），而主站模型中将相关量测数据关联到串补装置内侧（变电站侧），从而导致站内无功不平衡，无功电压状态估计结果较差，对调度运行人员造成了误导。

条文16.1.3.2 发电厂AGC和AVC子站应具有可靠的技术措施，对调度自动化主站下发的 AGC 指令和 AVC 指令进行安全校核，拒绝执行明显影响电厂或电网安全的指令。

调度自动化主站对发电厂下发的自动发电控制（AGC）指令和自动电压控制（AVC）指令是根据电网运行情况对机组有功出力和无功出力（或母线电压等）进行调整的遥调指令。正常情况下，AGC 和 AVC 调整指令均在规定范围内。并网发电厂机组监控系统或 DCS 系统应及时、可靠地执行所属电力调度机构自动化主站下发 AGC/AVC 指令，同时应具有可靠的技术措施，对接收的 AGC/AVC 指令进行安全校核，拒绝执行超出机组或电厂规定范围等异常指令，避免因各种异常引起的错误指令影响到电厂和电网的安全运行。

条文 16.1.3.3　调度自动化系统运行维护管理部门应结合本网实际，建立健全各项管理办法和规章制度，必须制订和完善调度自动化系统运行管理规程、调度自动化系统运行管理考核办法、机房安全管理制度、系统运行值班与交接班制度、系统运行维护制度、运行与维护岗位职责和工作标准等。

［案例］　2011 年 11 月，某电厂开关传动未按规定提自动化检修票，相关调度中心主站人员由于不知情未对该电厂远动信息采取人工措施，导致调度技术支持系统综合智能告警模块误报线路跳闸故障。

条文 16.1.3.4　应制订和落实调度自动化系统应急预案和故障恢复措施，系统和运行数据应定期备份。

应急预案用于调度自动化系统发生各种灾难情况下的处理流程；故障恢复措施是指导调度自动化系统在发生可恢复故障情况下的系统恢复办法；应急预案和故障恢复措施应定期演练，对演练中发现的应急处理流程、软硬件缺陷、备品备件管理等方面的问题要及时予以完善。系统和数据事先按规定定期备份，提供在发生信息被破坏（如硬盘故障、数据丢失等）情况下的恢复信息源。

条文 16.1.3.5　按照有关规定的要求，结合一次设备检修，定期对调度范围内厂站远动信息（含 PMU 信息）进行测试。遥信传动试验应具有传动试验记录，遥测精度应满足相关规定要求。

在一次设备检修时对相关自动化信息进行测试，这样不会影响信息的采集。在测试过程中需要记录遥信传动的正确性和遥测测量的准确性及响应时间等。PMU 信息已成为调度运行人员对电网动态过程监测分析和预警分析不可缺少的数据来源，对 PMU 信息也应定期测试。

总体情况说明（电力通信部分）

本条删除了 2005 年版《十八项反措》中与典型设计不一致的内容。根据电力通信专业的发展情况，本条内容突出"适应坚强智能电网发展的需要"的原则；突出"电网一次系统配套通信项目，应随电网一次系统建设同步设计、同步实施、同步投运，以满足电网发展需要"的重要性；突出重要厂站通信业务须满足"双设备、双路由、双电源"要求，保障通信业务的可靠运行，满足电网安全生产和企业经营管理的需要；突出通信设备和业务通道运行状态的监视的重要性；突出做好通信网应急预案和现场应急处置方案的必要性。

条文 16.2 防止电力通信网事故

条文 为防止电力通信网事故，应认真贯彻《电力通信运行管理规程》（DL/T 544—2012）、《电力系统光纤通信运行管理规程》（DL/T 547—2010）、《光纤通道传输保护信息通用技术条件》（DL/T 364—2010）等标准及其他有关规程、规定，并提出以下重点要求。

随着电网的不断发展，电力通信网已经成为电网的第二张实体网络，电力系统通信已经成为现代电网安全运行不可分割的重要组成部分，是电网进行安全生产和提升企业信息化水平的重要基础。同时，复用保护和安全自动装置通信通道在电网中的大量应用，使得现代电网对于电力系统通信的依赖性进一步增强，电力通信网已经成为现代电网的神经系统，其重要性不言而喻。本节所列内容均为可能对电网和电厂的安全运行产生比较大的影响的事故反措，因而必须严格执行反措要求，避免影响电网安全稳定运行的事情发生。

条文 16.2.1 设计阶段应注意的问题

条文 16.2.1.1 电力通信网的网络规划、设计和改造计划应与电网发展相适应，充分满足各类业务应用需求，强化通信网薄弱环节的改造力度，力求网络结构合理、运行灵活、坚强可靠和协调发展。同时，设备选型应与现有网络使用的设备类型一致，保持网络完整性。

电力通信网的前期规划应本着适度超前的原则，满足电网安全生产和企业经营管理不断增长的需求。电力通信网应不断进行安全隐患排查和风险分析，找出薄弱环节，在电网技术改造中进行整改，使得通信网络坚强、方式合理、业务有保障。

在电厂或变电站新增通信设备接入电力通信网时，设备选型应与现有网络使用的设备类型一致，保持网络的完整性，这样才能充分发挥现代通信技术的智能化水平，为电网的安全、经济运行做好支持和服务。

条文 16.2.1.2 电网调度机构与其调度范围内的下级调度机构、集控中心（站）、重要变电站、直调发电厂和重要风电场之间应具有两个及以上独立通信路由。

电网的正常运行，离不开电力通信网的支撑，大部分电网线路保护和安全自动装置、调度自动化等电网调度通信业务依靠电力通信网进行信息的交互，从而保障电网的安全可靠经济运行。因此调度机构和调度站点之间具有两个及以上独立通信路由，可以避免 $N-1$ 情况发生时，调度站点与调度机构之间失去联系，从而导致电网事故的扩大。

［案例］ 某公司出口光缆只有一个路由，因市政施工将其挖断，导致该公司至所有调度厂站调度自动化信息全部中断，调度专用电话全部中断，调度人员处于盲调状态，电网运行岌岌可危。后经通信人员紧急抢修，电网通信业务及时恢复。2 小时后，该公司管辖范围内因雾闪导致大面积线路跳闸，若光缆不能及时抢通，处于盲调状态的调度员不能指挥电网运行则电网大面积解网不可避免。

条文 16.2.1.3 网、省调度大楼应具备两条及以上完全独立的光缆通道。电网调度机构、集控中心（站）、重要变电站、直调发电厂、重要风电场和通信枢纽站的通信光缆或电缆，应采用不同路由的电缆沟（竖井）进入通信机房和主控室；避免与一次动力电缆同沟（架）布放，并完善防火阻燃和阻火分隔等各项安全措施，绑扎醒目的识别标志；如不具备条件，应采取电缆沟（竖井）内部分隔离等措施进行有效隔离。新建通信站应在设计时与全站电缆沟（架）统一规划，满足以上要求。

220kV 及以上变电站和大（中）型发电厂多次由于动力电缆着火造成二次通信电缆全部损坏，影响变电站和发电厂的安全运行，并且可能造成变电站一次设备停止运行和发电厂停机。因此，对于 220kV 及以上变电站和大（中）型发电厂在建设前期规划就应该考虑二次电缆的合理布放，避免因为电缆着火给电网和发电厂带来的不安全影响。

[案例] 某发电厂由于进入主控室的电缆沟着火造成所有的通信电缆损坏，致使电厂所有线路出线失去保护，线路被迫停运。

条文 16.2.1.4 同一条 220kV 及以上线路的两套继电保护和同一系统的有主/备关系的两套安全自动装置通道，应由两套独立的通信传输设备分别提供，并分别由两套独立的通信电源供电，重要线路保护及安全自动装置通道应具备两条独立的路由，满足"双设备、双路由、双电源"的要求。

随着电网大量采用复用保护通道，很多线路的两套快速保护均采用复用通信通道，从电网安全运行的角度出发，复用通信通道所涉及的通信设备（包括通信供电电源）必须满足上述要求，实现"双设备、双电源、双路由"的双配置要求，当承载保护和安全自动装置的通信电路或设备需要退出或检修时，应保证至少有一套保护正常运行。同时，设备的选择应该考虑安全性、可靠性高的通信设备和通信电源系统，并遵循相互独立的原则。

在《光纤通道传输保护信息通用技术条件》（DL/T 364—2010）的范围中明确规定："本标准适用于 220kV 及以上电压等级电网传输继电保护信息的光纤通道。"在总则中第 3 条明确规定："同一线路两套保护的通道应保持独立性，包括电源、设备和路由的独立。"根据此标准，220kV 及以上线路两套保护明确要求必须满足"三双"要求，不具备条件的单位要进行整改。

[案例1] 某电厂在设计时有两条光缆接入，因故在电厂投产时只投运一根光缆，因光缆引入缆故障，造成该电厂两条 500kV 线路被迫同时停运，造成电厂对外全停。

[案例2] 某跨区域联网线路，因其一套电流差动保护的光电转换设备与另一套复用纵联距离保护通信设备共用同一套电源。当此通信电源故障导致设备失电，致使此条跨区域联网线路两套主保护同时停运，线路被迫退出运行。

条文 16.2.1.5 线路纵联保护使用复用接口设备传输允许命令信号时，不应带有附加延时展宽。

本条要求是根据电网安全运行的客观需要，根据继电保护相关反措提出。

条文 16.2.1.6 电网调度机构与直调发电厂及重要变电站调度自动化实时业务信息的传输，应具有两路不同路由的通信通道（主/备双通道）。

电网调控运行离不开调度自动化实时业务的信息，为保障电网安全运行的客观需要，提出此项反措。因此在设计阶段，主/备双通道可以是一专线一网络模式，也可以是调度数据网双平面模式，确保不因通信网发生 $N-1$ 故障造成两路调度自动化信息传送同时失效。

条文 16.2.1.7 通信机房、通信设备（含电源设备）的防雷和过电压防护能力，应满足电力系统通信站防雷和过电压防护相关标准、规定的要求。

按规程要求做好电力通信网防雷工作，才能保障通信设备的稳定运行，因此在通信机房、通信设备在设计阶段必须进行防雷设计，在运行中注意防雷设施的运维，确保防雷和过电压能力满足规程要求。

条文 16.2.2 基建阶段应注意的问题

条文 16.2.2.1 电网一次系统配套通信项目，应随电网一次系统建设同步设计、同步实施、同步投运，以满足电网发展需要。

《中华人民共和国电力法》第十五条规定：输变电工程、调度通信自动化工程等电网配套工程和环境保护工程，应当与发电工程项目同时设计、同时建设、同时验收、同时投入使用。

如果通信系统未能满足电网一次系统建设进度要求，必将影响电网一次系统的投产。

条文 16.2.2.2 通信设备应在选型、安装、调试、入网试验等各个时期，严格执行电力系统通信运行管理和工程验收等方面的标准、规定。

条文 16.2.2.3 应从保证工程质量和通信设备安全稳定运行的要求出发，合理安排新建、改建和技改工程的工期，严格把好质量关，满足提前调试的条件，不得为赶工期减少调试项目，降低调试质量。

条文 16.2.2.4 在基建或技改工程中，若电网建设改造工作改变原有通信系统的网络结构、设备配置、技术参数时，工程建设单位应委托设计单位对通信系统进行设计，深度应达到初步设计要求，并要按照基建和技改工程建设程序开展相关工作。通信系统选型应符合通信专业有关规程规定，并征求相关通信管理部门意见。现场设备的接口和协议必须满足通信系统的要求。必要时应根据实际情况制订通信系统过渡方案。

因基建或技改等原因通信系统发生网络结构等改变时，必须要有相应的通信系统设计，设备选型要征求通信管理部门的意见，必要时设计单位应制订通信系统过渡方案，满足运行的要求。

条文 16.2.2.5 用于传输继电保护和安全稳定控制装置业务的通信通道投运前应进行测试验收，其传输时间、可靠性等技术指标应满足《光纤通道传输保护信息通用技术条件》（DL/T 364—2010）的要求。传输线路分相电流差动保护的通信通道应满足收、发路径和时延相同的要求。

通信通道交付用户使用前必须进行测试，并且要满足相应的运行指标要求。

［案例］ 某条输电线路的一套分相电流差动保护收、发路径不一致，致使收、发时延不相同，当线路负荷较轻时没有发现异常，因电网检修等原因造成线路负荷加重，导致保护误动。

条文 **16.2.2.6**　安装调试人员应严格按照通信业务运行方式单的内容进行设备配置和接线。通信调度应在业务开通前与现场工作人员核对通信业务运行方式单的相关内容，确保业务图实相符。

当通信业务涉及多家运维单位协同配置数据时，如现场运行人员疏忽或通信调度人员把关不严，极易埋下事故隐患，因此必须确保业务图实相符。当同一输电断面有两条以上线路时，若线路同时启动或同时做过保护改造，若保护业务图实不符，也极易造成保护通道接反的现象出现，给电网运行造成威胁。

［案例1］　A 电厂接入系统，对 B 电厂、C 变电站需要各接入两套安全自动装置，其中各有一套通信通道需要有两个运维单位网管同时配置数据，不同运维单位网管管辖设备之间有 2.5G 的光口互联，结果其中有一运维单位将两互联时隙配置数据交叉，三站将业务接入系统后，从网管看电路均未告警，因未提前测试，双方也未相互核实数据，致使本应 A 电厂至 B 电厂的安全自动装置一条通道指向了 C 变电站，A 电厂至 C 变电站的安全自动装置一条通道指向了 B 电厂，造成交叉，埋下安全隐患。

［案例2］　某条线路保护通道在通信机房被向两个方向用硬件做环回，两侧保护装置均未告警，通信专业进行多次安全检查也均未发现，直至另一条线路因区外故障，造成此条线路误动，才查出故障原因。

条文 **16.2.2.7**　架空地线复合光缆（OPGW）在进站门型架处应可靠接地，防止一次线路发生短路时，光缆被感应电压击穿而中断。OPGW、全介质自承式光缆（ADSS）等光缆在进站门型架处的引入光缆必须悬挂醒目光缆标示牌，防止一次线路人员工作时踩踏接续盒，造成光缆损伤。光缆线路投运前应对所有光缆接续盒进行检查验收、拍照存档，同时，对光缆纤芯测试数据进行记录并存档。应防止引入缆封堵不严或接续盒安装不正确造成管内或盒内进水结冰，导致光纤受力引起断纤故障的发生。

本条要求是根据电力通信网运行经验总结得出。

［案例1］　某站一次线路发生短路，OPGW 在进站门型架处未接地，被感应电压击穿而中断，导致继电保护等电网调度通信业务中断。

［案例2］　某站有一次线路施工人员施工，因光缆终端盒未做标示牌，施工人员踩踏光缆接续盒，造成光缆损伤，造成部分通信系统意外中断，影响自动化实时信息等电网调度通信业务。

［案例3］　某风电场接入系统，因输电线路上光缆接续盒光缆进出线口应向下，施工人员为施工方便，将光缆接续盒光缆进出线口斜向上固定在铁塔上。因在雨季渗进雨水，导致冬季接续盒内进水结冰使得光纤受力引起断纤故障的发生，致使风电场全部停机进行光缆检修。

［案例4］　某站因光缆引入缆封堵不严，造成冬季管内进水结冰，导致光纤受力引起断纤故障的发生，引起线路保护退运，威胁电网安全运行。

条文 **16.2.2.8**　通信设备应采用独立的空气开关或直流熔断器供电，禁止多台设备共用一只分路开关或熔断器。各级开关或熔断器保护范围应逐级配合，避免出现分路开关或熔断器与总开关或熔断器同时跳开或熔断，导致故障范围扩大的情况发生。

条文 **16.2.3**　运行阶段应注意的问题

条文 **16.2.3.1**　各通信机构负责监视及控制所辖范围内的通信网的运行情况，及时发现通信网故障信息，指挥、协调通信网故障处理。

条文 **16.2.3.2**　应加强通信调度管理，发挥通信调度在电力通信网运行指挥方面的作用。通信调度员必须具有较强的判断、分析、沟通、协调和管理能力，熟悉所辖通信网络状况和业务运行方式，上岗前应进行培训和考核。

条文 **16.2.3.3**　通信站内主要设备的告警信号（声、光）及装置应真实可靠。通信动力环境和无人值班机房内主要设备的告警信号应接到有人值班的地方或接入通信综合监测系统。

通信网安全稳定运行是保障电网安全稳定运行的基石，运行阶段尤其要注意通信设备和业务通道运行状态的监视，利用科技手段提高通信网运行维护水平。通信机房动力环境系统和主要设备告警信息应真实并能可靠上传，这对于及时发现通信网缺陷，缩短电网通信业务停运时间是非常必要的。运行人员及时发现告警，并及时安排处理则更为关键。故障告警上传后未能及时发现，则会造成通信设备停运、电网通信业务中断。

［案例］　某站交流电源屏故障，告警信息上传到站内综自监控上，但站内值班员未能及时发现告警信息，导致蓄电池放亏，部分单路电源供电设备因失电，停止运行。此次事件致使单路供电的 4 条 500kV 线路、1 条 220kV 线路保护通道告警，威胁电网的运行安全。通信设备的告警接到有人值班的地方后，运行人员必须给予高度重视，无视告警，将给运行带来巨大的威胁。

条文 **16.2.3.4**　通信检修工作应严格遵守电力通信检修管理规定相关要求，对通信检修票的业务影响范围、采取的措施等内容，应严格进行审查核对，对影响一次电网生产业务的检修工作，应按一次电网检修管理办法办理相关手续。严格按通信检修票工作内容开展工作，严禁超范围、超时间检修。

在通信网中某一台设备不只为本站服务，还为其他站的电网通信业务服务，因而通信设备检修必须核实所承载的全部电网通信业务，保障每一条业务都有妥善的处置方案才能开始检修工作。通信设备检修不能临时变更检修范围，不能按时完成的检修工作必须提前办理延期，同时检修工作开竣工必须经电话确认，不能约时检修。

条文 **16.2.3.5**　通信运行部门应与一次线路建设、运行维护部门建立工作联系制度。因一次线路施工或检修对通信光缆造成影响时，一次线路建设、运行维护部门应提前 5 个工作日通知通信运行部门，并按照电力通信检修管理规定办理相关手续，如影响上级通信电路，必须报上级通信调度审批后，方可批准办理开工手续。防止人为原因造成通信光缆非计划中断。

在通信网络中，低电压等级的通信光缆有时也承载着一级骨干网或二级骨干网通信设备或承载着国、网、省的电网通信业务，线路的调度范围和通信系统的调度范围不一致，因此各单位必须高度重视有光缆线路的检修工作，其检修内容须明确光缆是否中断，通信人员必须参加电网检修的会商工作，按照逐级上报的原则报送检修申请，逐级批复后才允许开工。

条文 **16.2.3.6** 线路运行维护部门应结合线路巡检每半年对 **OPGW** 光缆进行专项检查，并将检查结果报通信运行部门。通信运行部门应每半年对 **ADSS** 和普通光缆进行专项检查，重点检查站内及线路光缆的外观、接续盒固定线夹、接续盒密封垫等，并对光缆备用纤芯的衰耗进行测试对比。

条文 **16.2.3.7** 每年雷雨季节前应对接地系统进行检查和维护。检查连接处是否紧固、接触是否良好、接地引下线有无锈蚀、接地体附近地面有无异常，必要时应开挖地面抽查地下隐蔽部分锈蚀情况。独立通信站、综合大楼接地网的接地电阻应每年进行一次测量，变电站通信接地网应列入变电站接地网测量内容和周期。微波塔上除架设本站必须的通信装置外，不得架设或搭挂可构成雷击威胁的其他装置，如电缆、电线、电视天线等。

条文 **16.2.3.8** 严格落实电视电话会议系统"一主两备"的技术措施，制订切实可行的应急预案，并进行突发情况下的应急操作演练，提高值机人员应对突发事件的保障能力，确保会议质量。

电视会议系统"一主两备"的技术措施是指独立的两套电视会议系统同时工作，同时电话会议系统作为应急备用手段。系统调试完成后，未经主会场值机人员同意，不得随意变动分会场通信设备，应加强对值机人员的培训和演练，提高人员素质和能力。

条文 **16.2.3.9** 制订通信网管系统运行管理规定，落实数据备份、病毒防范和安全防护工作。

通信网管系统是对通信设备进行管理的重要设施，应加强二次安全防护措施。网管系统的服务器和维护终端为专用设备，不应在其上从事与设备运行维护无关的活动。网管系统应有专人负责管理，并分级设置密码和权限。网管系统数据应定期备份，在系统有较大改动和升级前要及时做好数据备份。网管系统外存储设备应专用，其他外存储设备不应接入网管系统。

条文 **16.2.3.10** 通信设备运行维护部门应每季度对通信设备的滤网、防尘罩进行清洗，做好设备防尘、防虫工作。通信设备检修或故障处理中，应严格按照通信设备和仪表使用手册进行操作，避免误操作或对通信设备及人员造成损伤，特别是采用光时域反射仪测试光纤时，必须断开对端通信设备。

定期对通信设备的滤网、防尘罩进行清洗，防止因积尘过多影响设备散热，使设备因过热导致运行不稳或停机。用光时域反射仪进行光纤测试时，应采取措施，防止激光对人眼造成伤害。

［案例］ 某条线路破口进入新变电站，光缆随线路破入新站，在两侧未断开光设备光盘尾纤后就进行了测试，因发光功率过高导致两侧光盘受损，影响电网通信业务的开通。

条文 **16.2.3.11** 调度交换机运行数据应每月进行备份，调度交换机数据发生改动前后，应及时做好数据备份工作。调度录音系统应每月进行检查，确保运行可靠、录音效果良好、录音数据准确无误，存储容量充足。

《关于印发〈国家电网公司调度交换网交换设备运行管理规定〉（试行）的通知》（国网信通客服〔2010〕32 号）中明确规定："各单位须每月进行一次录音文件内、外备份，存储录音存储介质应标明备份日期、备份内容等信息，备份文件保存时间不低于两年。"

条文 16.2.3.12 因通信设备故障以及施工改造和电路优化工作等原因需要对原有通信业务运行方式进行调整时，应在 **48h** 之内恢复原运行方式。超过 **48h**，必须编制和下达新的通信业务运行方式单，通信调度必须与现场人员对通信业务运行方式单进行核实。确保通信运行资料与现场实际运行状况一致。

条文 16.2.3.13 应落实通信专业在电网大面积停电及突发事件时的组织机构和技术保障措施。应制订和完善通信系统主干电路、电视电话会议系统、同步时钟系统和复用保护通道等应急预案。应制订和完善光缆线路、光传输设备、**PCM** 设备、微波设备、载波设备、调度及行政交换机设备、网管设备以及通信专业管辖的通信专用电源系统的突发事件现场处置方案。应通过定期开展反事故演习来检验应急预案的实际效果，并根据通信网发展和业务变化情况对应急预案及时进行补充和修改，保证通信应急预案的常态化，提高通信网预防、控制和处理突发事件的能力。

不断完善应急预案和现场处置方案并实际演练，才能有效提高通信网抵御事故的能力，提高通信人员应急处置的技能水平。

总体情况说明（信息系统部分）

本条内容将 2005 年版《十八项反措》中的"防止电网调度自动化系统与电力通信网事故"进行了扩充，增加了"防止信息系统事故"的要求。编写结构中按照信息系统全过程分为设计、建设和运行三个部分。

随着信息技术的发展和各种信息应用系统的建设，信息系统对电网建设、运行与管理的支撑作用越来越重要。只有通过不断完善信息系统的建设，才能有效推进人力资源集约化、财务集约化及物资集约化，才能为电网规划、建设、运行、检修及营销等关键业务体系的正常开展提供充分保障。因此防止电网信息系统事故，充分发挥信息系统的支撑与保障作用至关重要。

条文说明（信息系统部分）

条文 16.3 防止电网信息系统事故

条文 16.3.1 设计阶段应注意的问题

条文 16.3.1.1 设计开发前，相关业务部门要依据国家信息安全等级保护有关要求，组织对业务系统的信息安全等级保护定级情况进行评审，并由公司信息安全归口管理部门统一向行业监管部门和公安部门申请进行信息系统等级定级审批。

电网企业是关系国民经济命脉和国家能源安全的国有重点骨干企业，因此信息应用系统的建设必须在设计阶段就开展信息安全保护等级的定级工作。

按照《信息安全等级保护管理办法》（公通字〔2007〕43 号），信息系统的安全保护等级分为以下五级：

第一级，信息系统受到破坏后，会对公民、法人和其他组织的合法权益造成损害，但不损害国家安全、社会秩序和公共利益。

第二级，信息系统受到破坏后，会对公民、法人和其他组织的合法权益产生严重损害，或者对社会秩序和公共利益造成损害，但不损害国家安全。

第三级，信息系统受到破坏后，会对社会秩序和公共利益造成严重损害，或者对国家安全造成损害。

第四级，信息系统受到破坏后，会对社会秩序和公共利益造成特别严重损害，或者对国家安全造成严重损害。

第五级，信息系统受到破坏后，会对国家安全造成特别严重损害。

对于电网企业的信息管理系统，一般包括内部门户（网站）、对外门户（网站）、财务（资金）管理系统、营销管理系统、电力负荷管理系统、电力市场交易系统、生产管理信息系统、协同办公系统、人力资源管理系统、物资管理系统、项目管理系统、ERP 系统、邮件系统等系统。

条文 16.3.1.2 相关业务部门要组织信息安全防护专项设计，形成包含有风险分析、防护目标、边界、网络、主机、应用、数据等防护措施的专项信息安全防护方案。相关业务部门和信息化管理部门要共同组织对项目方案中涉及信息安全的内容和专项信息安全防护方案进行评审。

条文 16.3.1.3 信息系统开发要遵循国家信息安全等级保护要求和电力二次系统安全防护要求、公司信息系统安全通用设计要求以及本系统信息安全防护要求，明确信息安全控制点，严格落实信息安全防护设计方案。

条文 16.3.1.4 相关业务部门应会同信息化管理部门，对项目开发人员进行信息安全培训，确保项目开发人员遵循公司信息安全管理和信息保密要求，并加强对项目开发环境的安全管控，确保开发环境与实际运行环境安全隔离。

条文 16.3.1.5 信息化管理部门和相关业务部门要组织信息安全专项验收评审，重点针对安全防护方案设计、业务系统开发安全控制点、安全培训和安全防护措施落实情况进行评审。

条文 16.3.2 建设阶段应注意的问题

条文 16.3.2.1 系统运维部门（单位）要在建设阶段提前介入，就信息安全防护措施以及运行维护中的信息安全风险提出意见建议。

条文 16.3.2.2 信息系统安全建设要落实国家要求，对涉及的信息安全软硬件产品和密码产品要坚持国产化原则，必要时开展产品预先选型和安全测试。信息安全核心防护产品应以自主研发为主。

随着信息化的程度越来越高，关系国计民生的重要领域信息系统已经成为国家的关键基础设施。国家信息安全等级保护制度要求信息安全软硬件产品和密码产品要坚持国产化原则，信息安全设备与软件如果依赖国外进口，将导致信息安全不能自主可控，会给基础信息网络和重要信息系统带来深层次的技术隐患。因此信息安全软硬件产品和密码产品要坚持国产化，信息安全核心防护产品应以自主研发为主，从而不断提高我国技术实力，确保我国在日趋激烈的国际竞争中掌握主动权。

条文 16.3.2.3 信息内、外网通过部署隔离设备进行内、外网逻辑强隔离，未部署的要保证物理断开。信息内网禁止使用无线网络组网。要强化无线网络安全防护措施。无线网络应启用网络接入控制和身份认证，应用高强度加密算法、禁止无线网络名广播和隐藏无线网络名标识等有效措施，防止无线网络被外部攻击者非法进入，确保无线网络安全。

条文 16.3.2.4 加强对信息系统内外部合作单位和设备供应商的信息安全管理，通过合同、保密协议、保密承诺书等多种方式，严禁外部合作单位和供应商在对互联网提供服务的网络和信息系统中存储运行相关业务系统数据和公司敏感信息。要确保信息系统合作单位开发测试环境与互联网物理隔离，严禁信息系统合作单位在对互联网提供服务的网络和信息系统中存储和运行公司相关业务系统数据。严禁外部技术支持单位与互联网相连的服务器和终端上存储涉公司商业秘密文件。严格外部人员访问应用程序，对允许访问人员实行专人全程陪同或监督，并登记备案。加强对信息系统建设合作单位使用"国家电网"标识的管理，对信息系统的外部合作单位要冠以"国家电网"标识的成果，必须要履行相应手续；对非公司认可的信息化成果不得标注公司标识。

条文 16.3.2.5 应用软件的开发应在专用的开发环境中进行，开发人员严禁对外泄露开发内容、程序及数据结构等内容。应将信息化建设和推广项目开发与工作环境纳入信息内网统一管理，在信息内网划分独立的安全域。项目开发、调试、实施和信息传递必须在信息内网进行。加强该安全域的安全访问控制措施与安全防护措施，严格控制访问策略与权限管理，与其他域仅进行必要的信息交互。

条文 16.3.2.6 业务信息系统上线前应组织对统一开发的业务信息系统进行安全测评，测评合格后方可上线。各单位自行组织研发的信息系统，要严格按照《国家电网公司信息系统上下线管理办法》，在系统上线前进行安全性测评，消除安全隐患。信息系统验收过程中进行全面的安全测评和风险评估通过后，方可投入运行。

业务信息系统上线前的安全性评测工作非常重要，在对信息系统充分了解的基础上，选择制定合适的测试策略，严格规范测试过程，通过安全配置检查和渗透性安全测试等工作发现安全隐患，及时安排相关单位及部门对问题进行整改，对问题及隐患的整改必须通过复测合规后方可正式上线。

条文 16.3.2.7 以省级单位为主体对下属单位互联网出口进行严格管控、合并、统一设置和集中监控，有条件的单位可统一至唯一互联网出口，以减少由于互联网出口众多所带来的信息安全风险。

条文 16.3.3 运行阶段应注意的问题

条文 16.3.3.1 系统上线运行一个月内，由信息化管理部门和相关业务部门根据国家信息安全等级保护有关要求，组织进行国家信息安全等级保护备案，结合智能电网项目评估工作，组织国家或电力行业认可的队伍开展等级保护符合性测评。相关业务部门要会同信息化管理部门对等级保护测评中发现的安全隐患组织整改。

条文 16.3.3.2　**严禁任何单位、个人在信息内网设立与工作无关的娱乐、论坛、视频等网站。对于非本企业网站或与公司业务无关的经营性网站，原则上要予以关闭，确因工作需要必须开放的，从信息外网中彻底剥离。严禁将承担安全责任的对外网站托管于公司外部单位。采用网页防篡改措施保证对外发布的网站不被恶意篡改或植入木马。**

[案例1]　2010 年 5 月初，国家电监会通报国家电网公司某省市场交易信息网站被黑客植入木马及恶意链接。经查该网站是对电厂发布相关信息的外部网站，由于该网站未向公司备案，其信息发布平台编辑器存在弱口令和漏洞，被外部黑客利用并远程上传了后门木马软件，在网站上植入国内外色情视频及广告网站链接最多达一个月之久。

[案例2]　2010 年 1 月，国家电监会通报反映电力建设工程质量监督总站和某省电力建设工程质量监督中心站互联网网站被篡改并植入木马。调查发现电力建设工程质量监督总站托管于北京大兴区信息中心，网站存在安全漏洞，已被植入六个木马。该省电力建设工程质量监督中心站托管于某社会公司机房，网站所处网络未配备入侵检测系统，网站存在脚本注入漏洞，外部攻击者可获取网站后台管理员账号与密码，已被植入了木马。

条文 16.3.3.3　**加强对邮件系统的统一管理和审计，严禁使用未进行内容审计的信息内、外网邮件系统，严禁用户使用弱口令，默认口令要强制清除，严禁开启自动转发功能，提高邮件系统的安全性。严禁使用社会电子邮箱处理公司办公业务的行为，及时清理注销废旧邮件账号。**

邮件系统的管理与使用不当，极易产生信息安全隐患，应加强对邮件系统的管理与审计，并对员工开展邮件安全培训，防止由于不当使用邮件系统导致的信息安全事故。

[案例1]　2010 年春节前夕，国家电网公司接到中国信息安全测评中心通报，发现涉及一项举世瞩目重要活动的场地供电方案、保障方案、变电站建筑结构图、电气主接线图以及相关敏感资料和信息等泄露。经技术组现场调查，该单位个别员工使用外网邮件系统违规存储和随意处理标密的文件，并转发至多个社会邮箱，造成信息泄露。此次信息安全事件涉及某单位的多名有关管理和技术人员。检查中还发现该单位外网邮件系统有 170 余人账户使用了字符"password"的初始弱口令，部分人员外网邮箱中还存有与该项重要活动相关的规划、安全性评价报告等敏感材料数十份。事件发生后，该单位立即对所有敏感资料和信息进行了全面核查和梳理，同时彻底清查了这些邮件的发送行迹，对所有敏感邮件及多次转发邮件进行跟踪销毁，并按照公司保密要求对有关责任人给予相应处理。由于公司及时掌握了事件情况，积极采取有效补救措施，并及时向国家有关部门说明原因和整改情况，遏制了事态的进一步扩大。

[案例2]　2010 年 3 月中旬，国内"天涯论坛"等多家网站相继发布和转载《××供电局企业负责人收入明细表》。经查为××供电公司人资部门某专职人员信息内网邮箱采用默认

初始口令，其电网运行中心洪某利用该漏洞以网页方式非法登录，下载盗取了内网邮箱存有的企业负责人收入明细表等敏感资料，并将这些信息发送给多名员工，最终造成信息外泄至互联网。

条文 16.3.3.4 严禁将涉及国家秘密的计算机、存储设备与信息内、外网和其他公共信息网络连接，严禁在信息内网计算机存储、处理国家秘密信息，严禁在连接互联网的计算机上处理、存储涉及国家秘密和企业秘密信息；严禁信息内网办公计算机配置使用无线上网卡等无线设备；严禁信息内网和信息外网计算机交叉使用；严禁普通移动存储介质和扫描仪、打印机等计算机外设在信息内网和信息外网上交叉使用。

在严格执行内外网计算机进行合规操作的同时，应当充分利用现有的管控手段实现对内网计算机无线网卡及多余网卡的管控。

[案例] 2009 年 12 月，国家相关部门通报国家电网公司某单位员工计算机中敏感办公资料泄露。经查，该员工将办公资料存入非公司专配的个人移动存储介质并带回家中，利用连接互联网的计算机对该移动存储介质进行操作，由于其家用计算机存在空口令且未安装安全补丁，感染了特洛伊木马病毒，致使存于移动存储介质上的文件泄露。

条文 16.3.3.5 信息系统投入运行后，应对访问策略和操作权限进行全面清理，复查账号权限，核实安全设备开放的端口和策略。对因信息系统开发、升级、维护、联调等原因而授权开放的临时账户、临时开通的防火墙访问控制策略与端口，在操作结束后必须立即履行注销手续，消除账户权限管理隐患。在运业务系统禁止出现共用账户及口令情况，禁止跨权限操作，要开启操作审计功能，确保每一步操作内容可追溯，操作人员可追溯。应加强物理环境安全防护，确保运行环境安全；对信息系统运行、应用及安全防护情况进行监控，对安全风险进行预警。

条文 16.3.3.6 在运信息系统应向总部备案，未报公司备案的信息系统严禁接入公司信息内外网运行。应加强信息系统域名统一管理，完成原有域名系统与公司统一域名系统的切换，使用公司统一域名（sgcc.com.cn），关闭各单位原有域名解析。

[案例] 2010 年 2 月，全球最大中文搜索引擎百度出现大规模无法访问现象，页面被跳转到雅虎出错页面和伊朗网军图片，故障时间长达 5h，范围涉及福建、浙江、北京、广东等省市。经查，攻击者拦截了域名解析请求，封锁正常域名系统的 IP 地址，将原百度域名解析到另一服务器。

条文 16.3.3.7 应确保一体化信息系统级联贯通和持续稳定运行，将级联贯通情况纳入日常巡检，加强变更管理，对权限调整、链接变更、DNS 调整、策略调整、系统升级等影响级联贯通访问的变更操作，报公司审批，确保变更后能及时恢复级联贯通。

条文 16.3.3.8 在信息系统运行维护、数据交互和调试期间，认真履行相关流程和审批制度，执行工作票和操作票制度，不得擅自进行在线调试和修改，相关维护操作在测试环境通过后再部署到正式环境。除生产控制大区的运行维护应通过国家认证的安全拨号网关或类似设备进行外，不得通过互联网或信息外网远程运维方式进行设备和系统的维护及技术支持工作。严禁通过互联网接入信息内网进行远程维护。内网远程运维要履行审批程序，并对各项操作进行监控、记录和审计。对合作单位有关人员的操作，各单位要指定专人监控。各单位要加强网络与信息系统安全审计工作，安全审计系统要定期生成审计报表，自动进行备份，审计记录应受到保护，避免删除、修改或破坏。

信息系统的运行维护必须严格按照相关规定进行，同时应切实做好上线前的安全测评工作，防止不当运维导致的系统故障。

[案例1] 2011年4月13日，某单位营销系统开发商某某公司技术人员未按照相关信息系统运行维护规范要求，以方便系统维护为由，未经许可利用开发过程中所获得的数据库账号和口令，并使用此"后门"对该单位营销业务应用系统核心数据库进行错误地数据表移动操作，导致系统数据库索引失效，触发应用软件程序固有缺陷，造成错误印发12万余份用户账单与系统实际数据不符，严重损害公司的社会形象。

[案例2] 国内某事业单位外部合作单位技术人员将个人计算机接入某单位信息内网，由于该单位未对网络接入进行严格管控，致使外部人员成功接入网络，并通过网络抓包获取内部数据库账号口令，窃取数据库敏感数据文件数十份，并继而转卖给竞争对手，导致该单位蒙受重大损失。

条文16.3.3.9 信息系统和数据备份要纳入公司统一的灾备体系。相关业务部门和运维部门（单位）要对智能电网信息安全风险进行预警分析和事故假想，组织制订信息安全突发事件专项处置预案，定期进行应急演练。发生信息安全突发事件要严格遵照公司要求及时进行应急处置，控制影响范围，并上报公司相关职能管理部门和安全监察部门。

17 防止垮坝、水淹厂房事故

本部分反事故措施在原"防止垮坝、水淹厂房事故"内容的基础上，对原条文中已不适应当前电网实际部分进行修改或删除，对已写入新规范、新标准的条款进行调整。对大坝、厂房事故的分析表明，大多数事故除和运行管理中的差错等因素有关外，设计失误、施工留下的隐患也是诱发事故发生的内在因素，应强化设计、施工、运行全过程的风险意识和安全管理。对运行中的大坝、厂房也要站在工程的全过程考虑，特别是改建、扩建等工程的设计、施工对运行厂站安全至关重要，因此，为防止垮坝、水淹厂房重大事故的发生。本部分反事故措施在原内容的基础上增加设计阶段应注意的问题和基建阶段应注意的问题。

新措施在原措施的基础上新增加条款 12 条，其中设计阶段 5 条，施工阶段 5 条，运行阶段 2 条，对原条款内容修改 10 条。

条 文 说 明

条文　为防止垮坝、水淹厂房事故的发生，应认真贯彻《中华人民共和国防洪法》、《中华人民共和国防汛条例》、《水库大坝安全管理条例》等法律法规，以及《国家电网公司防汛管理办法及防汛检查大纲》等规定，并重点要求如下。

2005 年 7 月国务院 441 号令发布关于修改《中华人民共和国防汛条例》的决定、1991 年 3 月国务院令第 78 号发布《水库大坝安全管理条例》、2004 年 12 月国家电力监管委员会发布 3 号令《水电站大坝安全运行管理规定》、2010 年 4 月国家电网公司发布《关于印发国家电网公司防汛管理和大坝安全管理制度的通知》（国家电网生技〔2010〕329 号），较全面地规范了国家电网公司企业防汛管理，文中四个附件，分别对防汛检查、大坝管理、应急预案、流域防汛、抽蓄工程和超标洪水等管理进行规范。以上法规和行业规章基本构成了水库、大坝管理的依据。

条文 17.1　设计阶段应注意的问题

条文 17.1.1　设计应充分考虑特殊的工程地质、气象条件的影响，尽量避开不利地段，禁止在危险地段修建、扩建和改造工程。

在设计阶段，坝址确定、总体布置、坝型选择、洪水演算等重大问题的决策若有失误，将会给建成以后的大坝，带来难以更改的先天不足，甚至铸成重大事故。

[案例 1]　梅出连拱坝在勘测选址时，对右岸的地质、地貌判断失当，将右岸坝基置于一个三面临坡的单薄山脊处，而右坝座基岩被三组裂隙交叉切割，破坏了岸体的整体性，这就为库水渗入，裂隙扬压力增加，抗剪强度降低，引起坝体侧向错动创造了条件；在右岸裂

隙发育区，未设直排水孔排水碱压，导致渗压聚集到十分巨大的程度，最终超过抗滑力而发生基岩错动，这一失误的教训，对于其他类似大坝都有借鉴作用。

[案例2] 白山等工程的总体布置，对泄洪水雾飘移危害认识不足，厂房和开关站置于水雾密集区，又无有效防范措施，这是造成水淹厂房事故的重要原因。

条文 17.1.2 大坝、厂房的监测设计需与主体工程同步设计，监测项目内容和设施的布置在符合水工建筑物监测设计规范基础上，应满足维护、检修及运行要求。

大坝监测设施是保证大坝安全运行的耳目，其作用十分重要，大坝监测是水工建筑物设计的一项标准设计，但很多设计观测项目不全，厂房的观测项目更是不够规范，个别甚至没有布设监测设施，部分观测项目布局、选型不合理，运行过程中不便于维护和检修，缩短了使用寿命，有的甚至不可用；大部分内部观测布置设计看似合理，实际施工保护困难，造成施工期就已经失效，达不到观测的目的。据统计约有 80% 的大坝，存在监测项目不全，监测设施陈旧，监测结果精度低、可靠性差等问题。

条文 17.1.3 水库应严密论证设防标准及洪水，应有可靠的泄洪等设施，启闭设备电源、水位监测设施等可靠性应满足要求。

设计规划阶段就应该严密论证水库设防标准，对影响后期运行中的泄洪等设施，启闭设备电源、水位监测设施等设计应满足可靠性要求。特别是泄洪等设施，启闭设备电源、水位监测设施在防洪调度中作用突出，泄洪期间因闸门、电源问题造成的事故案例很多，水库防洪调度中水位计故障导致水库防汛水位超限，水库漫坝等事件时有发生，尽管水位计事故的发生和运行管理、设备状况密切相关，但也和设计时设备选用、布设不当等因素有相当的联系。

[案例] 佛子岭大坝 1969 年汛期提升闸门的关键时刻，闸门开启 2/3 时电源中断，因无备用电源，闸门不能全开，影响了泄洪，是造成洪水漫坝事故的原因之一。

条文 17.1.4 厂房设计应设有正常及应急排水系统。

条文 17.1.5 运行单位应在设计阶段介入工程，从方便设施、设备运行维护等方面提出意见。

厂房设计一般只有厂房运行过程中的正常排水系统，已建电厂很少设有应急排水系统。发电厂房运行过程中出现水淹厂房的案例很多，原因较多，如山洪尾水抬高、管道断裂等。厂房设计时应该考虑厂房运行过程中出现的特殊工况。

[案例] 某水库 2010 年泄洪时由于下游河道堵塞，尾水雍高，下游洪水通过厂房门倒灌；2011 年局部地区暴雨造成厂房外地面积水过高，雨水延厂房排水管倒灌，母线室进水，两起事件因发现及抢险及时才避免了水淹厂房的事故发生。

上述工程案例，均反映出设计不当给工程带来的安全隐患。

条文 17.2 基建阶段应注意的问题

条文 17.2.1 施工期应成立防洪度汛组织机构，机构应包含业主、设计、施工和监理等相关单位人员，明确各单位人员权利和职责。

电网企业建设工程的防汛管理要严格按"防汛检查大纲"的要求进行，施工过程应有完善的防汛组织机构，业主项目部、设计、监理、施工等单位的防汛责任明确，分工协作，配合有力。各级防汛工作岗位责任制明确。

条文 17.2.2 施工期应编制满足工程度汛及施工要求的临时挡水方案，报相关部门审查，并严格执行。

施工是实现设计蓝图的重要阶段，从基础开挖、坝体浇筑、设计安装到竣工清理的一道道工序中，某一道工序出现失误，都可能遗留下产生事故的隐患，更多的是在施工过程中，施工措施不当或缺失，降低施工标准等，这些都给运行期带来安全隐患或对设备安全构成威胁，甚至酿成事故。

[案例] 某电厂二期扩建中，老厂房安装间拆除，原上游排水沟和扩建的基坑相同，施工过程中围堰渗漏，造成水淹基坑，由于缺乏临时挡水措施，基坑渗水倒灌厂房，险些造成水淹厂房的事故。

条文 17.2.3 大坝、厂房改（扩）建过程中，应满足各施工阶段的防洪标准。

施工建设过程中业主单位应按相应的防洪标准设防。施工过程中施工单位往往为节省资金或缩短工期，按施工防洪标准实施的防洪措施达不到标准要求而导致事故，严重的给后期运行造成先天缺陷，特别是大型建筑项目施工单位众多，单项工程交叉作业，防汛工作尤为复杂，尤其在大坝、厂房改（扩）建过程中对原有工程的防汛安全带来威胁。

条文 17.2.4 项目建设单位、施工单位应制订工程防洪应急预案，并组织应急演练。

防汛管理办法中对施工防洪有明确说明，已建厂、站的加固、扩建和改造工程的防汛安全，直接影响到厂、站运行期的安全。工程单位往往重视建筑、安装，轻视防汛工作，对于突发洪水缺乏应急手段，因此，项目建设单位应按防汛管理办法的要求开展应急预案工作。

条文 17.2.5 施工单位应单独编制观测设施施工方案并经设计、监理、运行单位审查后实施。

观测设施在施工过程中，施工单位往往只重视安装进度，轻视安装质量，忽视安装结果，因此，造成观测设施单项观测数据缺失，运行寿命短暂，观测设施没有保护，特别是内部观测设备，很多由于施工保护不够，造成观测设备失效，无法恢复。

条文 17.3 运行阶段应注意的问题

条文 17.3.1 建立、健全防汛组织机构，强化防汛工作责任制，明确防汛目标和防汛重点。

做好防汛工作必须认真贯彻执行《中华人民共和国防汛条例》，《国家电网公司防汛管理办法及防汛检查大纲》等相关法规、制度，同时这些法规、制度也是编制本措施的依据。《中华人民共和国防汛条例》第八条明确规定，"石油、电力、邮电、铁路、公路、航运、工矿以及商业、物资等有防汛任务的部门和单位，汛期应当设立防汛机构，在有管辖权的人民政府防汛指挥部统一领导下，负责做好本行业和本单位的防汛工作"。同时《国家电网公司防汛管理办法及防汛检查大纲》也明确规定防汛工作的职责，确立了防汛工作要实行"安全第一，常备不懈，以防为主，全力抢险"的方针，建立组织机构，确立防汛责任明确防汛目标和重点，在组织、责任、目标上确保大坝、厂房的安全。

每年汛前，各发电、供电单位应按照《关于印发国家电网公司防汛和大坝安全管理制度的通知》（国家电网生技〔2010〕329号）中"国家电网公司防汛管理办法"中附件一《供电企业防汛工作检查大纲（试行）》、附件二《水力发电企业防汛工作检查大纲（试行）》、附件三《火电厂防汛工作检查大纲（试行）》的要求，提早做好汛前检查。通过对水库大坝、库区山体、进水口、调压井、溢洪道、尾水渠、工厂排水设备和设施、灰坝排水设备和设施、变电站和开关站的排水沟、厂区四周山体等相应部位的检查，制定技术上可行、措施上具体、切实符合实际的防汛预案；每年汛后还应及时总结当年的防汛工作，对防汛工作存在的隐患要及时、认真的修改，并将有关情况上报上级主管单位。

条文 17.3.2 加强防汛与大坝安全工作的规范化、制度化建设，及时修订和完善能够指导实际工作的《防汛手册》。

防汛检查大纲明确规定"为加强水电发电企业防汛管理，使防汛工作标准化、规范化、制度化，确保水电厂安全度汛"。防汛和大坝安全管理是水电厂管理工作的重中之重，工作的标准化和制度化规范了各厂站的防汛工作内容和要求，解决了防汛工作做什么，怎么做的问题。但由于各厂、站工程的单一性，决定了工程规模不同，工程型式不同，工程环境条件不同，设备不同、承担的防汛任务不同，防止事故发生的重点部位不同等特点，因此，各单位在防范措施的细节上都各有侧重。又由于保障体系的人、财、物的动态变化，要求防汛保障体系与时俱进，及时修订和完善防汛制度十分必要。为能指导本单位防汛人员做好防汛工作，方便上级防汛指挥部门了解防汛工作情况，特在本条文中强调编制适合当前工作要求的《防汛手册》，以指导防汛工作。

条文 17.3.3 做好大坝安全检查（日常巡查、年度详查、定期检查和特种检查）、监测、维护工作，确保大坝处于良好状态。大坝要设立可靠的监测系统，对观测异常数据要及时分析、上报和采取措施。

依照《关于印发国家电网公司防汛管理办法和大坝安全管理等制度的通知》（国家电网生技〔2010〕329号）中附件2《国家电网公司大坝安全管理办法（试行）》的要求，大坝主管部门对其管辖的大坝应当按期进行注册，建立技术档案。定期开展大坝安全性评价和大坝日常安全检查工作，及时掌握水工建筑物运行情况，发现异常现象或工程隐患。大坝安全检测项目的内容，不能随意更改，通过对测量资料的分析，掌握其变化规律，指导大坝运行，进而提高水工建筑物的运行管理水平。

我国自1987年开始的水电站大坝安全定期检查（定检），是对大坝结构性态和安全状况的全面检查和评价，至1998年底，按计划完成了96座水电站大坝的首轮定检。在首轮定检中，根据设计复核、施工复查、运行总结和现场检查的情况，从设计标准、坝基隐患、坝体稳定、泄洪消能以及近坝库岸滑坡等方面，对 20 世纪 80 年代末以前投入运行的 96 座大坝安全状况，做出了评价，被评为险坝的 2 座，病坝 7 座，其余 87 座坝为正常坝。9 座险、病坝的缺陷严重，正待加固处理，而其他正常坝一般也都不同程度地存在一些缺陷。

大坝监测设施是保证大坝安全运行的耳目，其作用十分重要，据统计约有 80%的大坝，存在监测项目不全，监测设施陈旧，监测成果精度低，可靠性差等问题，个别坝甚至没有布设监测设施。观测是一项确保大坝安全的行之有效的重要措施，必须保证观测设备的完好，对观测数据及时分析、上报并采取措施。

大坝管理单位应认真遵守《水库大坝安全管理条例》，建立、健全安全管理制度。大坝的安全检查按规定分为日常检查、年度详查、定期检查和特种检查四种类型。每种类型的检查应遵循《水电站大坝安全检查施行细则》，结合现场具体情况，制定本单位《坝体安全检查施行细则》和《坝体安全检查管理办法》。对大坝进行安全监测，能够及时掌握水工建筑物运行情况，发现异常现象或工程隐患，通过补强加固等措施达到消除缺陷的目的，从而确保大坝处于良好状态。

[案例 1]　某电站混凝土碾压坝 2001 年 1 月经国家大坝中心组织专家定检，发现坝体漏水严重并析出氢氧化钙，专家组确认为病坝，2003～2004 年电站对大坝进行灌浆补强加固，2004 年国家大坝中心组织专家进行验收合格，经专家组确认为正常坝。

[案例 2]　青海沟后水库溃坝教训之一就是水库没有完善的观测设施，缺乏有效的安全监测。沟后水库观测设施设计时并未考虑现有的观测设施均由水库管理单位自建，由于管理人员业务水平的限制，没有考虑工程地质、砂砾石坝料以及混凝土面板的特点进行孔隙水压力或测压管水位的观测、监视坝体渗流动态。周边缝、面板之间的位移测量，采用普通机械式测缝装置，不适于水下观测而报废。此外，在坝面上的沉陷、位移标点，有的设在地面灯柱上，显然不符设置要求。该坝如果观测项目齐全，定期进行观测，及时分析资料，则可以及早了解坝体浸润线情况，控制蓄水水位抬高，避免溃坝。

条文 17.3.4　应认真开展汛前检查工作，明确防汛重点部位、薄弱环节，制订科学、具体、切合实际的防汛预案，有针对性地开展防汛演练，对汛前检查及演练情况应及时上报主管单位。

按防汛检查大纲规定，每年汛前都要对本单位开展系统的防汛检查，检查防汛组织是否建立，责任是否落实，规章制度是否健全和完善，防汛度汛方案、预案及措施是否明确，对防汛重点部位、薄弱环节，是否制定科学、具体、切合实际的防汛预案，有针对性地开展演练，对汛前检查及演练情况应及时上报主管单位。

防汛演练是检验一个队伍判断、确立、执行应急事件的手段。通过演练可以检验抢险人员的反应力、组织力、执行力和事故应急处理能力，是应急事件处理的有效方法，从中也可以提高全员的应急意识。

[案例]　"75·8" 大水，板桥、石漫滩水库都缺乏防汛和应急准备。由于雨前当地正在积极抗旱，3 号台风在地区上空形成低气压后，气象部门并未对这种形势变化及时预报，以引起人们警惕。在经济上，板桥当年防汛经费仅 4000 元。在器材上，则没有草袋、炸药、备

置砂石土料，没有备用电源和在恶劣气候下能使用的可靠通信设备。以致两座水库的下游电厂被迫停电后，坝上失去照明，水库上下一片漆黑，立即丧失抢救能力。

条文 17.3.5 水电厂应按照有关规定，对大坝、水库情况、备用电源、泄洪设备、水位计等进行认真检查。既要检查厂房外部的防汛措施，也要检查厂房内部的防水淹厂房措施，厂房内部重点应对供排水系统、廊道、尾水进人孔、水轮机顶盖等部位的检查和监视，防止水淹厂房和损坏机组设备。

依照《水力发电企业防汛工作检查大纲（试行）》规定要求，通过汛前安全检查，能够掌握防汛重点，对查出的薄弱环节可及时采取补救加固措施。同时坚持汛中检查和汛后检查，随时掌握防汛工作的主动权。本条反措重点强调了汛前检查和汛中检查的重点部位。

实践证明，备用电源、泄洪设备、水位计等主要防汛设备是造成垮坝、漫坝、水淹厂房等水电厂重大事故的主要原因之一。

[案例1] 某一级大坝 1985 年被地震严重损坏后，为了能在短时段内恢复发电，只对大坝做了修复，受损闸体未做根本处理，给 1998 年大洪水泄洪时遗留下重大隐患，是造成溃坝的主要原因之一；

[案例2] 某大坝因为无可靠电源和闸门操作不规范，先后两次造成洪水漫过闸门顶。

[案例3] 某水电站 2010 年洪水过程中，由于水位计故障，险些造成漫坝事故。

条文 17.3.6 汛前应做好防止水淹厂房、廊道、泵房、变电站、进厂铁（公）路以及其他生产、生活设施的可靠防范措施，防汛备用电源汛前应进行带负荷试验，特别确保地处河流附近低洼地区、水库下游地区、河谷地区排水畅通，防止河水倒灌和暴雨造成水淹。

汛前制订切实可行的防止水淹厂房、泵房、变电站、进厂铁路、公路及其他生产、生活设施以及一切可能进水沟道的封堵措施；对火电厂还包括零米以下部位和灰场排水设施的防范措施，否则，上述部位一旦出现事故，后果损失和影响极大。

应遵照反事故措施和防洪措施要求，认真做好供排水设备的检修、维护工作，特别是对处于低洼地区的生产、生活建筑设施，应按防洪措施要求，采取周密可靠的防范措施。

[案例1] 2000 年 10 月 25 日 21:45，某蓄能电站因 5 号机组消水环管上的手动操作阀，由于质量问题发生炸破，运行人员未能及时关闭机组供水，现有排水泵排水容量不够，直至第二天在增加排水泵后，才阻止了厂房内的水位上升，最终水淹到发电机层，发电机仅露出机头，其他设备均被淹。

[案例2] 2000 年 8 月 5 日，某水电站 50MW 小机组供水管道上的自动阀门不满足质量要求，由于水击现象引起破裂，导致发生水淹厂房事故。

[案例3] 某电站为了加强大坝监测，在大坝灌浆廊道 6 号导流孔处钻孔（ϕ59mm）埋设温度计，当钻至 6m 深时，发现大量漏水，拔出钻头，压力水喷出（经后来确认为水库来水），水全部涌入坝内 2 号集水井，超过了集水井二台 36m³/h 排水泵的排水量，造成 2 号集水井被淹。

条文 **17.3.7** 汛前备足必要的防洪抢险器材、物资，并对其进行检查、检验和试验，确保物资的良好状态。确保有足够的防汛资金保障，并建立保管、更新、使用等专项使用制度。

防汛专项资金是防汛工作的保障，以往各单位防汛资金都很不规范，没水清淡，大水现拨，给防汛物资的全面落实带来难度，很多部门物资缺乏，防汛设施老化、设备陈旧、缺乏必要的防汛备品，对防汛物资没有专项检验和试验的要求，很多单位汛前对防汛器材不进行检验和试验，当发生应急使用时，发挥不了器材的作用，给防汛工作带来困难，因此，必须设立专项的防汛资金，储备足够的防汛器材，按防汛要求备足备齐防汛物资，做到专款专用，专物专用。

条文 **17.3.8** 在重视防御江河洪水灾害的同时，应落实防御和应对上游水库垮坝、下游尾水顶托及局部暴雨造成的厂坝区山洪、支沟洪水、山体滑坡、泥石流等地质灾害的各项措施。

在做好防御江河洪水灾害的同时，特别要注重防御局部集中暴雨造成的山洪、山体滑坡、泥石流等山地灾害，对山体附近发输变电设备、厂房、溢洪道、坝体等部位要制定出详细的防范措施，必要时采取喷锚、松动体挖除、植被等必要的防护措施；对火电厂灰坝必须加强日常巡视检察，重点检查灰坝的排水设施是否畅通，靠近山体的灰场，应有防止局部暴雨产生山洪、山体滑坡、泥石流等山地灾害措施。

［案例1］ 1997年8月5日凌晨，某地区因局部暴雨形成山洪泥石流。洪水裹着大量泥石压垮某电厂门厅，冲进厂房，所有机组被淹，对外交通全部中断，造成重大损失。

［案例2］ 某电厂于1991年8月1日，因局部集中暴雨造成厂生产区13处山体滑坡。

［案例3］ 某电厂曾发生过因局部暴雨造成全厂停电事故。

［案例4］ 某流域2010年洪水期间，下游河道堵塞，泄洪期间尾水顶托，造成某电厂厂房水泵室尾水倒灌，险些造成水淹厂房的事故。

条文 **17.3.9** 加强对水情自动系统的维护，广泛收集气象信息，确保洪水预报精度。如遇特大暴雨洪水或其他严重威胁大坝安全的事件，又无法与上级联系，可按照批准的方案，采取非常措施确保大坝安全，同时采取一切可能的途径通知下游政府。

水雨情信息是防洪度汛的耳目，洪水预报是防洪决策的依据，所以必须保证防汛预报系统的完好可靠，建立适合本区域洪水预报方案，根据水雨情信息完善预报模型，提高预报精度。水电厂要建立并完善水情自动测报系统并和地方气象、水文部门建立信息联系；火电厂、蓄能电站、开关站等要根据实际，开展防洪、防止恶劣天气的信息采集和预报工作，提高防洪工作的预见性以及电力设施防御和抵抗洪涝灾害能力。

实践证明，通信中断对突发事件的灾害的扩大、决策的延误影响甚大，1995、2010年松花江洪水时，某电厂均出现不同程度的通信问题。河南"75·8"大水板桥、石漫滩水库，在防汛最紧张的时候，通信中断，失去联系，指挥不灵，给抗洪抢险造成极大的被动局面。

条文 **17.3.10** 强化水电厂水库运行管理，必须根据批准的调洪方案和防汛指挥部门的指令进行调洪，严格按照有关规程规定的程序操作闸门。

汛前要对各类闸门启闭设备、泄洪闸门启闭设备进行全面检修、维护，特别是泄洪闸门的起闭机应配备可靠的备用电源，以确保其安全稳定运行。汛中，应强化水电厂运行管理，严格根据批准的调洪方案和防汛指挥部门的指令进行调洪方案的调度，并按规程规定的程序操作闸门，特别是坝后式厂房中溢洪道与发电厂房相连者，必须严格按设计单位提供的闸门操作顺序和闸门开度关系进行，否则有可能造成不同闸门之间水流的相互撞击而产生水流偏移进入发电（变电）区域。

[案例1] 1979年，某水库发生洪水漫顶垮坝事故，事故原因之一，就是没有按照调洪方案执行水库调度。少数领导不尊重科学，不按客观规律办事，片面强调多蓄水多发电，指示水库的蓄水量不少于1000万 m^3。省、地防汛部门发现后，曾用电话、电报通知，要求立即泄放超蓄的水量。7月20日地区水电局派工作组到水库检查，当晚向县主要负责领导汇报，指出大汛期间，超限蓄水非常危险，要求尽快将库水位降到汛限水位以下。当时县主要领导口头同意3天后放水，实际并未执行。从7月20~25日反而又多蓄水390万 m^3，使超蓄水量高达460万 m^3，侵占防洪库容59%，以致洪水到来时，造成漫顶垮坝。

[案例2] 1995年，某流域洪水调度过程中，因上游水库没有完全执行调度命令，造成下游库不明来水4亿 m^3，给调度决策带来影响。

条文 17.3.11 对影响大坝、灰坝安全和防洪度汛的缺陷、隐患及水毁工程，应实施永久性的工程措施，优先安排资金，抓紧进行检修、处理。对已确认的病、险坝，必须立即采取补强加固措施，并制订险情预计和应急处理计划。检修、处理过程应符合有关规定要求，确保工程质量。隐患未除期间，应根据实际病险情况，充分论证，必要时采取降低水库运行特征水位等措施确保安全。

坝体的安全与否，直接关系到下游人民生命财产的安全。通过安全检查，对查出的缺陷、隐患及遭受洪水破坏的水毁工程，应研究确定永久性工程来加以处理。施工方案设计必须请具有相应设计资格的设计单位设计，并按基建程序审批后，方可组织施工。施工中要严格遵守工序验收制度，严格把好施工质量关。特别是对于定期检查中被确认的病、险坝，必须立即采取补强加固措施，并制定险情预计和应急处理计划，必要时采取非工程措施，确保安全。

[案例] 某大坝施工质量差，运行年代长，遭受冻融破坏严重，混凝土老化脆弱，需要及时维护和补强加固，电厂曾多次申报，但因方案久议不决，资金来源渠道不畅等原因，未能防范在先，直到溢流面混凝土1986年大面积冲刷破坏后，才被迫除险抢修。

2008年，某大坝被评为"病坝"后采取的安全措施之一就是降低汛限水位运行。该水库原汛限水位为260.5m，降低到现在的257.9m，降低了2.6m。水库在降低汛限水位后成功调节了2010年超百年一遇的洪水，最高洪水位264.94m。

条文 17.3.12 汛期加强防汛值班，确保水雨情系统完好可靠，及时了解和上报有关防汛信息。防汛抗洪中发现异常现象和不安全因素时，应及时采取措施，并报告上级主管部门。

水雨情系统是防汛工作的基础，只有及时掌握水雨情，才能判断洪水，预测洪水，为防洪决策提供及时、可靠的支持。防汛值班是实现上述工作的条件和保障，各部门往往重视大水期的值班，轻视枯水期的值班，天有不测风云，灾害也往往是在人们松懈时发生，因此，防汛管理办法等诸多防汛工作制度中都对防汛值班有明确规定，由此引发的事故案例表明，防汛管理不能轻视。

［案例1］ 1973年，某水库（中型）只有1名管理人员，6月大汛期间，调出参加会议，垮坝前无人看库，发生漫坝失事。

［案例2］ 巴西大肯哈坝，由于工程的主要功能是发电，所以水库操作是尽量多蓄水保持高水位运行，因而低估了防洪度汛的安全。除此之外，管理人员失职，泄洪闸门不能及时开启也是重要原因。当时（1997年1月），该流域连续降雨3周，已使大片农田淹没。19日中午值班闸门操作人员离开电厂，去进午餐。不料洪水猛涨淹没了归路无法回厂，以致库水漫过坝顶，水库失事。

条文 17.3.13 汛期严格按水库汛限水位运行规定调节水库水位，在水库洪水调节过程中，严格按批准的调洪方案调洪。当水库发生特大洪水后，应对水库的防洪能力进行复核。

相对于设计和施工阶段，运行阶段是受益阶段，但在发挥工程效益的过程中，一定要贯彻"安全第一"的方针，汛期严格按照批准的调洪方案调洪实施水库调度，否则，不仅不能获得效益，反而可能会造成重大灾害，或者使大坝遭受严重损坏。

洪水是一种自然现象，目前的科学还不能控制洪水，只能根据其规律或成灾特点，研究对策并采取各种措施，加以防止或减轻灾害。根据近40年来初步统计，由于漫顶失事的水库1100余座（未含由于调度运用失误漫坝失事的，如甘肃省党河水库等），其中由于超过设计洪水标准而失事的有300余座，约占1/3。对水库大坝安全来说，除了合理的调度运用外，还要定期对水库大坝进行安全鉴定，特别是水库遭遇特大洪水后，可能导致水库特征值的变化。因此，要进行水文计算并对水库的防洪能力复核。

［案例1］ 某大坝1969年发生漫坝事故，其重要原因就是因为盲目追求灌溉效益，不了解洪水出现的随机特性，汛期不适当地抬高运行水位，减少了防洪库容。

［案例2］ 某流域2010年前连续多年枯水，地方水库为追求灌溉效益，汛前水库超蓄，因此造成2010年大洪水时部分大坝漫坝、溃坝事故，据统计"20100729"次洪水造成小型水库水毁为51座。大河水库垮坝，最大溃坝流量约5800m^3/s，400万m^3洪水进入某水库。

当流域遭遇特大洪水后设计洪水将发生变化，将会影响水库的防洪能力。据河北"63•8"洪水和垮坝事故分析表明，防洪标准低和施工质量差时水库失事的主要原因，标准越低失事的概率越大（见表17-1）。

表 17-1　　　　　　　　　　　防洪标准与水库失事情况

防洪标准	300年	200年	100年	50年	10年	5年
原有水库数（座）	1	18	21	21	10	3
失事水库数（座）	0	3	4	8	4	2
失事比例（%）	0	16.6	19.0	38.0	40.0	67.0

综上案例必须重视防洪标准的复查工作，首先，失事的坝多数都是 20 世纪 50 年代末时期修建的，设计时缺少水文实测资料，少数即使有，也历时很短，所依据的水文数据显著偏低，以致一般防洪标准仅相当于 10～20 年一遇，只有少数能达到 50～100 年一遇标准。所以随着运行时期增加、水文系列延长，必须重视水库防洪标准的复核。

条文 17.3.14   汛期后应及时总结，对存在的隐患进行整改，总结情况应及时上报主管单位。

18　防止火灾事故和交通事故

总体情况说明

本章针对国家电网公司系统的新特点和暴露出的新问题，结合国家、相关部委以及国家电网公司近五年下发的法律、法规、规范、规定、标准和相关文件提出的新要求，修改、补充和完善相关条款。对原条文中已不适应当前电网实际情况或已写入新规范、新标准的条款进行删除、调整。

本章将 2005 年版《十八项反措》的"防止火灾事故"和"防止交通事故"合并，重点防止发生重大及以上火灾事故和交通安全事故；将"防止火灾事故"中的"电缆防火"内容，移入"防止电力电缆事故"章节中。

"防止火灾事故"方面：2005 年版《十八项反措》中为 14 条（包括电缆防火 10 条），修订后为 12 条。强调制度建设，增加了培训、演练和演习等举措内容；依据国家电网公司安全生产新要求，增加隐患排查工作机制内容；增加大物流管理防火内容；针对电网企业建筑设施的新特点提出高层建筑及调度楼防火要求。

"防止交通事故"方面：2005 年版《十八项反措》从"建立健全交通安全管理机构、加强对各种车辆维修管理、加强对驾驶员的管理和教育、加强对多种经营企业和外包工程的车辆交通安全管理"4 个方面提出了 8 条反措，修订后增加为 11 条反措。依据交通发展的实际情况和近年来发生的恶性交通事故案例提出了加强大型活动、作业用车和通勤用车以及大件运输、大件转场等高风险交通运输作业的安全防范要求。

条文说明

条文 18.1　防止火灾事故

条文 18.1.1　加强防火组织管理

条文 18.1.1.1　各单位应建立健全防止火灾事故组织机构，企业行政正职为消防工作第一责任人，还应配备消防专责人员并建立有效的消防组织网络。

火灾是指在时间和空间上失去控制的燃烧所造成的灾害。在各种灾害中，火灾是最经常、最普遍的威胁公众安全和社会发展的主要灾害之一。任何电力企业都必须采取措施防止火灾事故。而防止火灾事故发生的最为有效的措施，就是要建立健全消防组织机构，明确各级人员的消防责任，除了配备消防专责人员、装备外，还应建立有效的消防组织网络，同时还要建立消防指挥系统，以在发生火灾时统一指挥消防人员有重点地、有序地进行火灾扑救，最大限度地降低火灾次生灾害。

条文 **18.1.1.2** 健全消防工作制度，建立训练有素的群众性消防队伍，定期进行全员消防安全培训、开展消防演练和火灾疏散演习，定期开展消防安全检查。应确保各单位、各车间、各班组、各作业人员了解各自管辖范围内的重点防火要求和灭火方案。

电力企业在建立了消防组织机构、落实好生产设备系统防火措施后，要有效地开展消防工作：① 必须健全消防工作制度；② 建立训练有素的群众性消防队伍；③ 定期进行全员消防安全培训、开展消防演练和火灾疏散演习，使各级人员牢固树立防火意识，熟练掌握消防知识，并能够使用各种消防器材、消防设施，明确重点防火要求和灭火方案；④ 定期开展消防安全检查，完善各项消防设施。一旦发现火情，现场人员能够及时、正确进行扑救，防止火灾扩大。

条文 **18.1.1.3** 建立火灾隐患排查、治理常态机制，定期开展火灾隐患排查工作，提出整改方案、落实整改措施，保障消防安全。

建立隐患排查、治理常态机制，是近几年来安全生产管理中一种行之有效的管理模式，这种超前排查、超前治理的方法，真正体现了"安全第一、预防为主、综合治理"的安全生产总方针。因此将其应用于防止火灾发生的消防管理，引入超前管控的理念，切实保障消防安全。

条文 **18.1.2** 加强消防设施管理

条文 **18.1.2.1** 各单位应具有完善的消防设施，并定期对火灾自动报警系统、主变压器自动灭火系统、消防水系统进行检测、检修，确保消防设施正常运行。

消防设施是消防工作的基础和条件，各单位应结合实际配备完善的消防设施，根据生产设备系统的防火需要和现场具体情况，配备相应品种的灭火器材，如果消防设施功能不正常或者性能不先进，直接影响消防工作效果，甚至丧失了消防作用。因此各单位必须加强灭火器材等消防设施管理，定期检测、检修消防设施，确保消防设施完善并可正常运行。

要保持消防通道的畅通，首先生产建筑和设备系统布局上应设有环路消防通道。特殊情况难以设环形消防通道的，应设有回车道或回车场。其次在检修或其他施工中，不得在消防通道上堆放器材、杂物和垃圾，将消防通道阻塞。

条文 **18.1.2.2** 供电生产、施工企业在有关场所应配备必要的正压式空气呼吸器、防毒面具等抢救器材，并应进行使用培训，以防止救护人员在灭火中中毒或窒息。

由于生产现场着火往往伴随着一些有毒气体的产生，为了避免这些气体造成人员（现场人员和救护人员）中毒或窒息，供电生产、施工企业在有关场所应配备必要的正压式空气呼吸器、防毒面具等抢救器材，并应进行使用培训。

条文 **18.1.2.3** 在新建、扩建工程设计中，消防水系统应同工业水系统分离，以确保消防水量、水压不受其他系统影响；消防设施的备用电源应由保安电源供给，未设置保安电源的应按Ⅱ类负荷供电。消防水系统应定期检查、维护。

电力生产企业要根据生产规模，尽可能建立独立的消防水系统。要完善各项消防设施，保证其处于随时可以使用状态。新建、扩建工程的消防水系统应按独立的消防水系统进行设计；现有系统的消防水若与其他用水合用时，应保证各消火栓处（包括最高处的消火栓）的用水压力和用水量。消防设施应设有可靠的电源；如不可能时，应考虑在消防设施内装设动力设备，确保正常供水。对于变压器、主油箱的水喷雾灭火装置、燃油区的泡沫灭火设施以及其他设备系统的灭火设施应定期检查、检验，使之处于完好状态，随时可用。

[案例1] 1991年10月18日，某热电厂发生电缆着火事故。由于垂直布置在1号锅炉房零米东侧墙的6层电缆托架最下面两层的低压动力电缆发生短路、着火引起，又因6层电缆托架之间没有特殊的防火措施，导致了布置其上层的高压电缆放炮和着火，然后又波及上层热供电缆，并经热控电缆竖井烧进电缆夹层，造成了事故的扩大。事故烧坏控制电缆1271根，高压、低压动力电缆50根，总长20km，直接经济损失11万元，并造成正在运行的2台200MW机组停运，其中1号机停运37天10h才恢复发电。事故除了暴露出在电缆防火方面存在的问题外，还暴露出在消防方面存在的一些问题，① 生活、消防共用高位水箱由于未经全面调试，使电厂失去了紧急备用的消防水，而原设计的系统没有保证消防水不作他用的技术设施，因此即使投入使用，紧急情况也无法保证必要的消防用水；② 消防水泵房电源均来自本厂工作和备用电源，一旦发生全厂停电，消防水泵即不能开启，对火灾扑救不利。当时某热电厂装机3台200MW机组，由于事故当天机组的运行方式为1、3号机组运行、2号检修，电缆火灾实际上已造成全厂停电。

[案例2] 1989年1月6日，某热电厂发生输煤栈桥火灾事故。事故时，由于消防水系统管路冬季经常被冻坏、漏水，因此，48m（事故地点）标高消防水管被关闭。因火警初期丧失消防能力，造成火势扩大。事故电厂消防水系统运行维护不当，采用关闭消防水措施来防止管路被冻坏，致使消防水系统丧失消防能力，造成火灾事故。

条文 18.1.3　检修现场应有完善的防火措施，在禁火区动火应制定动火作业管理制度，严格执行动火工作票制度。变压器现场检修工作期间应有专人值班，不得出现现场无人情况。

由于检修现场存在检修用油等易燃品，且作业人员多，场面大而杂，容易发生火灾，因此检修现场必须设立完善的防火措施、消防器材，且在禁火区动火应制定动火作业管理制度，严格执行动火工作票制度。变压器现场检修工作期间应有专人值班。

[案例] 某供电公司在变压器检修滤油期间，中午检修人员全部离开现场吃饭，此时滤油机故障导致着火，因现场无人值班，未及时消防，最终导致一台220kV变压器烧毁，损失惨重。事故单位在油设备现场检修工作期间，未设专人全时段值班，导致火灾发生时未能及时消防，从而酿成火灾，损失惨重。

条文 18.1.4　蓄电池室、油罐室、油处理室、大物流仓储等防火、防爆重点场所的照明、通风设备应采用防爆型。

蓄电池室、油罐室、油处理室、大物流仓储等场所会产生一些易爆气体，如氢气，因此在这些场所不仅要注意通风，防止易爆气体积存达到爆炸浓度，同时照明、通风设备应采用防爆型。

条文 18.1.5　地下变电站、无人值守变电站应安装火灾自动报警或自动灭火设施，无人值守变电站的火灾报警信号应接入有人监视遥测系统，以及时发现火警。

由于地下变电站、无人值守变电站均没有专人值守，因此对其火灾的灾情预警只能靠自动报警系统和自动监控装置或自动灭火设施来防止火灾事故。执行时应注意制定科学的管理制度，以定期维护自动报警系统、自动监控装置或自动灭火设施，确保其功能和运行正常。

条文 18.1.6 值班人员应经专门培训，并能熟练操作厂站内各种消防设施；应制订具有防止消防设施误动、拒动的措施。

由于电力企业均没有专业的消防人员，因此需对值班人员进行专门培训，以能熟练操作厂站内各种消防设施，开展火灾初期消防。另外应定期对消防设施进行检测，以防止消防设施发生误动、拒动现象。

条文18.1.7 制定并严格执行高层建筑及调度楼的防火制度和措施。

国内外曾发生多起高层建筑火灾导致的重特大人身伤亡事故，电力企业要吸取教训，引以为戒，制定并严格执行高层建筑及调度楼的防火制度和措施。

［案例］ 2010 年 11 月 15 日下午，某城市一栋高层教师公寓发生大火，公寓内住着不少退休教师，大火造成 58 人遇难，70 余人受伤住院。经事故调查分析，本次火灾主要原因是公寓维修单位未采取防火措施开展动火作业；作业人员无证上岗等。事故教训：要切实制定高层建筑及调度楼行之有效的防火制度和措施。

条文18.1.8 加强易燃、易爆物品的管理。

易燃、易爆物品是火灾事故发生的危险源，因此必须加强易燃、易爆物品的管理，防患于未然。

条文 18.2 防止交通事故

条文 18.2.1 建立健全交通安全管理机构

条文 18.2.1.1 建立健全交通安全管理机构（如交通安全委员会），按照 "谁主管、谁负责"的原则，对本单位所有车辆驾驶人员进行安全管理和安全教育。交通安全应与安全生产同布置、同考核、同奖惩。

各单位应建立交通安全委员会，明确交通安全主管部门，确立专（兼）职管理干部负责交通安全管理工作，行政正职为本单位交通安全第一责任人，分管交通安全行政副职为主要责任人。

交通安全委员会全面负责单位交通安全管理工作，建立健全交通安全目标责任制及各项管理规定，宣传、贯彻、落实《中华人民共和国道路交通安全法》部署交通安全管理工作，开展交通安全宣传教育培训考核，负责交通安全工作检查、监督、评比，负责组织本单位交通事故调查、分析、处理和制定、落实整改措施。

条文 18.2.1.2 建立健全本企业有关车辆交通管理规章制度并严格执行,完善安全管理措施（含场内车辆和驾驶员），做到不失控、不漏管、不留死角，监督、检查、考核到位，严禁客货混装，保障车辆运输安全。

要做到交通管理不失控、不漏管、不留死角，各单位必须建立健全本企业有关车辆交通管理规章制度并严格执行，完善安全管理措施，严禁客货混装。

条文 18.2.1.3 建立健全交通安全监督、考核、保障制约机制，严格落实责任制。应实行"准驾证"制度，无本企业准驾证人员，严禁驾驶本企业车辆，强化副驾驶座位人员的监护职责。

制定对专职驾驶员教育、评议、考核、奖惩管理规定，规范对驾驶人员的管理。"准驾证"制度是目前企业对驾驶人员（包括对专职驾驶和兼职驾驶人员）管理的一项措施，应严格执行机动车准驾证的审批，按照"谁批准、谁负责"的原则，严格准入手续，制定招聘、培训、评议、考核、管理、处罚规定。雇佣驾驶员应遵守本单位的交通安全管理规定，由单位领导审查、考核后，按有关规定签订劳动合同和交通安全协议书。

条文 18.2.1.4 建立交通安全预警机制。按恶劣气候、气象、地质灾害等情况及时启动预警机制。

建立预警机制，是减少自然灾害影响后果的有效手段，因此建立交通安全预警机制，根据恶劣气候、气象、地质灾害等情况及时启动预警机制，以降低交通事故发生率。

条文 18.2.1.5 各级行政领导，应经常督促检查所属车辆交通安全情况，把车辆交通安全作为重要工作纳入议事日程，并及时总结，解决存在的问题，严肃查处事故责任者。

执行车辆管理行政领导负责制，加强事故考核，是抑制交通事故发生的有效管理措施。

条文 18.2.2 加强对各种车辆维修管理。各种车辆的技术状况应符合国家规定，安全装置完善可靠。对车辆应定期进行检修维护，在行驶前、行驶中、行驶后对安全装置进行检查，发现危及交通安全问题，应及时处理，严禁带病行驶。

车辆的技术状况是行车安全的基本保证，因此，要求各种车辆的技术状况必须符合国家规定，安全装置完善可靠。保证在用车辆符合国家安全技术标准并年检合格，严禁未按时年检及报废车辆上路行驶。日常应加强对各种车辆的维修管理，按照车辆维修、保养规定对车辆进行强制维护保养，严格落实车辆"三检"制度，做到出车前、行驶中、收车后认真检查。严禁带病车上路行驶。

条文 18.2.3 加强对驾驶员的管理和教育

条文 18.2.3.1 加强对驾驶员的管理，提高驾驶员队伍素质。定期组织驾驶员进行安全技术培训，提高驾驶员的安全行车意识和驾驶技术水平。对考试、考核不合格或经常违章肇事的应不准从事驾驶员工作。

驾驶员的安全行车意识和驾驶技术是交通安全的重要保障，因此，应通过开展司机班组安全活动，定期组织驾驶员学习交通安全法律法规、交通安全常识，不断地提高驾驶员的安全行车意识和驾驶技术水平。同时，加强对驾驶员的管理，对无故不参加学习培训和考试者要给予批评教育，对考试、考核不合格或经常违章肇事者不准从事驾驶员工作。

条文 **18.2.3.2**　严禁酒后驾车，私自驾车，无证驾车，疲劳驾驶，超速行驶，超载行驶。严禁领导干部迫使驾驶员违章驾车。

酒后驾车，私自驾车，无证驾车，疲劳驾驶，超速行驶，超载行驶等均是《交规》中明令禁止的，也是造成重大交通事故的原因，是每一个驾驶员都必须严格执行的，同时由于在一些情况下，出现领导干部要求驾驶员超速等情况，因此，严禁领导干部迫使驾驶员违章驾车。

条文 **18.2.4**　加强对多种经营企业和外包工程的车辆交通安全管理。多种经营企业和外地施工企业行政正职是本单位车辆交通安全的第一责任者，对主管单位行政正职负责。多种经营企业和外地施工企业的车辆交通安全管理应当纳入主管单位车辆交通安全管理的范畴，接受主管单位车辆交通安全管理部门的监督、指导和考核。

一些交通安全事故表明，多种经营企业和外地施工企业的交通安全管理往往是交通安全管理的薄弱点，因此，强调了应将多种经营企业和外地施工企业车辆交通安全管理纳入主管单位车辆交通安全管理的范畴。

条文 **18.2.5**　加强大型活动、作业用车和通勤用车管理，制订并落实防止重、特大交通事故的安全措施。

近几年来，国内发生的一些重、特大交通事故是因为大型活动、作业用车和通勤用车管理不严、司机违章驾驶或违章载客的行为导致的。因此各单位应加强大型活动、作业用车和通勤用车管理，制定并落实防止重、特大交通事故的安全措施。

条文 **18.2.6**　大件运输、大件转场应严格履行有关规程的规定程序，应制订搬运方案和专门的安全技术措施，指定有经验的专人负责，事前应对参加工作的全体人员进行全面的安全技术交底。

由于大件运输、大件转场要动用大型机动车辆，并且存在超宽、超限或超重等非常情况，因此搬运安全风险大，需严格履行有关规程的规定程序，制定专门的搬运方案和安全技术措施，指定有经验的专人负责，且事前应对参加工作的全体人员进行全面的安全技术交底。

［案例］　2008 年 4 月 12 日上午，在某省水电工程局承建的某集团公司电厂（2×350MW）主厂房工程，拆卸施工用轨道式塔机（QTZ1250 型，1994 年出厂）时，塔吊吊臂倾翻倒塌，2 名职工随塔臂高空坠落死亡。事故暴露出大型机械的安全监督工作存在薄弱环节，对大型机械的转运、安装、拆卸、吊装等作业，应按照《关于开展大型施工机械专项安全监督的通知》（安监二〔2008〕24 号）规定执行，各级安监人员必须认真履行安全职责，明确任务，到岗到位；必须派具有相应专业技术知识的人员在现场开展工作；监理单位严格履行监理责任。